産業応用を目指した無機・有機新材料創製のための構造解析技術

Structural Analysis of Novel Organic-Inorganic Materials for Industrial Applications

監修：米澤　徹，陣内浩司
Supervisor : Tetsu Yonezawa, Hiroshi Jinnai

シーエムシー出版

はじめに

　21世紀の材料開発は，バイオ・情報・環境・エネルギーなど社会の諸問題を解決するための根幹となる科学技術と位置づけられており，独創的なアイデアに基づく材料技術の出現が常に求められている。近年，こうした材料開発において，ナノメートルスケールでの加工・造形・機能発現の検討，さらには超微細なレベルでの材料合成技術の開発が盛んに行われており，材料開発のブレークスルーがもたらされる期待も大きい。こうした最近の新しい高い信頼性をもつ材料開発において，迅速にナノメートルスケールの構造や組成などを高精度に直接観察することのできる分析・解析技術は，材料開発の種々の問題を解決し先導するために必要不可欠となっている。しかし，分析・解析技術の格段の進歩は，一方で，最先端解析装置のブラックボックス化を促すことになり，一般ユーザーは，得られたデータを表層的に理解するだけで個々の画像やスペクトルの示す深い意味をとらえることができなくなりつつある。これでは，せっかくの高度な解析技術や高価な装置も「宝の持ち腐れ」であり、日々の研究開発や技術者教育に活かすことができない。

　そこで本書は，主に企業の材料開発者を対象とし，新しい材料創製のための最先端の構造解析技術を系統的にまとめることとした。まず，材料の真の姿を観察することが重要と考え，構造解析・界面観察といった基礎的な観察技術についてまとめた。具体的には，X線回折法と電子顕微鏡法（TEM，SEM），プローブ顕微鏡法に多くのページを割き，これらを専門とする研究者の方々に詳細に解説していただいた。また汎用・構造・機能材料として重要な高分子材料と金属材料の化学分析についてまとめ，さらに高分子材料一般，そして最近広く研究されているプロトン導電性物質において重要なNMR法についても，それぞれの材料の解析における新しいトレンドを解説していただいた。また，材料開発分野で急速に進歩している数値解析についても取り上げた。それぞれの節では，各手法の概説だけでなく，最先端材料に関する測定例についても具体的に触れていただいている。最後に第8章には量子ビームの産業応用に向けた提言をいただいた。

　このように本書は，産業応用の観点から材料開発における重要かつup-to-dateな項目を網羅したつもりである。本書が，材料技術者の良き指南書となることを期待している。

2015年8月

北海道大学　米澤　徹
東北大学　陣内浩司

執筆者一覧（執筆順）

米澤　　徹	北海道大学　大学院工学研究院　材料科学部門　教授
陣内　浩司	東北大学　多元物質科学研究所　教授
紺谷　貴之	㈱リガク　応用技術センター　XRD解析グループマネージャー
竹中　幹人	京都大学　大学院工学研究科　高分子化学専攻　准教授
宮﨑　　司	日東電工㈱　基幹技術研究センター　第3グループ　グループ長
犬束　　学	九州大学　大学院工学研究院　応用化学部門　特任助教
田中　敬二	九州大学　大学院工学研究院　応用化学部門　教授
一國　伸之	千葉大学　大学院工学研究科　共生応用化学専攻　准教授
一柳　光平	高エネルギー加速器研究機構　物質構造科学研究所　特任准教授
野澤　俊介	高エネルギー加速器研究機構　物質構造科学研究所　准教授
増田　　亮	京都大学　原子炉実験所　粒子線基礎物性研究部門　核放射物理学研究室　研究員
瀬戸　　誠	京都大学　原子炉実験所　粒子線基礎物性研究部門　核放射物理学研究室　教授
鈴木　宏正	東京大学　大学院工学系研究科　精密工学専攻　教授
松村　　晶	九州大学　大学院工学研究院　エネルギー量子工学部門　教授；超顕微解析研究センター長
清野　智志	㈱アイテス　品質技術部　課長
藪　　　浩	東北大学　多元物質科学研究所　准教授
吉澤　徳子	国立研究開発法人　産業技術総合研究所　創エネルギー研究部門　エネルギー変換材料グループ　研究グループ長
田中　信夫	名古屋大学　エコトピア科学研究所　教授
荒井　重勇	名古屋大学　エコトピア科学研究所　特任准教授
アレクサンダー　ブライト	日本エフイー・アイ㈱　TEMマーケティング　TEMスペシャリスト
平田　秋彦	東北大学　原子分子材料科学高等研究機構　非平衡材料グループ　准教授
多持　隆一郎	㈱日立ハイテクノロジーズ　科学・医用システム事業統括本部

	事業戦略本部　科学システム事業戦略部　部長
谷　山　　　明	新日鐵住金㈱　技術開発本部　先端技術研究所　上席主幹研究員
太　田　啓　介	久留米大学　医学部　解剖学講座（顕微解剖・生体形成部門） 准教授
須　賀　三　雄	日本電子㈱　経営戦略室　アプリケーション統括室　副室長
西　山　英　利	日本電子㈱　SM事業ユニット　SM技術開発部　部長
岩　佐　真　行	㈱日立ハイテクサイエンス　分析応用技術部　大阪応用技術課 課長
髙　井　和　之	法政大学　生命科学部　准教授
小　林　　　圭	京都大学　白眉センター　工学研究科　特定准教授
藤　波　　　想	国立研究開発法人　理化学研究所　放射光科学総合研究センター 可視化物質科学研究グループ　研究員
中　嶋　　　健	東京工業大学　大学院理工学研究科　有機・高分子物質専攻　教授
横　田　泰　之	大阪大学　大学院基礎工学研究科　物質創成専攻　助教
福　井　賢　一	大阪大学　大学院基礎工学研究科　物質創成専攻　教授
香　川　信　之	㈱東ソー分析センター　四日市事業部　解析グループ SEC・有機分析チーム　リーダー
小　野　　　浩	彦島製錬㈱　分析センター　分析センター長
関　根　素　馨	㈱三井化学分析センター　構造解析研究部　主席研究員
水　野　元　博	金沢大学　理工研究域　物質化学系　大学院自然科学研究科 物質化学専攻　教授
溝　口　照　康	東京大学　生産技術研究所　准教授
山　本　晃　司	サイバネットシステム㈱　メカニカルCAE事業部 ソリューション開発室　スペシャリスト
高　田　昌　樹	東北大学　多元物質科学研究所　附属先端計測開発センター 放射光ナノ構造可視化研究分野　教授
寺　内　正　己	東北大学　多元物質科学研究所　附属先端計測開発センター 電子回析・分光計測研究分野　教授

目　次

第 1 章　X 線回折

1　粉末X線回折法，X線回折法による材料解析 …………… **紺谷貴之** …… 1
  1.1　はじめに ………………………… 1
  1.2　基本原理 ………………………… 1
  1.3　解析手法 ………………………… 6
  1.4　おわりに ………………………… 10

2　小角散乱によるソフトマテリアルの構造解析 …………… **竹中幹人** …… 12
  2.1　はじめに ………………………… 12
  2.2　小角散乱の理論 ………………… 12
  2.3　小角散乱の解析 ………………… 14
  2.4　まとめ …………………………… 20

3　斜入射X線散乱による構造解析 …………… **宮﨑　司** …… 22
  3.1　はじめに ………………………… 22
  3.2　斜入射X線散乱法の原理 ……… 22
  3.3　製造・加工プロセス中のその場観察への応用 ………………………… 23
  3.4　おわりに ………………………… 29

4　中性子反射率による構造解析 …………… **犬束　学，田中敬二** …… 31
  4.1　概要 ……………………………… 31
  4.2　原理 ……………………………… 32
  4.3　測定例 …………………………… 36
  4.4　まとめ …………………………… 39

5　ナノ粒子触媒のXAFSを用いた構造解析 …………… **一國伸之** …… 41
  5.1　はじめに ………………………… 41
  5.2　XAFSの特徴 …………………… 41
  5.3　担持Ni触媒のナノクラスター化 … 43
  5.4　ナノクラスター化した担持NiO触媒 ………………………………… 45
  5.5　合金ナノクラスター触媒の構造解析 ………………………………… 46
  5.6　おわりに ………………………… 47

6　時間分解X線回折法 …………… **一柳光平，野澤俊介** …… 49
  6.1　パルスX線を用いたポンプ・プローブ法 …………………………… 49
  6.2　不可逆構造変化のシングルショット計測 ………………………… 50
  6.3　放射光X線パルスを用いたシングルショットのポンプ・プローブ測定装置 ………………………………… 50
  6.4　レーザー衝撃圧縮法 …………… 51
  6.5　CdS単結晶の衝撃圧縮下における弾性過渡構造変化の可視化 …… 52
  6.6　安定化ジルコニアの衝撃圧縮下における構造変化過程 …………… 53
  6.7　石英ガラスの衝撃圧縮過程における中間距離構造の変化 …………… 55
  6.8　まとめ …………………………… 57

7　放射光メスバウアー吸収分光法による磁性材料解析 …… **増田　亮，瀬戸　誠** …… 59

7.1	放射光メスバウアー分光法とは …… 59	8.1	はじめに ……………………………… 68
7.2	放射光メスバウアー線源法 ………… 62	8.2	中立軸(Medial Axis)による方法 …… 68
7.3	放射光メスバウアー吸収分光法 …… 64	8.3	画像勾配による方法 ………………… 69
7.4	その他のメスバウアー効果を使った	8.4	方向付距離による方法 ……………… 70
	測定法 ………………………………… 66	8.5	空間フィルターによる方法 ………… 71
8	X線CTスキャナーによる複合材料の繊維	8.6	周波数変換による方法 ……………… 73
	配向推定手法 ………… 鈴木宏正 68	8.7	まとめ ………………………………… 74

第2章　透過型電子顕微鏡（TEM）

1	TEM，STEMによる材料のナノ観察	4.4	試料作製法 …………………………… 109
	…………………… 松村 晶 …… 76	5	反応科学超高圧電子顕微鏡によるその場
2	TEM装置原理とTEM試料作製 …………		観察 ………… 田中信夫，荒井重勇 112
	………………………… 清野智志 …… 85	5.1	はじめに ……………………………… 112
2.1	はじめに ……………………………… 85	5.2	装置の詳細 …………………………… 112
2.2	透過型電子顕微鏡(TEM)の原理 …… 85	5.3	ガス環境下の観察例 ………………… 114
2.3	多様な試料作製方法 ………………… 86	5.4	厚い生物試料の立体構築像 ………… 118
2.4	FIB法によるTEM試料作製 ………… 86	5.5	まとめ ………………………………… 119
2.5	ミクロトーム法によるTEM試料作製	6	Cs補正STEMを用いた実用材料の観察
	………………………………………… 90		………… アレクサンダー ブライト …… 121
2.6	おわりに ……………………………… 93	6.1	はじめに ……………………………… 121
3	電子線トモグラフィによる高分子立体構	6.2	鉄鋼材料における析出物の評価 …… 122
	造観察 ………… 藪　浩，陣内浩司 94	6.3	Ni基超合金の微細組織観察 ………… 123
3.1	電子線トモグラフィの基礎 ………… 94	6.4	Al-Li-Cu合金の原子スケールでの析
3.2	電子線トモグラフィの高分子分野に		出物評価 ……………………………… 123
	おける応用例 ………………………… 96	6.5	Al-Cu-Mg合金における析出物寸法
4	TEMによる炭素材料の観察・分析 ……		制御による高強度化と腐食ピット抑
	………………………… 吉澤徳子 104		制の最適化 …………………………… 124
4.1	炭素材料の基礎的知見とその分類 … 104	6.6	触媒粒子表面における酸化物価数の
4.2	産業用炭素材料 ……………………… 104		原子スケールでの評価 ……………… 125
4.3	ナノカーボン類 ……………………… 107	6.7	リチウムイオン電池の性能劣化と正

　　　　極材料の製造方法による構造差との
　　　　関連性 ………………………… 126
　6.8　エピタキシャル成長させたLuFeO$_3$膜
　　　　中のFe$_3$O$_4$ナノレイヤーの評価 … 127
　6.9　まとめ ………………………… 128
7　STEM電子回折法を用いたアモルファス材料の局所構造解析 ……… **平田秋彦** … 129
　7.1　はじめに ……………………… 129
　7.2　STEM電子回折法の実際 ……… 130
　7.3　金属ガラスへの応用 …………… 131
　7.4　さいごに ……………………… 137

第3章　走査型電子顕微鏡（SEM）

1　走査電子顕微鏡による先端材料解析技術
　　　　 ……………………… **多持隆一郎** … 139
　1.1　はじめに ……………………… 139
　1.2　SEMの原理 …………………… 140
　1.3　SEMの分解能 ………………… 141
　1.4　低加速電圧観察 ……………… 142
　1.5　低加速STEM観察 …………… 145
　1.6　おわりに ……………………… 146
2　SEM試料作製 ………… **谷山　明** … 147
　2.1　試料作製の基本操作 ………… 147
　2.2　観察目的に応じた試料作製 … 154
3　収束イオンビーム-SEM装置を用いたメゾスケール三次元解析 ‥ **太田啓介** … 156
　3.1　はじめに ……………………… 156
　3.2　FIB-SEMトモグラフィー法の特徴と
　　　　観察対象：メゾスケール構造 …… 156
　3.3　FIB-SEM三次元再構築法に用いる取得画像の取得条件と像の解釈 …… 159
　3.4　無機・有機材料の試料調製とその解析例 ………………………… 161
　3.5　生物材料・コントラストが得られない試料の調製(*en bloc*染色)とその解析例 …… 162
　3.6　おわりに ……………………… 164
4　大気圧走査電子顕微鏡による大気圧条件下のナノスケール構造観察 ………………
　　　　 …………… **須賀三雄，西山英利** … 166
　4.1　はじめに ……………………… 166
　4.2　大気圧SEMの原理 …………… 166
　4.3　溶媒蒸発過程の観察 …………… 167
　4.4　液中ナノ粒子のシンタリング過程 … 168
　4.5　液中マイクロ粒子の塩溶液に対する反応 ………………………… 169
　4.6　電気化学反応のリアルタイム観察 … 170
　4.7　まとめ ………………………… 171

第4章　走査型プローブ顕微鏡（SPM）

1　走査型プローブ顕微鏡による高分子表面解析 ……… 岩佐真行 …… 173
 1.1　はじめに ……………………………… 173
 1.2　走査型プローブ顕微鏡（SPM）とは …………………………… 174
 1.3　ポリ乳酸球晶の観察 ………………… 175
 1.4　結晶形態と融解挙動の相関 ………… 176
 1.5　高分子系複合材料の相分離 ………… 177
 1.6　その他の産業材料の観察 …………… 179
 1.7　おわりに ……………………………… 180

2　走査型プローブ顕微鏡による炭素物質・材料の解析 ……………… 髙井和之 …… 182
 2.1　炭素材料と走査プローブ顕微鏡 …… 182
 2.2　炭素材料の構造・電子構造 ………… 182
 2.3　STMの動作原理 …………………… 183
 2.4　グラファイトのSTM解析 ………… 184
 2.5　グラファイト基板上における炭素材料のモデル構造 ……………………… 186
 2.6　SPM測定における炭素材料の試料処理 …………………………………… 188
 2.7　おわりに ……………………………… 190

3　走査型プローブ顕微鏡による有機薄膜トランジスタの評価 ……… 小林　圭 …… 192
 3.1　はじめに ……………………………… 192
 3.2　ケルビンプローブフォース顕微鏡（KPFM） ……………………………… 192
 3.3　OTFTにおけるチャネル電位分布評価 ……………………………………… 196
 3.4　OTFTにおけるトラップ電荷密度評価 ……………………………………… 196
 3.5　AFMによるOTFTの局所電気特性評価 …………………………………… 197
 3.6　まとめ ………………………………… 198

4　原子間力顕微鏡によるナノコンポジット材料の表面力学測定 ………………… 藤波　想, 中嶋　健 …… 200
 4.1　はじめに ……………………………… 200
 4.2　AFM探針と試料表面の接触問題 … 200
 4.3　接触力学モデルの実験データへの適用方法 ………………………………… 204
 4.4　応用例 ………………………………… 206
 4.5　まとめ ………………………………… 210

5　液中SPMによる固液界面における固体および液体の局所解析 ………………… 横田泰之, 福井賢一 …… 212
 5.1　はじめに ……………………………… 212
 5.2　液中STM …………………………… 212
 5.3　電気化学STM ……………………… 214
 5.4　液中AFM …………………………… 217
 5.5　電気化学AFM ……………………… 219

第5章　化学分析

1　液体クロマトグラフィーによる高分子解析
　　　………………… 香川信之 …… 223
　1.1　はじめに ……………………… 223
　1.2　液体クロマトグラフィーの分離モード
　　　……………………………………… 223
　1.3　装置の概要 …………………… 225
　1.4　サイズ排除クロマトグラフィーによる高分子解析 ………………… 227
　1.5　液体クロマトグラフィーによる高分子の組成分離 ………………… 228
　1.6　おわりに ……………………… 230

2　湿式化学分析法による金属材料の定性分析・定量分析 ………… 小野　浩 …… 232
　2.1　はじめに ……………………… 232
　2.2　湿式分析で得られる情報 …… 232
　2.3　よく使用される定量方法 …… 232
　2.4　定量分析の流れ ……………… 232
　2.5　サンプリング ………………… 233
　2.6　分析方法の設計 ……………… 233
　2.7　定量分析実施例 ……………… 236
　2.8　分析結果の判断 ……………… 241
　2.9　おわりに ……………………… 241

第6章　NMR

1　固体NMRによる高分子材料の評価
　　　………………… 関根素馨 …… 242
　1.1　固体NMRの特徴について …… 242
　1.2　パルスNMRによる分子運動解析 … 242
　1.3　固体高分解能NMRによる詳細解析
　　　……………………………………… 246
　1.4　まとめ ………………………… 249

2　固体NMRによるプロトン導電性物質の状態解析 ……………… 水野元博 …… 251
　2.1　はじめに ……………………… 251
　2.2　^{2}H NMR ……………………… 252
　2.3　^{13}C NMR …………………… 259
　2.4　^{31}P NMR …………………… 260
　2.5　おわりに ……………………… 261

第7章　数値解析

1　第一原理計算の基礎と構造解析への応用
　　　………………… 溝口照康 …… 262
　1.1　はじめに ……………………… 262
　1.2　第一原理計算法の基礎 ……… 262
　1.3　第一原理計算を用いた欠陥形成に関する研究 ……………………… 265

1.4　第一原理計算による拡散活性化エネルギーの研究 …………………… 268
　　1.5　ナノ計測と第一原理計算を融合した人工超格子の解析 ………………… 269
　　1.6　まとめ ……………………………… 272
2　複合材料のFEM解析におけるモデリングとマルチスケール解析 ……… 山本晃司　275
　　2.1　複合材料と有限要素解析 ………… 275
　　2.2　マルチスケール解析の必要性 …… 276
　　2.3　均質化解析―解析的手法による巨視的材料物性値の予測― …………… 277
　　2.4　破壊損傷解析への応用例 ………… 281
　　2.5　局所化解析―ズーミングによる微視構造内部の応答評価― …………… 283
　　2.6　おわりに …………………………… 284

第8章　量子ビーム研究基盤の産業活用―放射光，中性子，電子線の現状とこれから―　　高田昌樹，寺内正己

1　はじめに ………………………………… 286
2　電子線を用いた解析技術の現状とこれから ……………………………………… 286
　　2.1　電子顕微鏡技術応用の動向 ……… 287
　　2.2　新たな分析技術の汎用化と応用の可能性 ………………………………… 288
3　放射光，中性子の産業利用の現状とこれから ……………………………………… 290
　　3.1　放射光の産業利用 ………………… 291
　　3.2　フロンティアソフトマター開発専用ビームライン産学連合体 ………… 292
　　3.3　中性子施設J-PARC ……………… 294
4　おわりに ………………………………… 295

第1章 X線回折

1 粉末X線回折法，X線回折法による材料解析

紺谷貴之[*]

1.1 はじめに

物質の性質や特性を解明する上では，原子・分子レベルでの構造（結晶構造）を知ることが重要である。粉末X線回折法は古くから用いられる分析手法の一つであり，結晶相の同定（定性分析），格子定数の算出・精密化，結晶子サイズ解析，結晶構造解析など幅広く利用されている。この手法は非破壊で試料の情報を得ることが可能である。最近では，半導体検出器なども開発され，実験室系の装置であっても，短時間で，多くの情報を得ることができるようになってきている。

図1にX線回折プロファイルからわかることを示す。粉末X線回折プロファイルのピーク位置，半価幅，積分強度などから各種パラメーターを知ることができる。最近では，装置や解析ソフトウェアの進歩が進み，測定・解析を簡便に行うことができるようになっているため，各種材料研究者に必要不可欠な解析手法となっている。ここでは，粉末X線回折法の基礎とそれを用いた材料解析について事例を交えて紹介する。

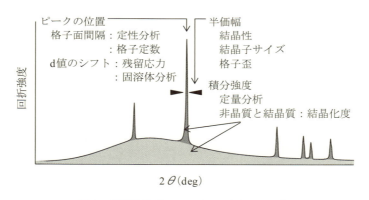

図1 X線回折プロファイルからわかること

1.2 基本原理

1.2.1 X線の発生

X線は1895年にRöntgenにより発見された可視光線（波長：約360〜830 nm）と同じ電磁波の一種であり，波長はおよそ0.001〜10 nm（0.01〜100 Å）である（図2）。その波長が，固体中に並

---

[*] Takayuki Konya ㈱リガク 応用技術センター XRD解析グループマネージャー

産業応用を目指した無機・有機新材料創製のための構造解析技術

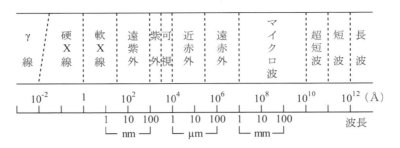

図2　電磁波の分類

んでいる原子間の距離に近いことから回折現象が起こりやすく，原子の配列などに関する情報を取得することができる。

　一般的なX線発生装置では，図3のようにフィラメントに負電荷を印加して発生した熱電子を10～100 keVに加速させ，真空中でターゲット物質に当てることでX線を発生させている。電子をターゲットに衝突させることによって得られるX線には，連続的な波長分布を示す成分と，狭い波長領域に高強度で現れる成分が含まれている。連続的な波長分布を示す成分を連続X線（白色X線・制動放射X線とも呼ばれる），高強度で現れる成分を特性X線と呼ぶ。特性X線は連続X線より約2桁高い強度で発生する。

　連続X線は，熱電子と原子核の電場との相互作用によって発生するX線であり，さまざまな波長が混在している。高い運動エネルギーを持つ電子がターゲット物質に飛び込むと，原子核からのクーロン力が働くため，電子の軌道が曲げられ減速する。このとき，電子の軌道の接線方向にX線が放射される。それは電子の運動が止まるまで繰り返される。原子核からのクーロン力が働く過程は個々の電子により異なるため，電子が1回の衝突で失い，そのときに発生するX線のエネルギーはさまざまである。従って，放射されるX線はある範囲にわたる連続的な波長を持つ。

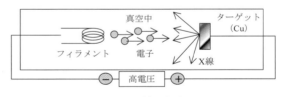

図3　X線の発生

　特性X線は，図4のように，高い運動エネルギーを持つ電子がターゲット物質の原子の量子準位を励起することで発生する空孔に外殻電子が落ち込む（遷移する）ことにより発生するX線で，特定波長の線スペクトルが得られる。原子は原子核と，それを取り巻くK殻，L殻，M殻などの軌道電子から構成されており，高い運動エネルギ

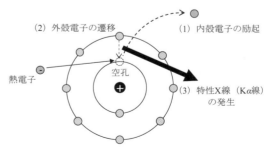

図4　特性X線の発生

ーを持つ電子がターゲット物質に飛び込むと，原子核に近い内殻電子がたたき出されて空孔を生じる。この状態はエネルギー準位が高く不安定なため，外殻にある電子が空孔に遷移する。このとき，空孔が生じている状態と，そこに外殻の電子が遷移してきた状態とのエネルギー差に相当する波長のX線を照射し，それを特性X線と呼ぶ。特性X線の発生過程に関連するエネルギー準位はターゲット物質に含まれる元素固有であるため，元素により得られる波長が異なる。

1.2.2　X線の散乱

X線の散乱現象とは，物質にX線が当たった結果，その進行方向を変えて伝播していく現象のことで，Thomson散乱とCompton散乱の2種類がある。

Thomson散乱は，図5のようにX線が原子の近傍を通過する際に原子核の周りにある電子が強制的に振動させられ，入射X線と同じ波長のX線が3次元的に発生する現象である。入射X線と散乱X線の波長が等しいことから，Thomson散乱はX線と電子雲の弾性衝突に例えられるため，弾性散乱と呼ばれる場合もある。この散乱波が干渉することにより回折現象を起こす。なお，原子核によるX線の散乱も原理的には電子による散乱と同様に考えることができるが，その散乱能は電子の場合と比べて非常に小さいため無視できる。

Compton散乱は非弾性散乱とも呼ばれており，電子とX線光量子との粒子的な衝突と考えられる。この衝突において，図6に示すようにX線はエネルギーの一部を電子に与えることで電子を物質内からたたき出し，自らは進行方向を変える。その際，電子に与えた分のエネルギーを失うため波長が長くなる。Compton散乱は回折現象を起こさないため，X線回折の測定データにおいてはバックグランドに寄与し，高角度領域で特に影響が大きい。入射X線のエネルギーが大きいほど，また，散乱を起こす物質が軽元素であるほどThomson散乱に対するCompton散乱の強度は増加する。

1.2.3　回折現象

回折現象とは，Thomson散乱されたX線どうしが物質内の規則的な構造により干渉しあい，X線の入射方向に対して特定の角度で強めあって観測される現象である。

原子核の周りをまわっている電子により，あらゆる方向に散乱されたX線は，球面波として3次元的に伝播していく。ある原子から散乱されたX線とその隣の原子から散乱されたX線は干渉という現象を起こし，

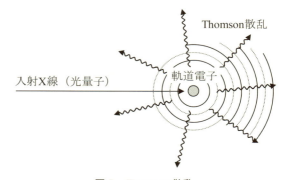

図5　Thomson散乱

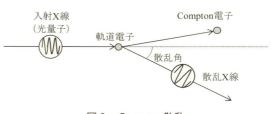

図6　Compton散乱

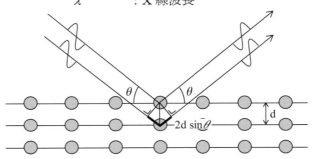

図7 結晶格子による回折

方向によって異なる強さを示すようになる。このように散乱光が干渉を起こし，方向によって強さを変える現象を回折現象と呼ぶ。干渉とは，複数の波の相互作用の結果，振幅・位相・波長のいずれかまたは全部が元の波と異なる，合成波と呼ばれる新しい波が生じる現象である。合成波の振幅はある位置における複数の波の振幅を足し合わせることで求められる。散乱X線の干渉は，複数の波の位相に関係する一般的な波の干渉と同じように考えることができる。散乱X線どうしが干渉しあい，強めあったり弱めあったりした結果，観測方向によって強度が異なる現象をX線の回折といい，干渉の結果強度が強められて観測されるX線を回折X線と呼ぶ。X線は物質の表面にとどまらず，大部分は結晶内に侵入する。X線が侵入している部分に規則的な構造がある場合，その規則構造の周期と関連して，ある特定の方向に回折X線が強く観測される。

　入射X線が，位相のそろった平行単色光である場合，2つの波に位相差を生じるのは，経路の長さが異なることが原因である。ここで，図7に示すような，結晶中にある平面上に等間隔に原子が揃っている格子面が多数重なった場合のX線の干渉を考える。波長 λ の完全に平行な単色X線が，格子面に対して角度 θ で入射したとき，この入射X線が回折されるかどうかは格子面上の各原子からの散乱X線が強めあうかどうかによって決まる。最表面相と第2相によるX線の干渉には，これら2層の間隔，いわゆる格子面間隔による光路差を生じる。格子面間隔を d とすると，この光路差は $2d\sin\theta$ で与えられる。これが波長の整数倍のときに散乱X線どうしが強めあう。このときの条件を回折条件またはBragg条件といい，その式をBraggの式という。ここで θ は回折が起こるときの格子面に対するX線の入射角で，Bragg角という。

1.2.4　粉末X線回折法

　結晶にX線が照射されるとき，Braggの条件が満足されれば，そのX線はある特定の方向に回

第1章　X線回折

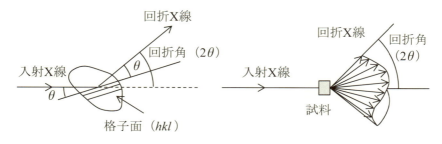

(a) 1つの結晶子による回折　　(b) 粉末試料による回折

図8　1つの結晶によるX線回折

折する。X線回折法では、結晶を測定の対象とすることが多いが、結晶以外の物質でも、原子配置にある程度の規則性があれば、気体・液体・非晶質性の固体などを測定の対象とすることもできる。結晶を測定の対象とする場合、回折が起こる角度と回折強度はその結晶に特有のものなので、それらを測定することによって、物質中の結晶がどのような構造であるかを知ることができる。さらに、試料中の結晶の含有量と回折強度が比例することを利用した定量分析も可能である。固体物質のほとんどは結晶状態で存在するが、その多くは微細な結晶粒子が集まって構成されており、これを多結晶体と呼ぶ。主として多結晶体を試料として取り扱う場合、粉末X線回折法と呼ぶ。この方法は試料の組成分析（状態分析）、結晶粒子の完全性や集合の様子などを調べるために利用されている。

　粉末試料に単色化された平行のX線を照射した場合について考える。試料中のある結晶粒子で面間隔dの格子面（hkl）が入射X線に対してBraggの条件を満たす角度θ（Bragg角度）だけ傾いていたとすると、入射X線はこの格子面によって回折される。このとき、回折線の方向は図8(a)に示すように、格子面に対する入射X線の角度θと回折X線の格子面に対する角度θを足し合わせた角度2θ（回折角度）だけ傾いている。

　結晶中の結晶一つ一つ（結晶子）の数が充分に多く、その方向がランダムになっているとすれば、どの格子面をとってみても回折条件を満たすような方向を向いた結晶子が必ず存在する。このため、図8(b)に示したように、格子面（hkl）によって回折されたX線は$2\theta<90°$のときは半頂角2θ、$2\theta>90°$のときは半頂角$(180°-2\theta)$であるような円錐の母線に沿って進む。このような円錐を2次元検出器で撮影すると入射X線の位置を中心とする同心円状のX線回折パターンが得られる。この同心円をDebye環

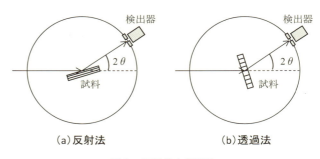

(a) 反射法　　(b) 透過法

図9　反射法と透過法

という。

　結晶からの回折X線を計測するためには，回折されたX線の位置に回折X線を検出するための検出器を備える必要がある。回折X線は試料から反射されるものと試料を透過してくるものとがあるが，いずれの場合でもBraggの条件を満たしている。回折X線を計測するための装置をX線回折装置といい，図9に示すように試料から反射された回折X線を計測する方法を反射法，試料を透過した回折X線を計測する方法を透過法という。反射法と透過法は試料の量や形状，測定の目的により選択する。

1.3　解析手法

　入射X線と検出器のなす角を連続的に変化させながら回折X線強度を記録したものをX線回折プロファイルという。X線回折プロファイルからはその試料の結晶構造に起因する回折角度と回折X線の角度広がり，相対強度などを読み取ることができる。本項では，粉末回折法でわかることについて説明する。ここで例に挙げる解析に関しては，最近ではソフトウェア上で簡便に実行することが可能になっている。

1.3.1　定性分析

　未知試料のX線回折パターンを観測して，回折角度や各ピーク強度比を求め，既存のデータベース（ICDD（International Centre for Diffraction Data）のPDF 2など）とピーク位置，強度比などを比較することにより，未知試料に含まれる物質を同定（定性分析）することができる。結晶性物質はそれぞれ固有の原子位置，結晶構造を持つため，その物質固有のX線回折パターンを示す。そのため，元素分析の手法である蛍光X線分析とは異なり，同じ元素から構成されているが結晶構造の異なる物質である結晶多形の区別をすることができる。例として，ルチルとアナターゼ（どちらもTiO_2）のX線回折プロファイルを図10に示す。同じ元素構成であっても，結晶構造が異なるとピーク位置，プロファイル形状が異なることがわかる。

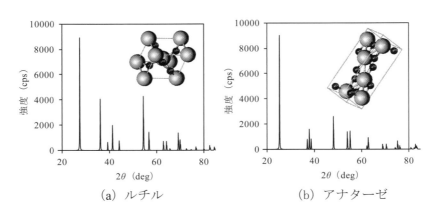

図10　ルチルとアナターゼX線回折プロファイルと結晶構造模式図

1.3.2　定量分析

何種類かの結晶性物質を含む試料を測定した場合，各成分の回折X線強度はその成分の含有量に比例する。各成分の回折ピークの積分強度を比較あるいは標準物質を使用して検量線を作成することで，各成分の含有量を調べることができる。また，ICDDカードには，コランダム（α-Al_2O_3）のピーク強度を基準として規格化された各物質のピーク強度比（Relative Intensity Ratio：RIR）が記載されている物質もある。この値を基準として用い，吸収などの補正を加えて混合物に含まれる物質の含有率を算出する方法もある。さらに，結晶構造情報が既知な試料であれば，リートベルト法を用いて求めた尺度因子から定量値を算出することも可能である。

1.3.3　結晶子サイズ・歪み解析

結晶子は回折に寄与する最小単位で，結晶粒の中で単結晶としてみなせる部分のことである。結晶子が小さくなると，結晶子1つあたりの格子面の数が少なくなり，Bragg条件を満たすことのない散乱線の影響で回折線の幅が広がる。この現象を利用すると，ピークの幅から結晶子サイズを算出することができる。図11に結晶子の概念と結晶子サイズ解析の例を示す。結晶子の異なる2つの試料を測定した場合，結晶子サイズが小さくなるほどピークの幅が広くなる。また，結晶子内の格子面に歪みがあると，格子面間隔dが変化し，回折線のピーク位置がシフトすることから，やはり回折線の幅が広がる。この現象を用いることによって，回折線の幅の広がり度合いから結晶子の大きさや格子に対する歪みの大きさを調べることができる。一般的な実験室系のX線回折装置の場合，1000Å程度以下の結晶子サイズまで解析することが可能である。

1.3.4　結晶化度解析

結晶質試料による回折線はBraggの条件を満たすため，得られるX線回折プロファイルは幅の狭いピークになり，非晶質による散乱はハローと呼ばれる非常に幅広いピークになる。これは非晶質が結晶質と異なり，構成する原子や分子，イオンなどが規則正しく配列していない状態となっているからである。しかし，散乱体は整然と整列はしていないものの，3次元的な配列をして

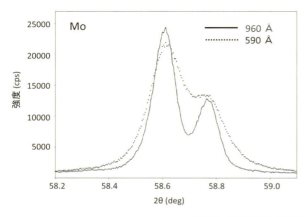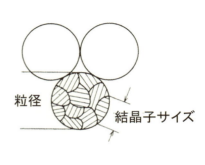

図11　結晶子サイズ解析

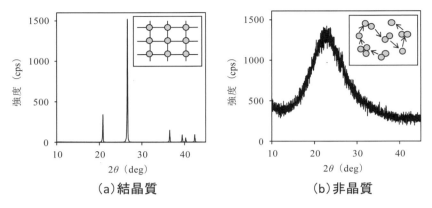

図12　結晶質と非晶質のＸ線回折プロファイルと模式図

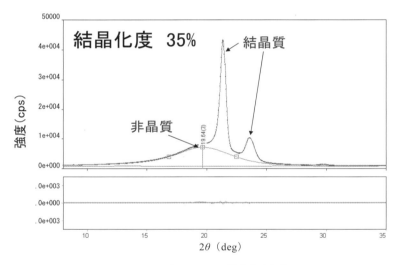

図13　ラップフィルムの結晶化度解析

いるため，非常に幅の広いハローとして観測することができる。そのため，固体試料が結晶質であるか非晶質であるかは図12のようにＸ線回折プロファイルがピーク状であるかハローを生じているかにより容易に判断することができる。図13にラップフィルムの測定結果を示す。ソフトウェア上で非晶質に由来する幅広なハローと結晶質に由来する幅の狭いピークを分離することが可能で，それぞれの積分強度の比較から試料の結晶化度を算出することができる。

1.3.5　配向性評価

今まで，一般的なＸ線回折装置では，シンチレーションカウンターと呼ばれる０次元の検出器が用いられることが多かった。その場合，検出器が位置敏感性を有していないため，スリットを用いて分解能を変更している。一方，最近では，半導体技術を利用した１次元，２次元の検出器が用いられるようになり，短時間でより多くの情報を得ることができるようになってきている。

第1章　X線回析

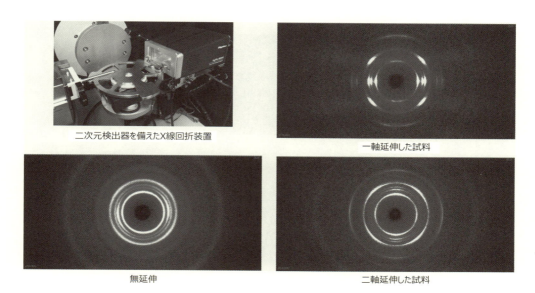

図14　PPフィルムの配向性評価

例えば，2次元検出器を用いた場合，検出器にピクセルと呼ばれる素子が配置されており，そのそれぞれがX線を計数する。この検出器を用いた場合，検出器のどの位置にどの程度のX線が計数されているかを確認することができる。そのため，Debye環の形状を直接的に観測することが可能である。例えば，高分子フィルム材料の場合，その特性との関係から試料の配向性を知ることが重要となる。図14に延伸方法を変えたポリプロピレン（PP）の測定例を示す。無延伸の場合にはDebye環上の強度の偏りが少なく配向性が低いことがわかる。一方，一軸延伸した試料の場合，Debye環がスポット状になっていることがわかる。このスポットの大きさが小さいほど配向性が高いことを示している。二軸延伸の場合には，一軸延伸と比べて配向が緩和されスポットの大きさが小さくなっていることがわかる。この結果から配向性は，一軸延伸＞二軸延伸＞無延伸の順となっていることがわかった。

1.3.6　結晶構造解析

単結晶法とは異なり，粉末回折法において結晶構造解析を行う場合，3次元的な結晶構造情報を1次元のデータから解析することになる。粉末回折パターンではピーク重なりの問題が発生し，独立反射を得ることができない。そのため，プロファイルフィッティングの手法であるRietveld法がよく用いられる。この手法は，結晶構造情報を基に作成した理論回折パターンと実測の回折パターンを比較し，最小二乗法を用いて各結晶構造パラメーターを精密化する手法である。Rietveld解析を行うためには，結晶構造情報の初期値が必要となるが，最近では，粉末回折パターンから未知の結晶構造を求める粉末未知結晶構造解析の手法も発展している。図15に固体酸化物形燃料電池用電極材料として知られている（$La_{0.9}$, $Sr_{0.1}$）MnO_3のリートベルト解析結果を示す。この測定では，試料の温度を変化させながらX線回折測定を行い，それぞれの温度における格子

産業応用を目指した無機・有機新材料創製のための構造解析技術

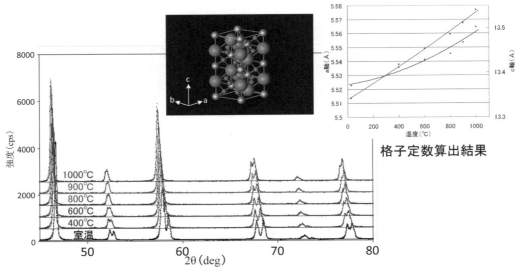

図15　電極材料のリートベルト解析

定数，結晶構造情報を求めている。室温から温度を上げていくと全体的にピークが低角度側にシフトしていることがわかる。格子定数に着目すると，a軸とc軸で格子定数の変化率が異なっていることがわかる。これは，a軸とc軸では熱膨張率に異方性があることを示唆している。

1.4　おわりに

X線回折の分野では，装置，ソフトウェアの発展が著しく，以前では専門家でないと対応できなかったような測定，解析が簡便にできるようになってきている。最近のX線回折装置では，粉末から薄膜まで多岐にわたる試料の評価が可能になっている。実験室系の装置においても，温度，湿度，圧力など外的要因を変化させながらのX線回折測定ができるアタッチメントも充実してきており，その用途は広がっている。また，回折測定だけではなく，小角散乱測定による粒子サイズ解析やトポグラフィーの測定なども可能な装置も増えてきている。材料開発にとって，X線回折法は必要不可欠な評価法であり，さらに広く利用されることに期待したい。

参考文献

- 中井泉，泉富士夫編，粉末X線解析の実際（第2版），朝倉書店（2009）
- 加藤誠軌，セラミックス基礎講座3　X線回折分析，内田老鶴圃（1990）
- 早稲田嘉夫，松原英一郎，X線構造解析　原子の配列を決める，内田老鶴圃（1998）

第 1 章　X 線回折

- 日本化学会編，実験化学講座11 物質の構造III 回折，丸善出版（2006）
- 大橋裕二，X 線結晶構造解析，裳華房（2005）
- 松村源太郎訳，新版 X 線回折要論，アグネ（1999）
- 今野豊彦，物質の対称性と群論，共立出版（2001）
- X 線回折ハンドブック，㈱リガク（1998）

2 小角散乱によるソフトマテリアルの構造解析

竹中幹人*

2.1 はじめに

　小角散乱法では，X線回折実験などと同様に，試料に対してX線あるいは中性子線を入射し，試料から生じた入射光と同じ波長の散乱光強度の角度依存性を測定する。しかし，その測定角度範囲は，数度以内の角度の小さい領域であり，数nm～数μmの大きさの濃度や密度の揺らぎ，不均一構造を守備範囲としている。図1に散乱法とそのカバーする長さの領域および後に定義される波数q領域を示す。この小角散乱法は，相分離構造，結晶構造，フィラーなどによる高次構造を有する高分子およびその複合材料，ゲル，液晶，タンパク質分子などの構造解析に用いられている。本項では，小角散乱法による構造解析について解説する。

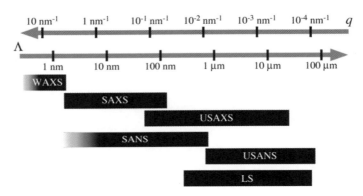

図1　様々な散乱法とその観測q領域

2.2 小角散乱の理論

　透過型の小角散乱測定において，その散乱は多くの場合多重散乱の影響を無視したRayleigh-Gans-Born散乱[1～4]により記述できる。この場合，試料からの散乱波の振幅は，試料からの散乱波の重ね合わせで表される。位置の異なる電子の位相とは異なり散乱波はお互いに干渉するため，観測される散乱光の強度は角度依存性を持つ。図2のように散乱体中の任意の点を原点にとり，原点からr_Kだけ離れた点Kからの散乱波と原点からの散乱波の光路はO,PまでとK,Qからは同じであり，PK-OQだけ異なる。PKはr_Kの入射光進行方向に対する射影であり，また，OQはr_Kの散乱光進行方向に対する射影であるので，入射波および散乱波に進行方向を示す単位ベクトルをそれぞれs_0およびsで表すとすると，PKとOQはそれぞれ，$r_K \cdot s_0$および$r_K \cdot s$となる。よって位相差は，遠距離場近似のもと

---

*　Mikihito Takenaka　京都大学　大学院工学研究科　高分子化学専攻　准教授

第1章　X線回折

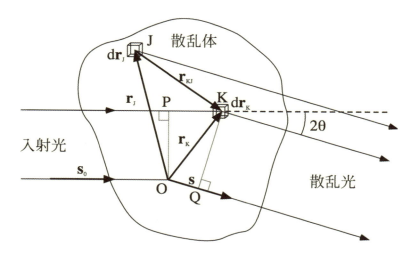

図2　散乱角2θにおける散乱要素O, K, Jからの散乱波の行路差

$$(2\pi/\lambda)(\mathrm{PK}-\mathrm{OQ})=(2\pi/\lambda)\left[(\mathbf{r}_K\cdot\mathbf{s}_0)-(\mathbf{r}_K\cdot\mathbf{s})\right]\mathbf{r}_K\cdot\mathbf{q} \tag{1}$$

となる。ここで，λはX線あるいは中性子の波長，$\mathbf{q}(=(2\pi/\lambda)(\mathbf{s}_0-\mathbf{s}))$は散乱ベクトルまたは波数ベクトルとよばれるものであり，$\mathbf{s}_0$と$\mathbf{s}$のなす角，散乱角を2θとすればその大きさは

$$|\mathbf{q}|=q=(4\pi/\lambda)\sin\theta \tag{2}$$

で表される。点K散乱波の振幅を$E(\mathbf{r}_K)$とすると，散乱ベクトル$\mathbf{q}$における系全体からの散乱振幅$E_s(\mathbf{q})$は試料全体からの散乱波の振幅はこれを散乱体全体積Vに渡って積分したもの

$$E_s(\mathbf{q})=\int_V E(\mathbf{r}_K)e^{-i\mathbf{q}\cdot\mathbf{r}_K}\,d\mathbf{r}_K \tag{3}$$

で表される。小角X線散乱においては，$E(\mathbf{r}_K)$は電子密度に比例し

$$E(\mathbf{r}_K)=r_0\frac{E_0}{R}\rho(\mathbf{r}_K)\sin\phi=E_e\rho(\mathbf{r}_K) \tag{4}$$

で表される。E_0は入射光の振幅，$\rho(\mathbf{r}_K)$は単位体積中の電子の数，r_0は電子の古典半径（$=2.818\times10^{-6}$nm），Rは観測点までの距離，ϕは入射光の電場ベクトルと$\mathbf{s}$のなす角である。ここでE_eは1個の電子による干渉性散乱の振幅であり

$$E_e=r_0\frac{E_0}{R}\sin\phi \tag{5}$$

である。(3)式に(4)，(5)式を代入すると$E_s(\mathbf{q})$は

$$E_s(\mathbf{q})=E_e\int_V\rho(\mathbf{r}_K)e^{-i\mathbf{q}\cdot\mathbf{r}_K}\,d\mathbf{r}_K\equiv E_e F(\mathbf{q}) \tag{6}$$

で表される。$F(\mathbf{q})$ は散乱体の電子密度分布をフーリエ変換したもので

$$F(\mathbf{q}) = \int_V \rho(\mathbf{r}_K) e^{-i\mathbf{q}\cdot\mathbf{r}_K} d\mathbf{r}_K \tag{7}$$

となり構造振幅といわれるものである。実際に検出される $\mathbf{q}$ 方向の散乱光強度 $I(\mathbf{q})$ は

$$\begin{aligned} I(\mathbf{q}) &= I_e |F(\mathbf{q})|^2 \\ &= I_e \int_V \rho(\mathbf{r}_K) e^{-i\mathbf{q}\cdot\mathbf{r}_K} d\mathbf{r}_K \int_V \rho(\mathbf{r}_j) e^{-i\mathbf{q}\cdot\mathbf{r}_j} d\mathbf{r}_j \\ &= I_e \int_V \int_V \rho(\mathbf{r}_K) \rho(\mathbf{r}_j) e^{-i\mathbf{q}\cdot\mathbf{r}_{KJ}} d\mathbf{r}_K d\mathbf{r}_j \end{aligned} \tag{8}$$

となる。ここで、I_e は1個の電子による散乱光強度であり、$\mathbf{r}_{KJ} = \mathbf{r}_K - \mathbf{r}_J$ である。$\mathbf{r} \equiv \mathbf{r}_{KJ}$ とおいて(8)式を変形すると

$$\begin{aligned} I(\mathbf{q}) &= I_e \int_V \left\{ \int_V \rho(\mathbf{r}_J + \mathbf{r}) \rho(\mathbf{r}_J) d\mathbf{r}_J \right\} e^{-i\mathbf{q}\cdot\mathbf{r}} d\mathbf{r} \\ &= I_e \int_V \tilde{\rho}^2 e^{-i\mathbf{q}\cdot\mathbf{r}} d\mathbf{r} \end{aligned} \tag{9}$$

となる。$\tilde{\rho}^2$ は自己相関関数とよばれるもので、次式で定義される。

$$\tilde{\rho}^2 \equiv \int_V \rho(\mathbf{r}_J + \mathbf{r}) \rho(\mathbf{r}_J) d\mathbf{r}_J \tag{10}$$

よって、小角X線散乱光強度は試料中の電子密度分布の自己相関関数とフーリエ変換の関係で結びつけられているのがわかる。

中性子散乱においては、$E(\mathbf{r}_K)$ は中性子と原子核の核力ポテンシャルとの相互作用による核散乱に比例し、散乱波の振幅 $E(\mathbf{r}_K)$ は

$$E(\mathbf{r}_K) = \frac{E_0}{R} b(\mathbf{r}_K) \tag{11}$$

で表される。$b(\mathbf{r}_K)$ は単位体積中の全散乱長である。小角中性子散乱においては、試料中の散乱長の密度分布が小角X線散乱の電子密度分布に相当する。中性子散乱法においては散乱に対する散乱振幅をつけるためには、高分子系やゲルなどの場合、一成分を重水素化しなければならないため、サンプル作成に問題があるが、逆に化学的性質を変えることなく、散乱振幅を変化させることも可能であり（コントラストマッチング法[5,6]）、それにより、多成分系の構造解析を容易にすることができる。

2.3　小角散乱の解析

散乱光強度より系の不均一構造あるいは濃度揺らぎを解析するためには、構造あるいは電子密度分布を仮定して実験結果と比較するモデル法と、系の電子密度分布の自己相関関数を仮定して散乱光強度分布を計算しそれを実験結果と比較する統計法がある。モデル法は、ミセル、ブロック共重合体の形成するミクロ相分離構造、結晶性高分子のラメラ構造などの構造の明確なものの散乱の解析に使われる。統計法では、ゲルや高分子混合系の一相領域の濃度揺らぎの散乱などの

第1章 X線回折

無秩序な濃度揺らぎの散乱の解析に使われる。

2.3.1 モデル法

(1) 希薄系の散乱解析

モデル法によると希薄な系においては，小角X線散乱の散乱関数は

$$I(q) = nI_e(\rho_S - \rho_M)^2 V^2 |F(q)|^2 = nI_e(\rho_S - \rho_M)^2 V^2 P(q) \tag{12}$$

を用いて計算される。ここで，nは散乱体の数密度，ρ_Sは散乱体の電子数密度，ρ_Mは媒体の電子数密度，Vは散乱体の体積である。代表的な粒子形状の散乱関数は以下の通りである[7]。

(a) 半径Rの球

$$F_1(q, R) = \frac{3[\sin(qR) - (qR)\cos(qR)]}{(qR)^3} \tag{13}$$

(b) 外径R_A，内径R_Bの球殻

$$F_2(q) = \frac{V(R_A) F_1(q, R_A) - V(R_B) F_1(q, R_B)}{V(R_A) - V(R_B)}$$

$$V(R) = \frac{4}{3}\pi R^3 \tag{14}$$

(c) 半径R, R, εRの回転楕円体（ランダム分布）

$$P_1(q, R, \varepsilon) = \int_0^{\pi/2} F_1^2[q, r(R, \varepsilon, \alpha)] \sin\alpha \, d\alpha \tag{15}$$

$$r(R, \varepsilon, \alpha) = R(\sin^2\alpha + \varepsilon^2 \cos\alpha)^{1/2}, \quad V(R) = 4\pi\varepsilon R^3/3$$

(d) 半径R, 長さLのシリンダー（ランダム分布）

$$P_2(q) = \int_0^{\pi/2} \left[\frac{2B_1(qR\sin\alpha)}{qR\sin\alpha} \frac{(\sin(qL\cos\alpha/2))/2}{(qL\cos\alpha/2)/2} \right]^2 \sin\alpha \, d\alpha \tag{16}$$

B_1：第一種ベッセル関数

(e) 半径a, b, 長さLのシリンダー（ランダム分布）

$$P_3(q) = \int_0^{\pi/2} \left[\frac{2B_1(qR\sin\alpha)}{qR\sin\alpha} \frac{(\sin(qL\cos\alpha/2))/2}{(qL\cos\alpha/2)/2} \right]^2 \sin\alpha \, d\alpha \tag{17}$$

(f) 辺a, b, cの直方体

$$P_4(q, a, b, c) = \int_0^{\pi/2} \int_0^{\pi/2} \frac{\sin(qa\sin\alpha\cos\beta)}{qa\sin\alpha\cos\beta} \times \frac{\sin(qb\sin\alpha\cos\beta)}{qb\sin\alpha\cos\beta} \frac{\sin(qc\sin\alpha\cos\beta)}{qc\sin\alpha\cos\beta} \sin\alpha \, d\alpha d\beta \tag{18}$$

産業応用を目指した無機・有機新材料創製のための構造解析技術

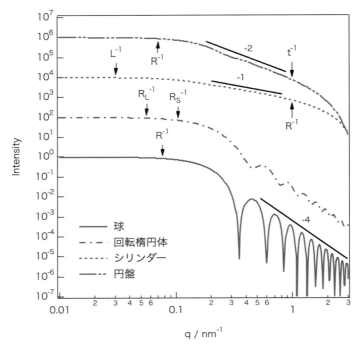

図3 球（半径＝12.9nm），回転楕円体（短軸半径＝9.5nm，長軸半径＝18nm），シリンダー（半径＝1nm，長さ＝34.6nm），円盤（半径＝14.2nm，厚み＝1nm）の散乱関数
それぞれの慣性半径はすべて10nmである。プロットは重ならないように垂直方向へシフトしてある。

(g)半径無限小，長さLのシリンダー

$$P_5(q) = \frac{2\text{Si}(qL)}{(qL)} - \frac{4\sin^2(qL/2)}{(qL/2)^2}$$

$$\text{Si}(x) = \int_0^x t^{-1} \sin t \, dt$$

(19)

(h)厚み無限小，半径Rのディスク

$$P_6(q) = \frac{2}{q^2 R^2} \left[1 - \frac{B_1(2qR)}{qR} \right]$$

(20)

　図3は球，回転楕円体，シリンダー，円盤の散乱を示す。比較のためにそれぞれの構造の慣性半径を等しくしてある（パラメーターの詳細は図を参照のこと）。波数の大きい領域においては円盤を除いてq^{-4}の漸近挙動を示している。また，シリンダーや円盤においては，高さ（厚み）の逆数と半径の逆数の波数領域において，それぞれq^{-1}およびq^{-2}の漸近挙動を示すことがわかる。
　図4は散乱光強度分布と散乱体の構造の関係を示した模式図である。粒子の分散系の散乱挙動を考えると，散乱光強度分布は，粒子の大きさ・形状・界面構造などの粒子内干渉効果と粒子間干渉効果に依存する。粒子内干渉効果は，qの小さいところより①Guinier領域（$q << R_g$, R_g：粒

第1章 X線回折

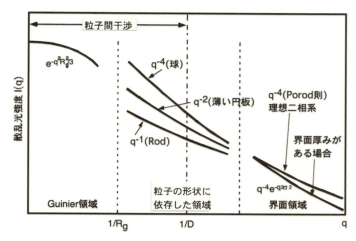

図4 散乱光強度分布と散乱体の構造の関係を示した模式図

子の慣性半径），②粒子の形状に依存した領域（$R_g < q$），③界面領域（$R_g << q$）に分けることができる。

①Guinier領域では，散乱光強度は粒子の形状に依存せずR_gのみに依存し，

$$I(q) \approx I_e V^2 \rho_0^2 \exp\left(-\frac{R_g^2}{3}q^2\right) \quad (21)$$

で表される[1]。そのため粒子間干渉効果が無視できる希薄系においては，小さいq領域において，$\ln I(q)$をq^2に対してプロットすることにより，その傾きより粒子の慣性半径を求めることができるこのプロットのことをGuinierプロットという。図5に図3で示された種々の形状のGuinierプロットを示す。形状は異なるものの，慣性半径が同じであるため，傾きおよび慣性半径は等しくなっているのがわかる。また，慣性半径を求める方法としてBerryプロットというものもある[8]。これは，

$$[I(q)]^{-1/2} \approx \left[\frac{1}{I_e V^2 \rho_0^2}\right]^{1/2} + \left[\frac{1}{I_e V^2 \rho_0^2}\right]^{1/2} \frac{R_g^2}{6} q^2 \quad (22)$$

で表され，$[I(q)]^{-1/2}$ vs. q^2のプロットの傾きと切片より慣性半径を求めることができる。シリンダーやガウス鎖の場合にはBerryプロットの方が適している。

シリンダーの長さや円盤半径が非常に大きい（観測されている波数よりかなり小さい）場合には，以下の式を用いて断面の半径や厚みを求めることができる。

(a) シリンダーで断面の半径がRの場合，

$$I(q) \approx \frac{1}{q}\exp\left(-\frac{1}{4}R^2 q^2\right) \quad (23)$$

と近似できるため，$\ln qI(q)$をq^2に対してプロットすることにより，その傾きよりRを求めることができる。

(b)円盤で厚みがLの場合,

$$I(q) \approx \frac{1}{q^2}\exp\left(-\frac{1}{12}L^2q^2\right) \quad (24)$$

と近似できるため, $\ln q^2I(q)$をq^2に対してプロットすることにより, その傾きよりRを求めることができる。

②の粒子の形状に依存した領域は, 粒子内干渉に依存したピーク (孤立散乱のピーク) や漸近挙動が現れる。例えば$I(q)$の漸近挙動は, 図3に示すように薄い円盤の場合はq^{-2}, 細長い棒の場合はq^{-1}となる。また, 構造がmass fractalの性質を持つ場合, 散乱光強度はq^{-D_M}に比例する。D_Mはmass fractal次元である[9]。

③の界面領域では, 散乱はもはや粒子の形状に依存せず, 粒子と媒体の界面構造に依存する。界面で構造が不連続に変化する系 (理想二相系) ではPorod則のq^{-4}に比例する[1]。界面でコントラストが連続的に変化し, 界面厚みが存在する場合, 散乱光強度は

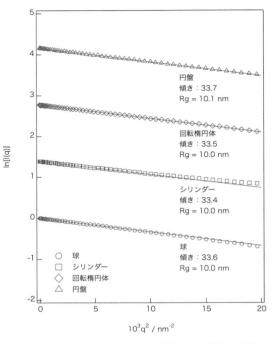

図5 球 (半径=12.9nm), 回転楕円体 (短軸半径=9.5nm, 長軸半径=18nm), シリンダー (半径=1nm, 長さ=34.6nm), 円盤 (半径=14.2nm, 厚み=1nm) のGuinier プロット

$$I(q) \sim \Sigma q^{-4}\exp(-\sigma^2q^2) \quad (25)$$

と表され, $\ln[q^4I(q)]$をq^2に対してプロットすることにより, その傾きからσが求められる。ここでΣは試料の単位体積あたりの界面積, σは特性界面厚みtと$t=\sqrt{2\pi}\sigma$の関係を持ち, 界面の厚みを評価できる[10]。界面がsurface fractalの性質を持つ場合, 散乱光強度は, q^{-6+D_S}に比例する。ここで, D_Sはsurface fractal次元である[9]。

系中の散乱体の体積分率が大きくなると, 粒子間の相関による, 粒子間干渉効果が散乱に影響を与える。粒子間干渉効果は, 粒子間の平均距離Dとすると, $q<O(1/D)$の領域で重要であり, 粒子内干渉効果の①と②の領域に影響を及ぼす。一般に粒子の集合体が等方的でかつ粒子相互作用に配向の相関が存在しない系においては, 粒子間干渉効果を含んだ散乱光強度は

$$I(q) \sim N(\langle|F(q)|^2\rangle - |\langle F(q)\rangle|^2) + N|\langle F(q)\rangle|^2\left[1-\frac{1}{v}\int_0^\infty 4\pi R^2\{1-P(R)\}\frac{\sin qR}{qR}dR\right] \quad (26)$$

で表される[10]。ここで, Nは粒子数, vは粒子1個あたりの占める体積, $P(R)$は動径密度分布関数 (一端に粒子が存在するときにRだけ離れた他端にも粒子が存在する条件付き確率) である。また$\langle\ \rangle$は配向に関する平均である。さらに粒子が単分散で等方的である場合には粒子間干渉効

果を考慮した散乱関数は

$$I(q)=nI_e(\rho_S-\rho_M)^2V^2P(q)S(q) \tag{27}$$

と単純化される[7]。ここで，$S(q)$は「構造因子」と呼ばれるものであり，粒子間干渉のない希薄系においては$S(q)=1$となる。$S(q)$としては色々な形のものが報告されているが，代表的なものとしてはPercus-Yevick近似がある。これによると$S(q)$は以下のように表される[11]。

$$S(q)=\frac{1}{1+24\phi G(R_{HS}q)/(R_{HS}q)} \tag{28}$$

$$G(A)=\alpha(\sin A-A\cos A)/A^2+\beta(2A\sin A-(2-A^2)\cos A-2)/A^3 \\ +\gamma[-A^4\cos A+4\{(3A^2-6)\cos A+(A^3-6A)\sin A+6\}]/A^5 \tag{29}$$

$$\alpha=(1-2\phi)^2/(1-\phi)^4 \\ \beta=-6\phi(1+\phi/2)^2/(1-\phi)^2 \\ \gamma=\alpha\phi/2 \tag{30}$$

ここで，R_{HS}は相互作用距離，ϕは体積分率である。

粒子が結晶格子を組む場合には，いわゆる（hkl）格子面からのBragg反射が粒子間干渉効果として観測される。粒子の集合体の大きさが有限であるとして計算するとパラクリスタル理論[12]による回折式が導出できる。

$$Z(\mathbf{R})=\delta(\mathbf{R})+\frac{1}{v}P(\mathbf{R}) \tag{31}$$

$$I(\mathbf{q})\sim N(\langle|F(\mathbf{q})|\rangle^2-|\langle F(\mathbf{q})\rangle|^2)+\frac{1}{v}|\langle F(\mathbf{q})\rangle|^2 Z(\mathbf{q})*|\Sigma(\mathbf{q})|^2 \tag{32}$$

$$Z(\mathbf{q})=\Re\{Z(\mathbf{R})\},\ \Sigma(\mathbf{q})=\Re\{S(\mathbf{R})\} \tag{33}$$

ここで，$Z(\mathbf{R})$は$\mathbf{R}$の両端に粒子が存在する同時確率，$Z(\mathbf{R})$は形状因子で$\mathbf{R}$が集合体内，外でそれぞれ1,0になる。$\Re\{\ \}$はフーリエ変換である。これらの式により計算された散乱光強度を実験で得られたそれと比較することにより，粒子の分布状態だけでなく粒子の大きさ・形状・界面構造に関する情報も得られる。

2.3.2 統計法

内部の不均一構造が等方的であるとすると，(9)式は，

$$I(\mathbf{q})=I(q)=I_e\langle\eta^2\rangle\int_0^\infty\gamma(r)\frac{\sin qr}{qr}4\pi r^2 dr \tag{34}$$

となる。ここで，$\langle\eta^2\rangle$は濃度揺らぎの二乗平均であり，規格化された相関関数$\gamma(r)$は

$$\gamma(r)=\langle[\rho(r)-\bar{\rho}][\rho(0)-\bar{\rho}]\rangle_r/\langle[\rho(r)-\bar{\rho}]^2\rangle_r \tag{35}$$

となる。$\langle...\rangle_r$はrに関する試料内の平均，$\bar{\rho}$はρの平均値である。統計法では，$\gamma(r)$を導きそれを

フーリエ変換することにより得られた散乱光強度を実験と比較する。

二成分系液体の一相領域の濃度揺らぎを記述する $\gamma(r)$ は $\gamma(r) = e^{-r/\xi}/\xi$ で表され，これを(34)式に代入すると

$$I(q) = I(0)\big/\left(1+q^2\xi^2\right) \tag{36}$$

となる。これは，Ornstein-Zernike-Debye（OZD）の式と呼ばれる[13]。$I(q)$ がOZDの式に従うとすると，$I(q)^{-1}$ と q^2 のプロットは直線となり，（傾き／切片）$^{0.5}$ が相関長 ξ となる。この ξ は濃度揺らぎの波長を特徴付けるものであり，プロットより外挿して求められる浸透圧縮率に比例した $I(q=0)^{-1}$ とともに臨界現象の研究の重要なパラメーターである。また，ゲルの散乱を記述する関数としても使用され，その場合には，ξ は網目間距離に相当するものとなる。網目サイズの不均一なゲルを記述する関数としては，以下のような不均一性を記述するDebye-Bueche型散乱関数[14]と組み合せた以下のような式が用いられる。

$$I(q) = I_{DB(0)}\big/\left(1+q^2\Xi^2\right)^2 + I_{OZD(0)}\big/\left(1+q^2\xi^2\right) \tag{37}$$

ここで Ξ は不均一性を特徴づける相関距離である。

2.3.3 Unified Guinier/power-law

ゴム充填系などのような，不均一構造に階層構造を内包するような系においては，Beuacageによって提出されたUnified Guinier/power-lawにより解析されることが多い[15]。n 段階の階層より成り立つ階層構造の散乱関数は以下のように記述される。

$$I(q) = \sum_{i=1}^{n}\left\{G_i\exp\left(-\frac{q^2R_{g,i}^2}{3}\right) + B_i\exp\left(-\frac{q^2R_{g,i+1}^2}{3}\right)\left[\frac{\{erf(qR_{g,i}/\sqrt{6})\}^3}{q}\right]^{P_i}\right\} \tag{38}$$

ここで，G_i, $R_{g,i}$, B_i, P_i はそれぞれ i 番目の階層構造のGuinier prefactor，慣性半径，階層構造の形状に依存したベキ乗散乱のprefactor，階層構造の形状に依存したベキ乗である。

2.4 まとめ

本稿では，小角散乱のRayleigh-Gans-Bornに基づく理論，および散乱関数の解析法として用いられる，モデル法および統計法について解説を行った。小角散乱では，IRやNMR測定のように定まったデータの解析方法で解析を行うと一定の結果が得られるという訳ではなく，実験毎に系に適切なデータ解析の方法を選んで解析を行うということが必要になる。そのため，やや解析には難しい点もあるが，外場中でのその場観察が可能な点や時間変化を容易に定量的に観測することができる利点があり，放射光施設やJ-PARCなどの強力なX線や中性子を用いた散乱によるソフトマターを含む様々な材料構造形成過程などの機構が小角散乱法によって明らかにされていくことが期待される。

第1章 X線回析

文　　献

1) A. Guinier, G. Fournet, Small-Angle Scattering of X-ray, John Wiley (1955)
2) 菊田惺志, X線回折・散乱技術上, 東京大学出版会 (1992)
3) H. Brumberger ed., Small-Angle X-ray Scattering, Gordon and Breach Sci. Pub. (1967)
4) O. Glatter, O. Kratky, Small-Angle X-ray Scattering, Academic Press (1982)
5) H. Hasegawa H. Tanaka, T. Hashimoto, *J. Appl. Cryst.*, **24**, 672 (1991)
6) M. Takenaka, S. Nishitsuji, N. Amino, Y. Ishikaka, D. Yamaguchi, S. Koizumi, *Macromolecules*, **42**, 308 (2009)
7) J. S. Pedersen, *Adv. Colloid Interface Sci.*, **70**, 171 (1997)
8) G. C. Berry, *Mater. Res. Soc. Symp. Proc.*, **44**, 4550 (1966)
9) D. W. Schaefer, K. D. Keefer, FRACTALS IN PHYSICS, Elsevier (1986)
10) T. Hashimoto, M. Shibayama, H. Kawai, *Macromolecules*, **13**, 1237 (1980); T. Hashimoto, M. Fujimura, H. Kawai, *Macromolecules*, **13**, 1659 (1980)
11) M. S. Wertheim, *Phys. Rev. Lett.*, **10**, 321 (1963); D. J. Kinning, E. L. Thomas, *Macromolecules*, **17**, 1712 (1984)
12) R. Hosemann, S. N. Bachi, Direct Analysis of Diffraction by Matter, North Holland (1962); M. Shibayama, T. Hashimoto, *Macromolecules*, **19**, 740 (1986); H. Matsuoka, H. Tanaka, N. Iizuka, T. Hashimoto, *Phys. Rev. B.*, **41**, 3854 (1990); T. Hashimoto, T. Kawamura, M. Harada, H. Tanaka, *Macromolecues*, **27**, 3063 (1994)
13) F. Zernike, J. A. Prins, *Z. Phys.*, **41**, 184 (1927); P. Debye, H. Menke, *Z. Phys.*, **31**, 797 (1930)
14) P. Debye, A. M. Bueche, *J. Appl. Phys.*, **20**, 518 (1949)
15) G. Beaucage, *J. Appl. Crystallogr.*, **28**, 717 (1995); G. Beaucage, D. W. Schaefer, *J. Non-Cryst. Solids.*, **172**, 797 (1994)

3 斜入射X線散乱による構造解析

宮﨑　司*

3.1 はじめに

材料の機能を作りこむために，材料の構造を精密に評価し制御することは不可欠である。材料が発現する機能と材料がもつ構造との間には密接な相関があるので，ある材料に望みの機能を付与するには，その材料の構造を精密に評価し，制御する必要があるからである。

材料の高機能化にともなって，製品に使われる材料は軽量化，薄層化されている。そこで材料表面の機能化が益々重要になっている。そのため表面の構造解析の重要性は増している。

有機・無機材料に関わらず，分子1個分程度の表面領域の構造はバルクと大きく異なることがわかっている。この極表面の構造解析法として使われている手法が斜入射X線散乱法である。一般的に斜入射X線散乱法には高輝度のX線をプローブとして使用する必要がある。近年の放射光利用の一般化[1]によって，材料表面の構造解析法として斜入射X線散乱法はポピュラーな手法となってきた[2]。本節では斜入射X線散乱法による材料表面の構造解析について，高分子フィルムの製造・加工プロセス中の構造のその場観察に適用した例をもとに紹介する。

3.2 斜入射X線散乱法の原理

X線に対する物質の屈折率は(1)式のように与えられる。

$$n = 1 - \delta - i\beta \tag{1}$$

ここでδは屈折率の実部の1からのずれを表わし，βは物質によるX線の吸収を表わす。それぞれ10^{-5}〜10^{-6}のオーダーの非常に小さい数値である。(1)式によると屈折率は1よりわずかに小さいため，表面から測って非常に小さい入射角で入射したX線は全反射する（図1）。

この全反射臨界角θ_cは(2)式であらわされ，δが小さい数値なのでこの数値もまた小さく，一般的な0.15 nm程度の波長のX線に対して，Si基板で0.22 deg，高分子材料で0.15 deg程度である[3]。

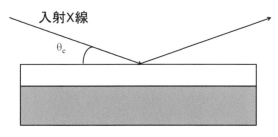

図1　斜入射X線散乱法のジオメトリ

* Tsukasa Miyazaki　日東電工㈱　基幹技術研究センター　第3グループ　グループ長

第1章　X線回折

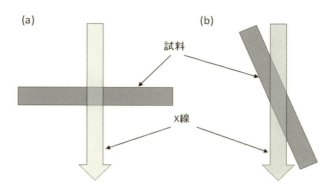

図2　透過配置のX線散乱法(a)と斜入射配置のX線散乱法(b)のジオメトリ

$$\theta_c=\sqrt{2\delta} \tag{2}$$

この臨界角近傍でX線の材料への侵入長が大きく変わることから，入射角を厳密に指定すると原理的には表面からどの程度の深さまでの構造情報を抽出するのかを決めることができる。また図1のようにSi基板の上に高分子薄膜が形成されている場合は，膜と基板の全反射臨界角が違うことを利用して，高分子膜の臨界角以上，Si基板の臨界角以下でX線を入射させることにより，高分子膜中の構造情報のみを取り出すことが可能となる。

ただし普通はこのようにアクセスできる表面領域を厳密に制御することは難しい。実際の材料表面には凹凸が必ずある。凹凸があると厳密に入射角を規定できない。特に高分子材料表面は無機材料の表面に比べて平坦でないことが多い。そのため斜入射X線散乱法を使っても一般的な透過型のX線散乱法に比べて相対的に"より表面構造を反映した"散乱情報が得られる，という程度に認識される方が適切であろう。

それよりも特に産業応用では実験上の理由から斜入射X線散乱法が使われることが多いように思う。高分子フィルムの場合，試料が薄くさらにX線の吸収も小さいので透過配置のX線散乱法（図2(a)）ではX線に照射される試料体積を大きくするため，フィルムを何枚も重ねるなど，サンプリングが困難な場合がある。その場合斜入射配置のX線散乱法を用いると図2(b)のように1枚のフィルムでもX線により照射される試料体積を大幅に増やすことができる。またそもそも図1のような基板上の高分子薄膜の場合は，基板による吸収のため透過配置のX線散乱法が適用できない。

3.3　製造・加工プロセス中のその場観察への応用

高分子の構造評価を難しくしている要因は主として以下の2つである。
①　高分子は広い長さスケールにわたる複雑な階層構造をもつ。
②　フレキシブルなので，製造・加工工程で大きく構造を変える。
企業において，このような厄介な高分子の構造を精密に調べる必要があるのは，上述したよう

に材料の機能設計に構造解析が必須だからである。特に製造・加工プロセス中の構造をその場観察することは重要である。高分子材料はプロセス中で大きく構造が変えられた結果，機能が付与される。その場観察は機能が付与されるまさに"その場"を観察することになるので，材料の機能設計上重要な知見が得られるからである。

その場観察に小角X線散乱（Small-angle X-ray Scattering：SAXS）と広角X線回折（Wide-angle X-ray Diffraction：WAXD）の同時測定（SAXS/WAXD）を行うことにより，nm以下から1μm程度におよぶ広い長さスケールの構造を一度に見ることができる。これを斜入射配置で行う（Grazing Incidence Small-angle X-ray Scattering：GISAXS/Grazing Incidence Wide-angle X-ray Diffraction：GIWAXD）ことで高分子フィルムの製造・加工プロセス中のその場観察が可能になる。

ただし実際の製造・加工プロセスのその場観察は難しいことが多く，その場観察環境は実際のプロセスを模したものになることはやむを得ない。さらに数秒以下の時分割測定が必須となるので，放射光の利用が欠かせない。そこで以下では実際のプロセスを模した装置を開発し放射光との組み合わせで，高分子フィルムの製造・加工プロセス中の構造変化をその場観察した例を示す。

3.3.1 高分子フィルム塗工過程のその場観察

高分子フィルムは包装材料，磁気材料，光学材料などとして各種産業分野で広く使われている。その製造プロセスも多岐にわたる。中でも塗工によるフィルム作製がよく行われている。塗工過程においては，溶媒の蒸発にともない結晶化や相分離など複雑な現象が起こる。この過程をその場観察することは材料・プロセス設計のためには重要である。そこで下北ら[4]は塗工過程の高分子フィルムの構造のその場観察のための装置を開発した。

(1) 自動塗工機の装置構成

装置構成は図3に示す。基板上に塗工液を供給するシリンジシステムと塗工液を薄く基板上に塗工するアプリケータあるいはバーコータからなる。基板サイズは90×90 mmで，基板の温度は室温〜200℃の範囲で可変である。塗工速度は2〜200 mm/sの範囲で変えることができる。塗工膜の膜厚はアプリケータの場合，クリアランスの違うアプリケータの組み合わせで塗工直後の膜

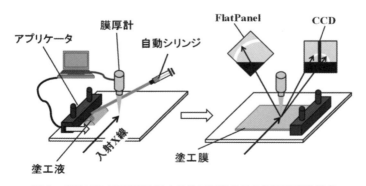

図3　GISAXS/GIWAXDによる塗工過程のその場観察実験構成

第1章　X線回折

厚で10〜125 μmの範囲で変更できる。バーコータを使うと乾燥後の膜厚で100 nm程度の薄膜を作製することもできる。また溶媒の乾燥過程における塗工膜の膜厚をモニターするために光干渉式の膜厚計（浜松フォトニクス：V7739P＋ORCA R2）を設置した。この膜厚計では白色光を使って19 msの時間分解能で膜厚をモニターすることができる。

(2) SPring-8 BL03XUの第一ハッチにおけるGISAXS/GIWAXD測定装置

塗工過程のフィルムの構造変化を観察するため，世界最大の放射光施設であるSPring-8のビームラインBL03XU[5]の第一ハッチ[6]に上記自動塗工機を持ち込んで実験をおこなった[4]。BL03XUの第一ハッチは斜入射X線散乱実験に特化したビームラインで多軸のゴニオメータを装備しており，GISAXS/GIWAXD測定以外にも，X線反射率測定や第二ハッチとの併用で斜入射極小角X線散乱測定なども行える。開発した自動塗工機を第一ハッチに設置した（図4）。

実験に用いたX線の波長は0.1 nmでGISAXS用にはイメージインテンシファイア付きのCCD検出器を，GIWAXD用にはFlatPanel検出器を用いた。

(3) ブロックポリマー溶液の塗工過程におけるGISAXS/GIWAXD測定例

塗工過程の実験例として，ポリメチルメタクリレート（Polymethylmetacrylate, PMMA）とポリブチルアクリレート（Polybuthylacrylate, PnBA）からなるポリメチルメタクリレート−ブロック−ポリブチルアクリレート−ブロック−ポリメチルメタクリレートのトリブロック共重合体（PMMA-b-PnBA-b-PMMA，分子量：58000，分子量分布：1.19，PnBAの重量分率：70 wt％）のトルエン溶液を使った実験例を示す。初期のポリマー濃度は25.2 vol％である。X線の斜入射角は塗工後の最終膜厚が数μm以上と厚い場合は，0 degでよい。それ以下の膜厚の場合は，散乱強度が小さくなるので〜0.2 deg程度の斜入射角をつける必要がある。

0.2 ml程度の溶液を自動シリンジシステムからSi基板上に供与後，アプリケータにより塗工した直後からの塗工膜のGISAXS測定結果を示す。まず塗工膜の膜厚変化を観察した結果を図5(a)に示す。塗工過程で膜中のポリマー量が保存されると仮定すると，この膜厚変化から塗工膜中のポリマー濃度が(3)式で評価できる[4]。

図4　SPring-8 BL03XUでのGISAXS/GIWAXDによる塗工過程のその場観察実験

$$C_{polym} = \frac{t^0 \cdot C^0_{polym}}{t} \qquad (3)$$

ここでC_{polym}はポリマーの体積分率，tは膜厚である。添え字0はそれぞれの初期値を示す。図5(b)には(3)式により膜厚から変換したポリマー濃度（vol.%）を示す。図6に塗工過程のいくつかのポリマー濃度で得られた2次元GISAXSパターンを示している。

塗工直後（ポリマー濃度：25.2 vol.%）は全く相分離していないが，溶媒が蒸発しポリマー濃度が31.1 vol.%程度になったところで相分離に起因する等方的な散乱が観察されるようになった。さらに溶媒の乾燥が進むと散乱強度が上がっていきポリマー濃度が50 vol.%をこえたところで散乱強度が最大になった。さらに濃度が上がると，その後は逆に散乱強度が小さくなることがわかった。

そこで散乱強度の変化を定量的に把握するため，積分散乱強度をポリマー濃度に対してプロットした。積分散乱強度は(5)式で示される[4]。

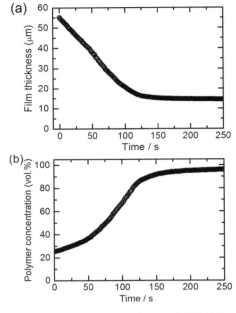

図5　PMMA/PnBAトリブロック共重合体トルエン溶液の塗工過程の膜厚(a)と膜厚から変換した塗工膜中のポリマー濃度(b)

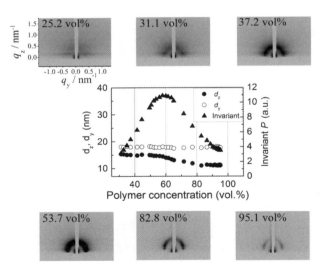

図6　PMMA/PnBAトリブロック共重合体トルエン溶液の塗工過程の構造のその場観察結果
ポリマー濃度による積分散乱強度と膜厚方向（d_z）と膜面方向（d_y）の構造サイズの発展と，典型的な2次元GISAXSパターン。

$$P = \frac{\int I(q) q^2 dq}{w \exp(-\mu_{sol} w)} \tag{5}$$

ここでqは散乱ベクトルの絶対値($q = \frac{2\pi \sin\theta}{\lambda}$)で$I(q)$は$q$に対する散乱強度,$w$はX線の入射方向からみた塗工膜の幅で$\mu_{sol}$は塗工膜の線吸収係数である。(5)式の分母は塗工膜に対するX線の吸収補正に対応する。塗工過程でポリマー濃度が変わるので,散乱強度の変化を定量的に議論するためにはμ_{sol}を正確に見積もり補正する必要がある。μ_{sol}はポリマー濃度がわかれば計算により求めることができるので,(5)式を使えば塗工膜の乾燥過程での散乱強度変化を正確に調べることができる[4]。

図6にはこの吸収補正を施した積分散乱強度と,膜厚方向(q_z方向:d_z)および膜面方向(q_y方向:d_y)の相分離構造の構造サイズをポリマー濃度に対してプロットしたグラフも示している。散乱強度はポリマー濃度60 vol.%で最大となり,その後小さくなる。さらに塗工過程における構造サイズは膜面方向ではほとんど変化しないが,膜厚方向では60 vol.%を越えると急激に小さくなる。塗工膜は溶媒の蒸発にともなう脱膨潤により収縮するにもかかわらず,膜面方向には基板によるピン止め効果で構造サイズが変わらないという報告がある[7,8]。それに対して膜厚方向には自由に収縮できるため構造サイズが小さくなると考えられる。

相分離が始まってからの散乱強度の増大は,構造が発達していくことによる。構造の発達とともに散乱強度が極大を示すのは相分離の発達とともに,溶媒が一方の成分から選択的に蒸発すると仮定すると説明できる。この共重合体の組成比はPMMA:PnBA = 3:7であるからシリンダー状の相分離構造を取る。組成比からPMMAがシリンダーを作り,PnBAがマトリクスになる。トルエンに対するPMMAとPnBAのFlory-Huggins相互作用パラメータはそれぞれ,0.5と0.1と見積もられるので[9],相分離の発達とともに最初相互作用パラメータの大きなPMMAから選択的にトルエンが蒸発すると,PMMA相とPnBA相の電子密度差が大きくなるので散乱強度が増大する。ポリマー濃度が60 vol.%程度になったところでPMMA相中にはほとんどトルエンがなくなり逆にPnBA相から溶媒蒸発が起こると,両相の電子密度差が小さくなるので,散乱強度は逆に小さくなる。60 vol.%からの溶媒の蒸発がマトリクスであるPnBA相から起こることになるので,系全体の膜厚方向への収縮が60 vol.%からおこることになる。

上述したような膜の基板上へのピン止めと選択的な溶媒蒸発にともなう構造サイズの異方性などは,プロセス由来の原因で起こることであるが,できた膜の構造解析だけでは原因の特定は難しい。膜ができるプロセス中のその場観察を行うことによってはじめて現象が把握できる。

3.3.2 高分子薄膜のスピンコート過程のその場観察

3.3.1と同様,SPring-8 BL03XUの第一ハッチに設置されたGISAXS/GIWAXD装置を使って,スピンコート法による高分子薄膜の構造形成過程をその場観察するシステムも開発されている[10]。

装置構成を図7に示す。2インチのSiウエハを真空チャックにより試料テーブルに固定する。次にこのSiウエハ上に自動シリンジシステムにより塗工液を供与する。そして試料テーブルの高

産業応用を目指した無機・有機新材料創製のための構造解析技術

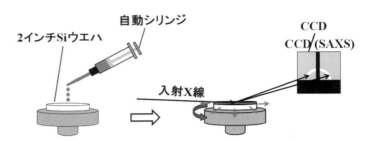

図7　GISAXS/GIWAXDによるスピンコート過程の構造のその場観察実験構成

速回転により溶媒が急速に蒸発し，高分子薄膜が成膜される過程をその場観察することができる。試料テーブルの上部には自動塗工機で使ったのと同じ膜厚計を設置しており，薄膜形成過程の膜厚変化をモニターできる。

　装置開発のポイントは試料テーブルの回転をいかに精度よく制御するかであった。特にテーブル面の回転軸方向の変動をいかに少なくするかが重要である。SPring-8の放射光の安定性は高く，ビーム強度の変動は最大で3％以下である。BL03XUの第一ハッチでのGISAXS/GIWAXD実験で使われる一般的なビームサイズは縦横100×150 μmである。スピンコート過程のその場観察において散乱強度の変動をビーム強度の変動である3％程度以内に抑えるためには，回転にともなう試料テーブル面の軸方向の変動を3 μm以下に抑える必要がある。それに対して一般のスピンコータで実測してみると，精度の高い機種であっても10 μm程度の変動があった。そのため市販のACサーボモータを採用することはできず，本装置専用のスピンドルモータを新たに作製する必要があった。それにより試料テーブル面の軸方向の変動を2.6 μm以下に抑えることに成功した[10]。

　開発したスピンコータをSPring-8 BL03XUの第一ハッチに設置した（図8）。自動塗工機の実験で使用したブロック共重合体のトルエン溶液を用い，スピンコート過程のGISAXSによるその場観察を行った。溶液のポリマー濃度は1 wt.％で試料テーブルの回転速度は2000 rpmである。外

図8　SPring-8 BL03XUでのGISAXS/GIWAXDによるスピンコート過程のその場観察実験

第1章 X線回析

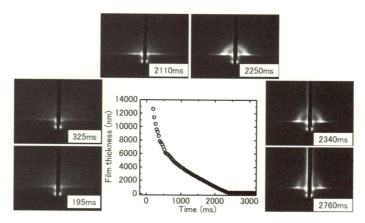

図9 PMMA/PnBAトリブロック共重合体トルエン溶液のスピンコート過程の構造のその場観察結果
スピンコート過程の膜厚変化と典型的な2次元GISAXSパターン。

部トリガーによりスピンコータと膜厚計とCCD検出器をリンクさせ,膜厚と2次元散乱像を32.5 msごとに取得した。

図9に成膜中の膜厚変化といくつかの膜厚での2次元散乱像を示している。試料テーブルの回転開始時間を塗工開始時間と定義する。塗工開始から195 ms後の時点から膜厚を計測することに成功している。塗工開始から約2000 ms後に相分離構造に起因する散乱があらわれはじめ,散乱強度が増大するが,その後強度が減少する挙動(図9中の2250 ms後に得られた散乱パターンから2340 ms後に得られたパターンへの変化)が認められた。塗工開始より2700 ms程度で散乱強度や膜厚に変化がなくなることから,膜中の溶剤の蒸発はほぼ完了したと考えられる。塗工過程での散乱強度変化の傾向は,3.3.2の自動塗工機の実験と同様である。やはり溶剤の蒸発がPMMA相から選択的に起こるという現象が観察されていると考えられる。

3.3.3 高分子フィルムの延伸過程の3次元構造観察

従来は透過型のX線散乱法の適用に限られていたフィルム延伸過程のその場観察にGISAXS/GIWAXD測定を利用することも試みられている[11]。この場合,高分子フィルムをヒータ上で水平に延伸している過程をフィルムのエッジ方向とエンド方向からGISAXS/GIWAXDで測定することにより,透過配置のX線散乱法では得られない延伸過程における3次元方向の分子鎖の配向構造の発展などが評価可能になっている[11]。

3.4 おわりに

企業における製品開発は,年々高機能化を目指して行われている。高機能化のためには材料の複合化とともに,製造・加工プロセスの革新が必須である。そのためには材料がプロセス中でどのように構造変化をしているのか,"その場"観察する必要性がますます出てくる。プロセス中で機能が付与されるまさに"その場"を観察するツールとして,製造・加工プロセスを再現したシス

テムと放射光X線を使ったGISAXS/GIWAXD測定装置の組み合わせはますます利用されていくであろう。今後このようなシステムの開発が産業界を中心にさらに進み，製品設計に資する成果が次々と産み出されていくことが期待される。

文　　献

1) 堀江一之，小宮聰，高田昌樹（編集），機能物質・材料開発と放射光-SPring-8の産業利用，シーエムシー出版（2008）
2) 合志陽一監修，X線分析最前線，アグネ技術センター（1998）
3) 桜井健次（編集），X線反射率法入門，講談社サイエンティフィック（2009）
4) K. Shimokita, T. Miyazaki, H. Ogawa, K. Yamamoto, *J. Appl. Cryst.*, **47**, 476（2014）
5) H. Masunaga *et al.*, *Polym. J.*, **43**, 471（2011）
6) H. Ogawa *et al.*, *Polym. J.*, **45**, 109（2013）
7) M. J. Heinzer *et al.*, *Macromolecules*, **45**, 3471（2012）
8) M. J. Heinzer *et al.*, *Macromolecules*, **45**, 3480（2012）
9) J. Brandrup *et al.*, Polymer Handbook, 4th ed., pp.247., John Wiley and Sons（2003）
10) H. Ogawa, T. Miyazaki, K. Shimokita *et al.*, *J. Appl. Cryst.*, **46**, 1610（2013）
11) T. Miyazaki, K. Shimokita, H. Ogawa, K. Yamamoto, *J. Appl. Cryst.*, in press.

4　中性子反射率による構造解析

犬束　学[*1], 田中敬二[*2]

4.1　概要

　異種相との界面における材料の物性は，材料内部（バルク）におけるそれとは異なることが知られている。このような界面における材料の構造および物性の解明は，学術的な興味の対象である以上に，高機能材料を設計する上でも，有機・無機を問わず非常に重要な課題である。例えば，軽さと強靭さを兼ね備えた材料として注目されるナノコンポジットなどの複合材料においては，それぞれの要素間の親和性が接着性に影響を与え，最終的には材料自体の特性を左右する。また，太陽電池やトランジスタなどの薄膜デバイスでは，小型化・薄膜化すればするほど材料全体に対する界面層の割合が大きくなり，界面における物性が重要となる。さらに，多くの医療用材料では生体適合性が要求されるが，細胞およびタンパク質の吸着の制御において，水界面における材料の構造・物性の理解は必要不可欠である。しかしながら，水などの液体界面，および基板などの固体界面は一般に埋もれており，このような構造・物性を非破壊的に解析する手法はごく限られている。このため，液体・固体界面の構造を in situ で測定，解析する手法に産学両分野から期待が集まっている。

　中性子反射率（NR）法[1,2]はサブナノメートルオーダーの分解能を持ち，軽元素に対する感度が高く，さらに試料の一部を重水素化することで試料間のコントラストを増幅させることが可能であることから，有機高分子材料の界面構造を観測するための手法として優れている。また，X線などに比べて透過力が高いため，液体界面や固体界面といった"埋もれた界面"を観測できる数少ない手法でもある。このため，NRによる研究は，空気／溶液界面における界面活性剤の作用，気液界面における不溶層や高分子の構造，気液および気固界面における洗浄膜と吸着などの空気界面化学，ラングミュアーブロジェット膜，高分子膜や半導体層などの固体膜，磁気多層膜や強磁性膜などの空気界面磁性などと極めて広範かつ多様な対象に及んでいる。ただし，NR法で得られる結果は一意的ではない。すなわち，他の一般的な散乱法と同様に位相差問題が伴うため，解析によって得られる界面構造には"別解"がありうることに注意しなければならない。

　本節では，NR測定の原理と解析例について解説する。解析例としては非溶媒と接したポリスチレン（PS）の界面構造，およびナフィオン薄膜の膨潤挙動についての研究を紹介する。これらの研究では，NR法と和周波発生（SFG）分光法[3,4]，表面プラズモン共鳴（SPR）法[5]などの他の界面選択的分光法と組み合わせて解析を行うことで，高分子の界面における挙動を明らかにしている。

---

*1　Manabu Inutsuka　九州大学　大学院工学研究院　応用化学部門　特任助教
*2　Keiji Tanaka　九州大学　大学院工学研究院　応用化学部門　教授

4.2 原理[1,2)]

4.2.1 界面での反射

　物質の表面あるいは界面の構造は可視光やX線，中性子線などの表面での反射率を解析することによって調べられる。入射光と反射光の比で定義される反射率は，鏡のように表面が平滑であれば高く，ラフネスがあれば低くなる。また，深さ方向に層構造があれば，層界面での反射波による干渉のため，層の厚みに対応して反射光強度の強め合い・弱め合いが起こる。反射率測定では，反射率を散乱ベクトル（波長，入射角）の関数として測定し，得られるデータ，すなわち，反射率曲線を解析することで試料の深さ方向の構造を評価する。プローブに中性子線を使用した反射率測定がNR法である。

　図1は平滑な物質界面における光の反射の模式図であり，シリコン基板と空気との界面などはこの代表例である。屈折率n_0の媒質0（空気など）から波数ベクトル$\mathbf{k}_{in}$で入射した中性子の一部が屈折率n_1の媒質1（シリコン基板など）に波数ベクトル$\mathbf{k}_1$で透過し，残りが$\mathbf{k}_{out}$で反射される。

$$|\mathbf{k}_{in}| = |\mathbf{k}_{out}| = k_0 = \frac{2\pi}{\lambda} \tag{1}$$

とかける入射角＝反射角＝θ_0，透過角＝θ_1とすると，反射による波数ベクトルの変化分，すなわち，散乱ベクトル$\mathbf{q}=\mathbf{k}_{out}-\mathbf{k}_{in}$について，図1より以下のように書ける。

$$|\mathbf{q}| = |\mathbf{k}_{out}-\mathbf{k}_{in}| = q = \frac{4\pi}{\lambda}\sin\theta_0 \tag{2}$$

鏡面反射では入射角と反射角が等しいので，$\mathbf{k}_{in}$と$\mathbf{k}_{out}$の鉛直方向成分をそれぞれk_{0z}および$-k_{0z}$と書くと，

$$k_{0z} = \frac{1}{2}q = \frac{2\pi}{\lambda}\sin\theta_0 \tag{3}$$

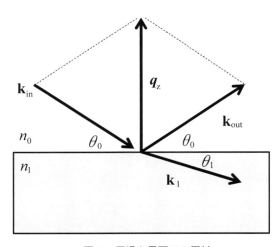

図1　平滑な界面での反射

第1章　X線回折

であり，またqは界面に対してかならず鉛直方向を向くので，$q = q_z$である。

吸収が無視できる場合，中性子にとっての物質中の屈折率は以下のように書ける。

$$n_1 = 1 - \frac{\lambda^2}{2\pi}\left(\frac{b}{V}\right) \tag{4}$$

ここでbは散乱長，Vはモル体積である。(b/V)は散乱長密度と呼ばれ，物質に含まれる元素と密度から次式のように計算できる。

$$\left(\frac{b}{V}\right) = \frac{\rho N_A \sum b}{M} \tag{5}$$

Mは試料を構成する分子の分子量，ρは密度，N_Aはアボガドロ数，$\sum b$はその分子を構成するすべての原子の散乱長の総和である。bの値は，原子番号に対してランダムに変化し，例えば水素（H）では-3.74×10^{-15}m，重水素（D）では6.67×10^{-15}m，酸素では5.80×10^{-15}m，炭素では6.64×10^{-15}m程度である。水素の場合，原子核との相互作用により，入射した中性子線の位相がπずれるため，散乱長の値が負になる。一般に，高分子を構成する軽元素同志では散乱長に大きな差がないので，異なる高分子の間でも散乱長密度の差は大きくない。しかしながら，水素Hと重水素Dでは散乱長が大きく異なるため，ポリマー同士あるいは同種のポリマーでもその一部，あるいは，全部を重水素置換することによって他の物性をほとんど変えることなく散乱長密度にコントラストをつけることが可能となる。

次に，全反射の臨界角について考える。Snellの法則より，各層の屈折率と光の入出斜角度には次の関係が成立する。

$$n_0 \cos\theta_0 = n_1 \cos\theta_1 \tag{6}$$

ここで媒質0を空気とすると，$n_0 = 1$として(5)式は

$$n_1 = \frac{\cos\theta_0}{\cos\theta_1} \tag{7}$$

となる。一般に，中性子に対する物質の屈折率は1より小さくなるので（$n_1 < 1$），入射角を小さくしていくとある角度，臨界角θ_c以下で全反射が起こる。このとき，$\theta_1 = 0$となるので

$$\cos\theta_c = n_1 \tag{8}$$

と書け，(3)式より

$$\theta_c = \lambda\left(\frac{1}{\pi} \cdot \frac{b}{V}\right)^{\frac{1}{2}} \tag{9}$$

となる。したがって，臨界角における散乱ベクトルが求められる。

$$q_c = \frac{4\pi}{\lambda}\sin\theta_c = 4\left(\pi \cdot \frac{b}{V}\right)^{\frac{1}{2}} \tag{10}$$

ここで，入射光と反射光の振幅比として定義されるフレネルの反射係数r_{01}について考える。r_{01}

は，界面における波の連続性から

$$r_{01} = \frac{k_{0z} - k_{1z}}{k_{0z} + k_{1z}} \tag{11}$$

と書ける。ただし，k_{1z}は媒質1内での波数ベクトルの鉛直方向成分である。実際に検出器で観測されるのは，振幅の2乗に比例する入射光および反射光の強度である。入射光強度と反射光強度の比として定義される反射率Rは，r_{01}とその複素共役$r_{01}{}^{*}$を用いて

$$R = r_{01} \cdot r_{01}{}^{*} \approx \left| \frac{k_{0z} - k_{1z}}{k_{0z} + k_{1z}} \right|^2 \tag{12}$$

となる。これを(3)式よりq_zおよびq_cを用いて書き直すと，

$$R(q) \approx \left| \frac{q_z - (q_z^2 - q_c^2)^{\frac{1}{2}}}{q_z + (q_z^2 - q_c^2)^{\frac{1}{2}}} \right|^2 \tag{13}$$

となり，$q_0 \gg q_c$では

$$R(q) \approx \frac{16\pi^2}{q_z^4} \cdot \left(\frac{b}{V} \right)^2 \sim q_z^{-4} \tag{14}$$

と書ける。これは，平滑な界面ではRがqの-4乗に従って減少することを表わしている。平滑な界面での中性子反射率の一例として，水晶基板と重水との平滑な界面での中性子反射率の計算値を図2示す。qに対してRq^4をプロットすると，q_c付近で極大値を取った後，一定の値に漸近する。

　界面においてラフネスや組成勾配がある場合，界面プロファイルはしばしば誤差関数erf($z/2^{1/2}\sigma$)を用いて表される。このとき，Rはσを用いて

$$R = \left(\frac{16\pi^2}{q_z^4} \left(\frac{b}{V} \right)^2 \right) \cdot \exp^{-q_z^2 \cdot \sigma^2} \tag{15}$$

と書ける。このとき，(14)式で得られる反射率に指数関数exp($-q_z^4 \sigma^2$)がかかった形となり，特

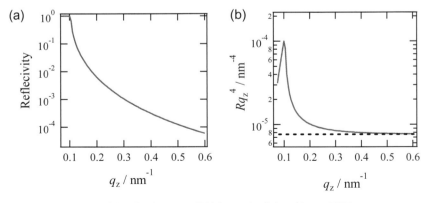

図2　(a)平滑な界面での反射率，および(b)Rq_z^4とq_zの関係

に高いq_zの領域では，q_zの−4乗より顕著な減衰を示す．

4.2.2 単層膜での反射
(1) 単層膜での反射

次に，図3に示すような基板上に形成された厚さdの単層膜における反射と屈折を考える．多重反射を考慮しなければ，反射振幅の和$\tilde{r}_{01}$は，主に以下の2成分の足し合わせで表すことができる．

① 媒質0（空気）と媒質1（薄膜）の界面で，反射係数r_{01}で反射された波

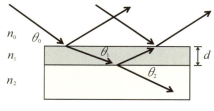

図3　単層膜での反射と屈折

② 透過係数t_{01}で媒質0から媒質1に透過し，媒質1と媒質2の界面において反射係数r_{12}で反射され，さらに媒質1から媒質0に透過係数t_{10}で透過した波

以上より，

$$\tilde{r}_{01} = r_{01} + t_{01} r_{12} t_{10} \exp(2ik_1 d) \tag{16}$$

と書ける．ただし，$\exp(2ik_1 d)$は位相差による干渉を表わしている．実際には透過係数は1とみなせるので，(15)式は

$$\tilde{r}_{01} = r_{01} + r_{12} \exp(2ik_1 d) \tag{17}$$

と書いてよい．この式から，反射係数および反射率が干渉により中性子の入射角と波長すなわちqの変化に対応して増減することがわかる．従って，一般に単層膜からの中性子反射率は図4のようになる．図中に見られるような反射率がqの変化に対応して増減する挙動はKiessigフリンジと呼ばれる．薄膜の厚みdはKiessigフリンジの幅Δqと

$$d = \frac{2\pi}{\Delta q} \tag{18}$$

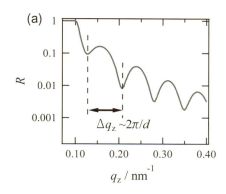
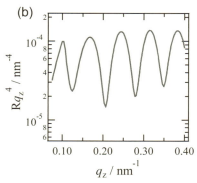

図4　(a)単層膜での反射率，および(b)Rq_z^4とq_zの関係

の関係が導かれる。したがって，反射率のフリンジ幅から試料の膜厚を求めることができる。多重反射を考慮した単層膜の反射係数 r_{01}' は，Parrattによる計算[6]により

$$r_{01}' = \frac{r_{01} + r_{12}\exp(2ik_1 d)}{1 + r_{01} r_{12} \exp(2ik_1 d)} \tag{19}$$

と求められている。

　高分子試料の測定の場合，nmレベルの平滑性および中性子の透過率の高さから，基板としてはシリコンウエハーや石英基板がよく用いられる。通常，大気中あるいは真空中の測定では大気（真空）側から，液中測定では基板側から中性子線を入射させる。全反射は屈折率の高い側から低い側，すなわち（b/V）が低い側から高い側に光が入射した際にしか起こらない。測定した反射率の評価には全反射領域の反射強度を用いるため，全反射が観測できないと解析が著しく困難になる。特に，溶媒にH体を使用する際にはこの点を考慮する必要がある。

4.3　測定例
4.3.1　ポリスチレン／非溶媒界面の構造解析[7]

　水，メタノール，ヘキサンはポリメタクリル酸メチル（PMMA）に対して非溶媒であり，PMMAを巨視的に溶解させることはない。しかしながら，これまでの研究において，PMMAとこれらの非溶媒との界面層では膨潤および構造の再編成が起こることが明らかとなってきた[8]。このような界面独特の挙動が，PSのような極性の官能基を持たない高分子でも起こるのかを確認した。

　試料として数平均分子量（M_n）= 317 kg/mol，分子量分布指標（M_w/M_n）= 1.05の単分散重水素化PS（dPS）を用いた。dPSはスピンキャスト法により合成石英基板上に製膜した。dPS膜は真空下で393 K，24 h熱処理を行った。偏光解析測定に基づき評価した乾燥状態での膜厚は60 nm程度であった。dPS薄膜上にテフロン製リザーバーをマウントし，液体と接触させた。接触液体として水，ヘキサンおよびメタノールを用いた。これらの液体はいずれもPSの非溶媒であり，溶解度パラメータおよび極性がそれぞれ異なることから選択した。

　図5(a)は空気，水，ヘキサンおよびメタノール界面におけるdPS膜のNR曲線であり，1，2，3および4の破線と実線はモデル散乱長密度（b/V）プロファイル（図5(b)）から計算した反射率曲線である。実験で得られた反射率曲線と計算によって得られた曲線が良く一致していることから，用いたモデル（b/V）プロファイルは試料の密度分布をよく反映していると考えてよい。

　空気中において，dPS薄膜の表面近傍における（b/V）値の変化は急峻であり，明確な界面が観測されている。これに対して，ヘキサン中ではdPS層の（b/V）値は減少するとともに膜厚が増加している。これは，dPS層全体がヘキサンで膨潤したことを示している。また，ヘキサン界面は空気界面よりも広がっている。一方，非溶媒に水およびメタノールを用いた場合の膜最外層における（b/V）値の変化は急峻であり，また，界面・バルクともに膨潤は観測されなかった。したがって，dPSは水およびメタノール中では，空気中とほぼ変わらない凝集状態をとるといえる。

第1章　X線回折

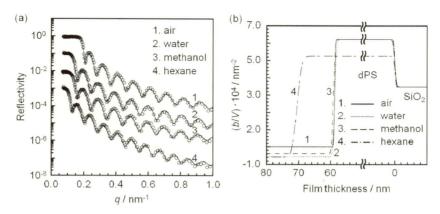

図5　(a)空気中，水，メタノールおよびヘキサン中におけるdPS薄膜の中性子反射率および(b)フィッティングにより得られた（b/V）プロファイル

Adapted with permission from *Langmuir*, **30**(22), 6565-6570 (2014), Copyright 2014 American Chemical Society

　NR法の結果からは，水やメタノールはdPSの凝集状態を変化させず，ヘキサンの場合のみ，膜内および界面層の膨潤が起こるように思われる。しかしながら，界面選択的な振動分光法である和周波発生（SFG）分光法により，空気界面および各非溶媒界面におけるdPSの局所コンフォメーションを観測すると，それぞれの界面におけるSFGスペクトルは異なっていた。これは，水およびメタノールとの界面においても，dPS分子鎖のコンフォメーションが再構成されることを意味する。以上のように，サブナノメートルスケールの組成プロファイルを求めることができるNR法と，分子配向の情報を得ることができるSFG分光を併用することにより，異種界面における構造をより詳細に解析することができる。

4.3.2　ナフィオン薄膜の膨潤挙動[9]

　テトラフルオロエチレン骨格にスルホン酸基を多数有するナフィオンは，優れたイオン伝導度と耐久性を兼ね備えた高分子材料として，固体高分子型燃料電池の電解質膜に利用されている[10]。水中において膨潤した際のナフィオンの構造および物性は，電解質膜としてのナフィオンの性能を左右する要因として盛んに研究されてきた。膨潤度が1.05以下の場合，水分子はスルホン酸基と強く相互作用する。一方，膨潤度が1.05を超えると，球状のイオンクラスターが形成され，水分子とスルホン酸基との相互作用は比較的弱まり，さらに膨潤度が大きな1.26以上では，球状のクラスターがネットワーク状に結合することが知られている。

　以上のようなナフィオンのバルク状態における膨潤挙動が，薄膜でどのようになるのかはほとんど検討されていない。一般に，高分子膜はその厚さが100 nm以下になると，系全体に占める表面および界面の割合が高くなり，バルク特性とは異なる性質を示すことが知られている。ナフィオンの薄膜にした際の膨潤挙動の理解は，固体高分子型燃料電池のさらなる小型化のために必要な知見である。そこで，ナフィオン薄膜の水中における膨潤挙動をNR法およびSPR法により検

討した．ここでは，膨潤挙動における基板の効果を検証するため，SiO$_x$基板およびAg基板を用いて実験を行った．

石英基板およびガラス基板上にAgを蒸着したものをAg基板，何も蒸着しない石英基板およびガラス基板上にAg, SiO$_x$を蒸着した基板をSiO$_x$基板とした．各基板上に，ナフィオンのアルコール分散液をスピンコートすることで，ナフィオン薄膜を調製し，真空下，313 Kで24 h乾燥させた．偏光解析測定に基づき評価したナフィオン膜の乾燥膜厚は，SPR測定用試料が47 nm, NR測定用試料が53 nmであった．

図6は，NR法およびSPR法によって得られた，水中におけるナフィオン膜の膨潤挙動であ

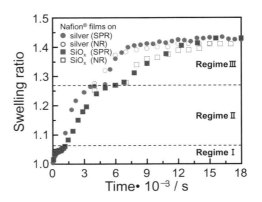

図6 SPR法およびNR法により得られたナフィオン薄膜の水膨潤挙動

Adapted with permission from *ACS Macro Letters*, **2** (10), 856-859 (2013), Copyright 2013 American Chemical Society

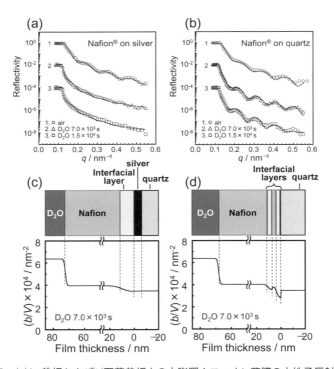

図7 (a)Ag基板および(b)石英基板上の水膨潤ナフィオン薄膜の中性子反射率，(c), (d)フィッティングにより得られた（b/V）プロファイル

Adapted with permission from *ACS Macro Letters*, **2** (10), 856-859 (2013), Copyright 2013 American Chemical Society

第1章　X線回析

る。それぞれの手法で観測された膨潤挙動の経時変化はほぼ一致している。水浸漬後から時間が経つにつれて，前述したような膨潤度が1.05および1.26を境として不連続に膨潤していく挙動が確認でき，それぞれが球状クラスターの形成およびそれらのネットワーク構造の形成に対応していると考えられる。

　SPR法と比較して，NR法では1回の測定に時間がかかるため，時間分解能は劣る。しかしながら，NR法はサブナノメートルレベルの深さ分解能で組成分布を解析できる強力な手法である。本研究ではさらに，NR法を用いてAg基板およびSiO$_x$基板がナフィオン膜の膨潤挙動に与える影響について検討した。

　図7(a)および(b)は，それぞれAg基板および石英基板上に製膜したナフィオン薄膜の重水浸漬後$7.0×10^3$sおよび$1.5×10^4$sにおけるNR曲線である。これらの反射率を多層モデルによりフィッティングしたところ，Ag基板界面近傍には(b/V)が低い層が一層存在するのに対し，石英基板上では複数存在した。また，それぞれの基板界面層における(b/V)値はナフィオンの(b/V)値よりも低いことから，これらの層は重水による膨潤層ではないと予想される。系中にはナフィオンより小さな(b/V)を有する成分は存在しないことから，ここで観測された(b/V)の小さな界面層は軽水の収着に起因すると考えられる。以上のような詳細な構造解析はNR法によってのみ達成できる。

4.4　まとめ

　本節ではNR測定の原理に加え，高分子材料における界面および薄膜の静的・動的構造を解析した例を紹介した。NRは，高分子の表面・界面構造をサブナノメートルの高い分解能で分析できる強力な手法であるが，解析の際にはモデルフィッティングを行うため，得られるプロファイルは一意ではなく，別解が無数に存在する可能性にも注意を払う必要がある。正しい解に収束させるためには，用いるモデルおよびパラメータの初期値，固定値を適切に設定する必要がある。また，他の界面選択分光法の測定と結果を比較することで，より詳細な界面の構造・物性が明らかとなる。

文　　献

1) T. P. Russell, *Materials Science Reports*, **5**, 171-271（1990）
2) H. Zabel, *Appl. Phys. A*, **58**, 159-168（1994）
3) Y. Tateishi, N. Kai, H. Noguchi, K. Uosaki, T. Nagamura, K. Tanaka, *Polym. Chem-Uk*, **1**, 303-311（2010）
4) A. Horinouchi, K. Tanaka, *RSC Adv.*, **3**, 9446-9452（2013）

5) W. Knoll, *Annual Review of Physical Chemistry*, **49**, 569-638 (1998)
6) L. G. Parratt, *Physical Review*, **95**, 359-369 (1954)
7) A. Horinouchi, N. L. Yamada, K. Tanaka, *Langmuir*, **30**, 6565-6570 (2014)
8) K. Tanaka, Y. Fujii, H. Atarashi, K. Akabori, M. Hino, T. Nagamura, *Langmuir*, **24**, 296-301 (2008)
9) Y. Ogata, D. Kawaguchi, N. L. Yamada, K. Tanaka, *ACS Macro Lett.*, **2**, 856-859 (2013)
10) T. E. Springer, T. A. Zawodzinski, S. Gottesfeld, *J. Electrochem. Soc.*, **138**, 2334-2342 (1991)

5 ナノ粒子触媒のXAFSを用いた構造解析

一國伸之*

5.1 はじめに

ナノ粒子を合成する多様な技術が近年発展してきており、それに伴って幅広い分野への応用が見られる。ナノ粒子の研究・開発には、これら合成技術を確立させることが必要なことは間違いないが、発現する機能の解明にあたり、ナノ粒子のサイズや構造そのものについて明らかにすることも欠かせない。各種分光技術の発展により、いろいろなスケールでの分析が可能となってきているが、中でもXAFSは幾何的な構造情報を得るだけでなく、化学状態も含めた情報が得られることから、成分分析も兼ねた材料解析の手法として有用である。

ここでは、XAFSおよびそのデータ解析について概説し、ナノ粒子化した触媒の構造解析に応用した例をいくつか紹介する。

5.2 XAFSの特徴

XAFS（X-ray Absorption Fine Structure：X線吸収微細構造）[1]は、対象原子周囲の配位原子情報（配位数、配位距離）が得られる手法で、物質科学において欠かせない構造解析手法の一つとなってきている。これは、以下のような特徴が物質科学において有用なためであろう。

① X線の物質中の透過率が高く、対象試料の状態を問わない。すなわち液体中の測定も可能である。

② 回折現象を用いないことから長距離秩序が不要であり、アモルファス状態での試料の構造情報も得られる。

③ 元素選択的な情報が得られるため多元金属系などでも元素別に個別の情報が得られる。

④ 化学状態に関する情報も得られる。

XAFSはEXAFS（Extended X-ray Absorption Fine Structure：広域X線吸収微細構造）とXANES（X-ray Absorption Near Edge Structure：X線吸収端近傍構造）にわけられる。一般には、EXAFSの解析により近接原子に関する情報が得られる。配位数と原子の種類という情報が得られたとしても、それだけでは化学状態も含めた構造解明には至らない場合も考えられるが、XANESスペクトルを見ることで化学状態、配位状態についての知見が得られることも多い。図1はCo K端 XANESであるが、Co foil（金属Co）、$Co(OH)_2$、CoO、Co_3O_4で明らかに形状が異なっていることがわかる。ゼロ価のfoilと酸化物での違いだけでなく、各酸化物、水酸化物の間でも異なることから、化学種の同定が可能になるのである。さらに、試料中の化学種が明らかであれば、XANESのデータは標準化合物の線形結合から定量的に評価することも可能である。例えば金属CoとCoOの割合を10%ずつ変化させた線形結合スペクトルを図2に示すが、これと対象試料のスペクトルを比較することでその化学組成を評価できることになる。もちろん、他の化学種

---

* Ichikuni Nobuyuki　千葉大学　大学院工学研究科　共生応用化学専攻　准教授

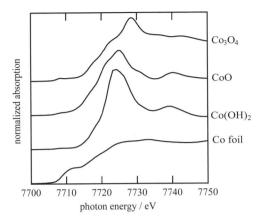

図1　Co金属およびCo酸化物種のCo K端 XANES

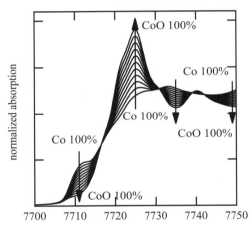

図2　Co金属とCoOのCo K端XANESスペクトルの線形結合
矢印の方向にCoOが増加。

が含まれない，粒径や担体効果などの他の要因がスペクトル形状に影響を与えないことが大原則であるが，多くの場合，価数評価などには有効である。

　また，ナノ粒子などの数個から千個程度の原子の集合体からなる場合は，配位数からサイズを見積もることも多くなされている。例えば，cuboctahedronのようなクラスターであれば，その原子数と最近接の平均配位数の間には表1のような関係がある。すなわち，配位数からクラスターサイズを見積もることが可能になる。このことが，XAFSがナノ粒子解析に有効な手段であることの一つである。ナノ粒子のサイズ規定においては，電子顕微鏡観測が有力な手段であることは間違いないが，担体が存在するような系においては鮮明な電子顕微鏡像を得ることが難しい場合がある。このような場合，先に触れたように多成分系でも適用できるXAFSからは配位数を求めることができ，そのサイズを評価することが可能となる。もちろん，その幾何構造を推定する

第1章　X線回折

表1　Cuboctahedron クラスターの原子数と最近接配位数の関係

原子数	13	55	147	309	561	923	1415
最近接配位数	5.5	7.9	9.0	9.6	10.1	10.4	10.6

必要があることと，1000個程度の大きさのクラスターになってしまうと平均配位数の違いは小さく，正確なサイズを見積もることが難しくなるという問題点はある。ただ，これ位の大きさになってくると，今度は結晶性の高さから回折パターンが得られるようになってくるため，相補的に用いることで正しいサイズ情報を得ることができる。

EXAFSの解析により得られる情報は基本的には1次元情報（動径分布関数）であることに注意する必要はあるが，その他の分光法による情報とあわせて解析することで多くの知見を正確に得ることが可能である。

5.3　担持Ni触媒のナノクラスター化

Niは貴金属に比べて埋蔵量が豊富であるだけでなく，様々な反応に活性を示すことが知られており，貴金属代替触媒としての利用も期待されている。このため担持Ni触媒に関する研究は盛んに行われており，調製法や触媒作用などの様々な報告がなされているが，Niは凝集しやすくサイズを制御した担持Niナノクラスターの調製は難しいため報告例が少ない。我々は単分散粒子であるコロイドを前駆体とすることでこの問題に取り組んだ。得られたコロイドをアルミナに担持することで，安定化されNiナノクラスターを固体触媒として利用することが容易となる。

コロイドの調製にあたっては還元剤も重要な要素となるが，それだけでなく保護基の選択も重要となる。我々はアルコレートを保護基としたコロイド[2]を調製することとした。これにより，アルコールの炭素鎖長を変えることでNiクラスターサイズを制御することが可能となった[3]。図3に各炭素鎖長の2級アルコールを用いて調製したアルミナ担持NiナノクラスターのEXAFS FTスペクトルを示す。炭素鎖長はC3（2-プロパノール）からC10（2-デカノール）の範囲で変えてある。

Ni金属およびNiOとの比較から0.2nm付近に見られるピークがNi金属の最近接配位に対応していることは明らかである。ピークの大きさから定性的に配位数そしてサイズを議論することも可能である。興味深いことにアルコールの炭素鎖長に対応してNiの最近接配位数が変化しているわけではなく，C8の2-オクタノールを用いたときに最も小さくなっていることが見てとれる。正確な配位数は，このピークを逆フーリエ変換し，カーブフィッティング解析することで求められる。このようにして求めた配位数とアルコールの炭素鎖長の関係を図4に示す。図3のフーリエ変換図よりも，アルコール鎖長によるナノクラスターサイズの変化は明瞭である。

このアルコレートを保護基としたコロイドの場合，アルコレートは保護基となるだけでなく，NaHと複合体を形成することで還元剤として機能することが知られている（図5）[4]。

アルコールの炭素鎖長が短い方がアルコレートの形成ならびにNaHとの複合体形成が速いため，

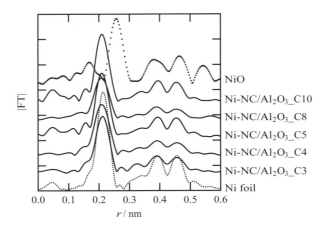

図3　アルコール炭素鎖長を変化させて調製したアルミナ担持NiナノクラスターのEXAFSフーリエ変換図

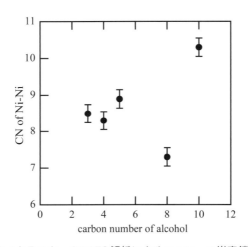

図4　アルミナ担持NiナノクラスターのXAFS解析によるアルコール炭素鎖長とNi-Ni配位数の関係

ナノクラスターを形成させるための還元剤としては有利であるが，保護基としての機能を考えると炭素鎖長が長い方がナノサイズ化には有利である。これら炭素鎖長に対して相反する2つの機能が存在するため，炭素鎖長の長短に対応してクラスターサイズが変化するのではなく，2-オクタノールが両機能を最適化し最小のNiクラスターが得られることがわかった。

このようにサイズ規定したアルミナ担持Niナノクラスター触媒を用いて，水性ガスシフト反応（$CO + H_2O \rightarrow H_2 + CO_2$）に応用したところ，Niのクラスターサイズに対し，火山型の活性を示すことが見出された（図6）[5]。

これは，クラスターサイズの微細化に伴い，Ni比表面積が増加するため，活性は増加していくが，2.9 nmよりも小さくなってくるとアルミナ担体との接触界面が増加していき，この領域にCOが強く吸着し反応を阻害するためと結論づけられた[5]。担持型のナノクラスターならではの特異

第1章　X線回折

$$NaH + RONa \rightleftharpoons RONa_2H$$
$$2\ RONa_2H + Ni(OAc)_2 \longrightarrow Ni(0) + 2\ RONa + 2Na(OAc)$$

図5　アルコレートとNaHによる複合還元剤の形成とその還元作用

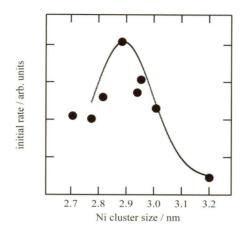

図6　アルミナ担持NiナノクラスターのNiクラスターサイズと水性ガスシフト反応の初速度の関係

な機能が発現した一例である。

5.4　ナノクラスター化した担持NiO触媒

　卑金属種においてもナノクラスター化により特異な機能を発現することは5.3で紹介したが，卑金属の特徴として，貴金属と比べるとゼロ価ではなく酸化状態の方が安定であることが多い。そのため，酸化物ナノクラスターの機能発現にも興味が持たれるところである。酸化物ナノクラスターの調製にはいくつかの調製法がある。1998年にはマイクロ波照射による均一なα-Fe_2O_3ナノ粒子の合成が報告され[6]，また，γ-Fe_2O_3ナノ粒子を鉄塩の加水分解により得る方法も報告されている[7]。これらの方法は直接，酸化物ナノ粒子を合成するものであるが，我々はナノ粒子の特異な反応性に注目し，卑金属ナノ粒子を合成し，これを温和な条件で酸化することで酸化物ナノ粒子を得ることを試みた。

　Niナノ粒子を合成後，シリカ上に担持し，室温で空気に触れさせた触媒を得た。この試料のNi K端XANESを測定したところ，得られた試料のスペクトルはNi金属ではなくNiOに類似しており，室温での酸化だけでNi酸化物ナノクラスターを得ることができたことがわかった[8]。このときNi前駆体を変えることで，シリカ担体上のNiOナノクラスターサイズが変えられることもわかった。興味深いことに，XAFS解析から求められたNi-(O)-Ni配位数に対して，空気中でのチオフェノールカップリング反応の活性をプロットしたところ，通常の調製法である含浸触媒では活性が見られなかったのに対し，このようにして得られたNiOナノクラスター触媒上では反応が進

産業応用を目指した無機・有機新材料創製のための構造解析技術

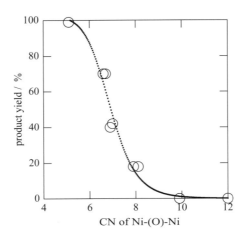

図7 シリカ担持NiOナノクラスターのNi-(O)-Ni配位数とチオフェノールカップリング反応活性の関係

行したのみならず，顕著なサイズ依存性が発現することが見出された（図7）。NiOナノクラスターの微細なサイズ制御により見出された酸化物ナノクラスターの特異な効果である。

5.5 合金ナノクラスター触媒の構造解析

5.2で紹介したが，XAFSは元素選択的な情報が得られるため元素別に個別の情報を得ることが可能である。この特徴は多成分系ナノクラスターの解析に威力を発揮する。平面モデルで二成分粒子を考えてみる。図8左に示すようなコアシェル構造モデルと図8右に示すようなランダム構造モデルがあるとする。XAFSからは白色原子からの情報と灰色原子からの情報をそれぞれ別に得ることができる。

図8左のコアシェル構造モデルの場合，白色原子からの最近接白色原子の平均配位数は4.4，白色原子からの最近接灰色原子の平均配位数は1.6となる。また，灰色原子からの最近接灰色原子の平均配位数は2.0で，灰色原子からの最近接白色原子の平均配位数は1.7となる。

一方，図8右のように原子が分布したランダム構造モデルの場合，白色原子からの最近接白色原子の平均配位数は2.2，白色原子からの最近接灰色原子の平均配位数は2.8となる。また，灰色原子からの最近接灰色原子の平均配位数は1.7で，灰色原子からの最近接白色原子の平均配位数は3.0となる。

このように，片方の原子からだけでなく，もう片方の原子からの配位情報を得ることでより精緻に二成分粒子のモデルを解析することができることになる。実際には，ランダム構造モデルの場合，配位数だけからその精密な構造を割り出すことは不可能に近いが，「ランダム構造である」ということを求めることはそれほど難しいことではない。また，最近接配位数だけではなく，第2近接配位，第3近接配位なども解析できれば，形状も含めより精緻な解析に近づける。さらに，実際の多成分系ナノ粒子においては，原子半径の異なった2種類（以上）の原子が組合わさって

第1章 X線回折

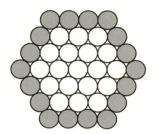
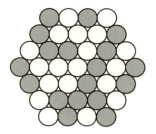

図8 二次元の二成分粒子モデル
左：コアシェル構造モデル，右：ランダム構造モデル。

いるために，原子間距離に関する解析結果から構造モデルへの知見を与えることも可能である。

貴金属と卑金属の組合せとなるCuとPdの二成分系ナノ粒子については研究例も多いが，PVP（polyvinylpyrrolidone）保護された1.4 nmのCuPdナノ粒子[9]について，K. AsakuraらはCu K端およびPd K端の両吸収端からXAFSを測定し解析することで，同種原子同士の結合よりも異種原子間の結合が優先的に生成していることを明らかにしている[10]。

R. S. LiuらはAgAu合金ナノ粒子とAg-Auコアシェルナノ粒子のAu L_3端XAFSを測定し，配位数だけでなく原子間距離に注目した。合金ナノ粒子では組成に関わらず原子間距離はほぼ一定の値となったが，コアシェルナノ粒子（Agコア，Auシェル）ではAg0Au100からAg75 Au25へと組成が変化するに従い，原子間距離が0.286 nmから0.277 nmへと短くなっていくことを見出した[11]。

P. ZhangらはAgにAuを加えていくことで，組成をAg100 Au0，Ag65 Au35，Ag50 Au50，Ag30 Au70としたPVP保護Ag-Auナノ粒子（粒径7.0〜7.7 nm）を合成し，その構造について解析した。Ag K端XAFS，Au L_3端XAFS解析ならびにAg L_3端XANES，Au L_3端XANES解析から，Auの導入に従い，Ag-Auナノ粒子は周辺部にAuがランダムに導入され，コアはAgリッチというコアシェル構造となるものの，さらにAu濃度をあげることでコア部分はAuが主成分となり周辺部にAgが濃縮される原子置換がおきるという現象を明らかにしている[12]。

多成分系の構造解析においては，ある単一の組成のものだけではなく，いくつか異なった組成の構造を作り出し，それらの情報を総合的に解析することでクリアに構造モデルを導き出すことができる。もちろん，ナノ粒子一粒子だけからデータを得るわけではなく，複数のナノ粒子を同時に測定しているわけであるから，粒子サイズの単分散性だけでなく，組成についても均一性を高めるということが良質なスペクトルを得る重要なポイントである。

5.6 おわりに

XAFSがナノ粒子の構造解析に応用されている例を紹介したが，もちろん注意すべき点はある。EXAFS解析から得られる情報は基本的には1次元情報であること，またアモルファス構造のものでも情報が得られるということは逆に平均構造が得られているということであり，組成や構造

産業応用を目指した無機・有機新材料創製のための構造解析技術

の均一性が担保されない場合は誤った解釈に陥る可能性があることを念頭においておく必要はあるだろう。一方で，不均一性については解析時にDebye-Waller因子などからある程度評価することも可能であり，多角的にデータを取扱えば合理的な解釈に近づける。また，配位原子や化学状態に関する情報が得られるのは大きな利点であり，特に酸化物ナノ粒子や多成分ナノ粒子の構造解析には非常に強力なツールとして機能することが期待できる。電子顕微鏡のような実像を直接観測する手法とあわせることで，より正確なナノ構造を確定させることにつながると考えられる。

XAFS測定自体は大型放射光を用いることが通常であり，それだけ敷居も高いかもしれないが，材料解析の分野ではかなりスタンダードな手法と位置づけられてきていると感じている。測定や解析手法の発展と合わせ，ナノマテリアルの研究がいっそう進展していくことを期待したい。

文　　献

1) 太田俊明編，X線吸収分光法―XAFSとその応用―，アイピーシー（2002）
2) G. Guillaumet, L. Mordenti, P. Caubère, *J. Organomet. Chem.*, **92**, 43-47 (1975)
3) H. Kitagawa, N. Ichikuni, S. Xie, T. Tsukuda, T. Hara, S. Shimazu, *e-J. Surf. Sci. Nanotech.*, **10**, 648-650 (2012)
4) P. Caubère, *Chem. Rev.*, **93**, 2317-2334 (1993)
5) H. Kitagawa, N. Ichikuni, H. Okuno T. Hara, S. Shimazu, *Appl. Catal. A: General*, **478**, 66-70 (2014)
6) Q. Li, Y. Wei, *Mater. Res. Bull.*, **33**, 779-782 (1998)
7) O. Moscoso-Londoño, M. S. Carrião, C. Cosio-Castañeda, V. Bilovol, R. M. Sánchez, E. J. Lede, L. M. Socolovsky, R. Martínez-García, *Mater. Res. Bull.*, **48**, 3474-3478 (2013)
8) N. Ichikuni, O. Tsuchida, J. Naganuma, T. Hara, H. Tsunoyama, T. Tsukuda, S. Shimazu, *Trans. Mater. Res. Soc. Japan*, **37**, 177-80 (2012)
9) N. Toshima, T. Yonezawa, *New J. Chem.*, **22**, 1179-1201 (1998)
10) K. Asakura, C. R. Bian, S. Suzuki, W.-J. Chun, N. Watari, S. Ohnishi, P. Lu, N. Toshima, *Phys. Scripta*, **T115**, 781-783 (2005)
11) H. M. Chen, R. S. Liu, L.-Y. Jang, J.-F. Lee, S. F. Hu, *Chem. Phys. Lett.*, **421**, 118-123 (2006)
12) J. D. Padmos, M. Langman, K. MacDonald, P. Comeau, Z. Yang, M. Filiaggi, P. Zhang, *J. Phys. Chem. C*, **119**, 7472-7482 (2015)

6　時間分解X線回折法

一柳光平[*1]，野澤俊介[*2]

6.1　パルスX線を用いたポンプ・プローブ法

　本節では光をトリガーとした超高速な構造変化を，時間分解X線回折法で観測する技術について解説する。時間分解測定で観測する励起状態が長寿命であれば連続X線と高速検出器を利用した時間分解X線回折測定は十分に実施可能であるが，その寿命が短くなるほど過渡的なシグナル量は減少するので，現実的にはマイクロ秒以下の時間スケールにおける構造変化の情報を得るためには，高強度パルスX線を用いたポンプ・プローブ法が必要となる。ポンプ・プローブ法とはポンプ光によって作り出した励起状態をプローブ光によって観測する手法である。ポンプ光とプローブ光の遅延時間を変えながら測定を行うことで，励起状態の時間変化をストロボ撮影のように追跡することが可能となる。近年，紫外から赤外波長域の超短パルスレーザーを用いたポンプ・プローブ法により，フェムト秒オーダーの分子振動や電子遷移をリアルタイムで観測できるようになったが，それとは相補的にプローブ光にパルスX線を用いた時間分解X線回折を実施すれば，原子スケールの動的構造情報を直接的に得ることが可能となる。

　パルスX線を発生させる方法としては，放射光やX線自由電子レーザー（XFEL）といった加速器光源を用いる方法[1]や，レーザープラズマを用いる方法[2]などがあるが，ここでは主に加速器光源のパルスX線について解説を行う。放射光は，電子蓄積リング中の電子の軌道が磁場によって曲げられることで円運動の接線方向に放出される電磁場であるが，電子は放射光発生によって失うエネルギーを加速空洞の高周波数電場から補っている。この加速空洞を特定の位相周りで通過する長さ数cm程度の電子の集団（電子バンチ）は蓄積リング内を安定に回り続けることができる。上述のように電子バンチが磁場によって加速運動すると，その空間的広がりに対応した時間幅を持つ電磁波（放射光パルス）が発生する。放射光パルスの時間的性質は高周波加速の周波数，蓄積リング中の電子ビームサイズ，電子バンチあたりに蓄積された電子数などの条件によって異なるが，パルス時間幅は半値幅で概ね50〜100 ps程度である。この放射光の時間的性質を利用することにより，ピコ秒オーダーの時間分解X線実験が可能となる。

　現在，日本，米国で稼働中のXFELは線形加速器と，SASEの原理を用いている。光電放出や電界電子放出を用いて電子銃から良質なパルス電子ビームを取り出し，線形加速器によってほぼ光速度に加速させ，長距離アンジュレーターに入射させる。アンジュレーターの中を蛇行する電子の動きはお互いに強い相関を持ち，各電子の出す光が干渉することによりX線領域の自由電子レーザーがSASEとして発光する。パルス時間幅における放射光との違いはXFELでは電子を蓄積させる必要が無いため，線形加速器内における進行方向の電子バンチ圧縮が可能な点である。進行方向位置に相関したエネルギー変調を高周波電場によって付けることでバンチ圧縮が実現さ

　[*1]　Kouhei Ichiyanagi　高エネルギー加速器研究機構　物質構造科学研究所　特任准教授
　[*2]　Shunsuke Nozawa　高エネルギー加速器研究機構　物質構造科学研究所　准教授

れ，最終的には数ミクロン程度まで電子バンチは圧縮される。したがってXFELでは100 fs以下の高強度パルスX線を用いることが可能となる。

　ポンプ・プローブ法の時間分解能は検出器の時間応答性で決定されるものではなく，2つのパルスの遅延時間のみに依存する。ポンプ光として光学パルスレーザー，プローブ光として加速器から発せられるX線を用いる時間分解X線回折では，その最少時間分解能は，両光源のパルス幅で決定される。ポンプ光である光学パルスレーザーでは100フェムト秒以下の光源は広く流通しているため，時間分解X線回折の時間分解能はプローブ光であるX線のパルス幅に依存し，放射光では自然バンチ長に起因した100ピコ秒程度の分解能，XFELではバンチ圧縮による 100フェムト秒以下の分解能が原理的には得られる。

　本節では100ピコ秒のパルスX線によるシングルショットのポンプ・プローブ法を用い，高強度レーザー誘起衝撃波における衝撃破壊過程のナノ秒実時間観測法とその応用例について紹介する。

6.2　不可逆構造変化のシングルショット計測

　機能性材料の設計・評価において原子・分子レベルの構造変化過程の可視化は非常に重要である。物質の構造変化には可逆的な構造変化と不可逆的な構造変化があり，前者は相転移や光励起状態の繰返し性を利用した高性能デバイスへ応用され，後者の不可逆な構造変化は，金属やセラミックスの破壊・相変態，化学反応やタンパク質の構造変化などがあり，自然界では不可逆な構造変化が圧倒的に多い。可逆的に変化する物質に対してある時点での測定の統計により観測する手法としてポンプ・プローブ法があるが，不可逆な系に対しては反応の事象が1回きりであることからシングルショットで計測しなければならない計測上の制約が生じる。以上の理由より不可逆な構造変化を計測するためのシングルショットのポンプ・プローブ計測には1パルス当たりのフラックスの高い強力なプローブ光が必要である。

　シングルバンチ運転の蓄積型加速器により発生する高強度パルスX線を用いることで1パルスだけでも原子・分子レベルの構造情報を得ることが可能であり，シングルショット計測を行うことで過渡的にしか発現しない衝撃破壊過程の瞬間といった不可逆反応過程においても動的構造研究が展開できる。

6.3　放射光X線パルスを用いたシングルショットのポンプ・プローブ測定装置

　放射光X線パルスを用いたシングルショット測定には，高強度のX線パルスが必要である。その他リング型加速器から得られる1パルス当たりのフラックスが高い硬X線パルスが必要である。そのため本実験では高エネルギー加速器研究機構のPF-ARの大強度シングルバンチを用いたポンプ・プローブ型のシングルショット測定装置を開発した。

　本節で紹介するシングルショットの時間分解X線回折測定は，PF-ARの時間分解X線測定専用ビームラインであるNW14Aで行った（図1参照）[3]。衝撃波誘起のポンプ光源であるNd：YAGレーザー（Continuum社，Powerlite 8000）の繰返し周波数，波長，パルスパワーは，それぞれ

第1章　X線回析

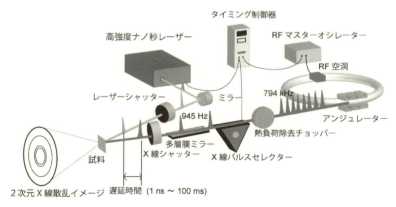

図1　シングルショット型時間分解X線回折装置

10 Hz, 1064 nm, 8 ns, 900 mJである。このレーザーを試料表面に集光照射することにより高圧の衝撃波を発生させる。衝撃波発生原理の詳細は次節で述べる。プローブ光源には, 周期長20 mmのアンジュレーターから得られるX線エネルギーバンド幅15%, パルス幅100ピコ秒の1次光の白色硬X線とさらにX線多層膜ミラーによりガウシアン関数型のエネルギー幅に切り取ることで, 白色X線を用いたラウエ回折から擬似単色光を使った多結晶体のシングルショット型のX線回折測定が可能になった[4]。

レーザーの同期は, PF-ARのRF加速周波数 (508.58 MHz) を基準信号として分周信号を外部トリガーとしてX線とレーザーを同期させている。PF-ARの周回周波数794 kHzを高速回転チョッパー (X線パルスセレクター) により1/840分周し945 HzのX線パルス列にする。さらに100分周した9.56 HzとNd：YAGレーザーを同期させる。X線とレーザーの遅延時間はデジタル遅延制御機器により0.5 nsまで制御することが可能である。1パルスの切り出しはソレノイド式シャッターを使い同期したX線パルスとレーザーパルスを切り出した[5〜7]。

6.4　レーザー衝撃圧縮法

衝撃波を発生するためには, 高速で物体を衝突させる方法以外に高強度レーザーを駆動源とするレーザーを用いた衝撃圧縮法がある。近年のレーザーの高強度化により, 高強度レーザーを試料表面に集光照射することで試料表面がアブレーションされ, そのアブレーションの反作用として物質内部に運動量が与えられ衝撃波が発生する。発生した衝撃波は物質内部に向かって音速で進展する。そのレーザー衝撃圧縮法による歪み速度は$10^6 \sim 10^9\,\mathrm{s}^{-1}$になる。

レーザー衝撃実験の試料構成を図2に示す。試料は照射面からフィルムとアブレータであるアルミ, そして試料から成るプラズマ閉じ込め型ターゲットを採用した。高強度パルスレーザー照射時にアルミがアブレーションされ試料表面にアブレーションプルームが形成され, そしてフィルムで閉じ込めることで効率良く高い圧力かつ持続時間の長い衝撃波を試料に与えることができ

る。形成された衝撃波は，照射面から試料裏面に向かって伝搬する。今回高強度パルスレーザーは，X線に対して約20度傾けほぼ同軸に入射した。またレーザーのスポット径は，0.5 mmφ，パルスX線のスポット径は0.45×0.25 mmに調整しており，レーザーが集光され表面から衝撃波が裏面に向かって一様に変化するレーザー照射の中心付近の領域を透過型X線回折配置で時間分解測定を行った。衝撃圧力の見積りは，回折角度のシフトから体積変化を求めHugoniotの状態方程式から圧力値を求める方法と，もしくは

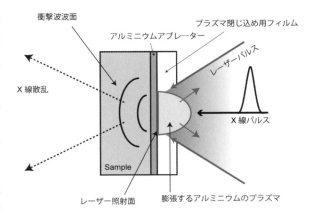

図2 レーザー衝撃圧縮実験におけるプラズマ閉じ込め型ターゲットと衝撃波発生原理

Devauxらにより求められプラズマ閉じ込め型ターゲットによる発生圧力の関係式により見積った[8]。数万気圧（数GPa）以上の衝撃波が固体中を伝搬すると，衝撃圧縮された部分は衝撃波進展に伴うせん断破壊や衝撃波の反射によって，試料は完全に破壊されてしまう。そのため高強度のプローブによるシングルショット測定が必要になる。

6.5 CdS単結晶の衝撃圧縮下における弾性過渡構造変化の可視化

CdS単結晶は，これまでの衝撃銃を使った衝撃実験によってa軸圧縮により2.92 GPa，c軸圧縮により3.25 GPaでウルツ鉱型から岩塩型構造に構造相転移することが報告されている。

我々は，(0001)面方向から衝撃波を与え6回対称の原子配列が一軸圧縮からどのように変形するかをナノ秒時間分解ラウエ回折により測定した。試料は，5×5×0.05 mmのCdS (001)単結晶にアブレータである500 Åのアルミニウムを蒸着し，その上に0.025 mmのPETフィルムを張り付けたものを使用した。遅延時間毎に試料を交換し測定をした。

波長1064 nm，パルス幅8 ns，レーザー強度860 mJ/pulseを試料に照射したときの時間分解ラウエ回折像を図3に示す。

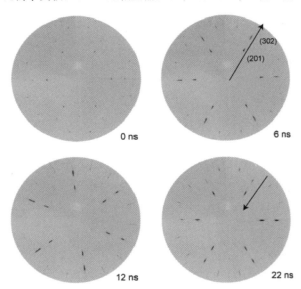

図3 レーザー照射後0，6，12，22 nsの衝撃圧縮下におけるCdS (001)のラウエ回折パターン

第1章 X線回析

16 keVにピークを持つ $\Delta E/E = 15\%$ のエネルギーバンド幅を持つ白色硬X線を用いた。CdS単結晶のウルツ鉱型構造に帰属される6回対称の回折点が明瞭に観測された。観測された回折点はレーザー照射後、0〜12 nsにかけてすべての回折点が高角へシフトを示し、その後22 nsにかけて原点方向に逆シフトをブロードニングしながら戻ることが分かった[9]。この変化は、レーザー誘起衝撃波によりc軸方向に圧縮され結晶の対称性が崩れ、衝撃波が試料裏面に到達したことによる圧力解放によって一軸圧縮が解放され常圧の結晶構造へ22 nsで戻った。また回折点のブロードニングから結晶内に歪みが形成されたことが分かる。

6回対称を示す強度の高いピークは、(201),(-201),(-221),(2-21),(021),と(0-21)である。図4に各遅延時間の6回対称軸上の2θ方向のプロファイルを示す。c軸報告に1軸的に圧縮され初期構造を保ったまま弾性変形をし、約15 nsでほぼ試料全体が衝撃圧縮され、試料裏面に衝撃波が

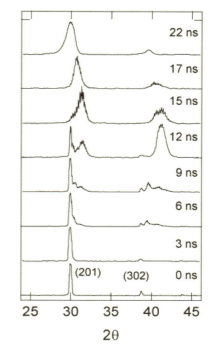

図4 CdS単結晶における6回対称軸の(201)と(302)の2θプロット

到達したことが分かる。また15 ns以降に回折ピークが原点方向へ逆シフトをしたのは、衝撃波が試料と大気の界面で反射し、圧力解放波が裏面から照射面に向かって進展し圧力が解放されたことに起因する。(201)のピークシフトから1軸圧縮を仮定したとき、最大4.4%まで圧縮されたことが明らかとなった。このためCdS単結晶は、約6〜9 nsまでの間に結晶格子が4.4%圧縮される圧力を受け、その発生圧力値はCdSの弾性応答変形から外挿した場合3.92 GPaと見積もられ、c軸圧縮によるCdS単結晶の相転移点(3.25 GPa)を超えたウルツ鉱型構造の非平衡状態における過渡構造を観測した[10]。

6.6 安定化ジルコニアの衝撃圧縮下における構造変化過程

イットリア安定化ジルコニアは、通常の酸化ジルコニウムと比べて強度、および靭性に優れた機械特性を持つセラミックス材料の一つである[11]。これまでの破壊特性の研究により、破壊の原因となる亀裂の伝搬や応力集中したときに正方相から単斜晶へ相変態することでその衝撃エネルギーを緩和することが衝撃破壊後の回収試料から示唆されている[12]。耐衝撃性を議論するためにレーザー衝撃圧縮法を用いて、衝撃破壊過程における結晶格子の振る舞いをナノ秒の時間分解X線回折により測定した。

試料は、3% mol Y_2O_3 をドープした安定化ジルコニアの50 μm厚に3 μmのアルミ箔と25 μm

産業応用を目指した無機・有機新材料創製のための構造解析技術

のPETフィルムを貼り，アルミのレーザーアブレーションにより発生した衝撃波により安定化ジルコニア試料を衝撃圧縮した。衝撃圧縮を駆動するレーザーは，波長1064 nm，1パルス当たり強度1 J，パルス幅8 nsのレーザーを用いた。衝撃圧縮過程から破壊過程における試料のプローブとしてX線エネルギーが15.6 keV，エネルギーバンド幅が$\Delta E/E = 1.56\%$の擬似単色硬X線パルスを用い，今回の実験では多結晶のジルコニア片の回折パターンを測定した。2次元のDebye-Scherrerパターンを動径方向に積分し各遅延時間の回折パターンを比較した。

図5にレーザー照射前とレーザー照射中の安定化ジルコニアのデバイシェラー環と，レーザー照射中からレーザー照射前の差のイメージを示す。レーザー照射後では最内角ピークより内角に単斜晶のピークが現れた。部分的であるがレーザー照射後の衝撃圧縮過程で正方晶から単斜晶へ相転移したことが分かる。これはイットリアドープにより通常のジルコニアが高圧相である正方晶の構造が安定化されているが，衝撃圧縮過程の圧縮により一部動的圧力誘起相転移をした。図6に差分Debye-Scherrerイメージの時間発展を示す。レーザー照射により試料に衝撃波が入り，5～17 nsにかけて13°付近に単斜晶由来のピークが現れ，また正方晶のピークが低角側と広角側に分離したことが分かる。これにより部分的に動的圧力誘起相転移が起こったことが分かる。試料裏面に衝撃波が到達した20 ns以降は，正方晶に戻り圧力解放と共に膨張していくことが分かった[13]。時間分解X線回折測定により，衝撃圧縮過程で圧力相転移が完全に起こらなくとも圧力に応じて部分的に相転移していることが明らかとなった。時間分解X線回折により観測することができなかったナノ秒域での相変態を利用した衝撃エネルギーの吸収機構の解明に繋がると言える。

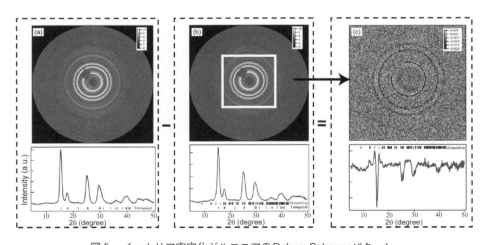

図5　イットリア安定化ジルコニアのDebye-Scherrerパターン
(a)レーザー照射前，(b)レーザー照射中，(c)(a)～(b)の差分Debye-Scherrerパターン

第1章　X線回析

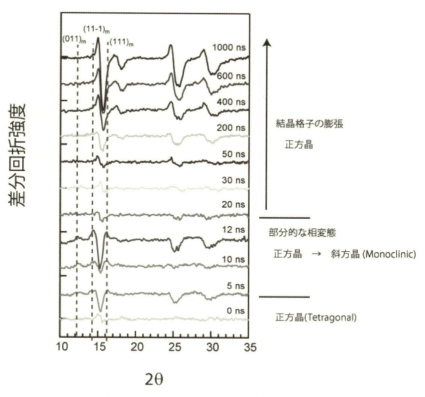

図6　イットリア安定化ジルコニアの差分回折プロファイル

6.7 石英ガラスの衝撃圧縮過程における中間距離構造の変化

　ガラス材料は透明性，不燃性，耐擦傷性，耐薬品性に非常に優れた材料であるが，その破壊様式が脆性的である。高速衝突や応力集中などにより脆性的な破壊が起こるが，光学特性上様々な条件下において光学窓として使用されることが多い。これまでのガラス系材料の衝撃破壊特性については主にマクロな時間分解測定と衝撃破壊後の観察により瞬間的な応力印加によるクラックの進展などを議論してきた。特に高速で飛んできた物体とガラス材料の衝突などによる衝撃破壊過程の機構解明は非常に重要であるが，衝撃破壊現象の初期過程である衝撃圧縮の実時間かつ原子レベルの精密な変形過程を測定することは困難であった。本項では高強度X線パルスを用いることで衝撃圧縮初期過程での衝撃波進展における石英ガラスのアモルファス構造の変形の観測法の開発と，特に非線形的な弾性応答をする9GPa以下[14,15)]におけるナノ秒の中間距離構造の変化の観測を行ったので紹介する。

　試料は，5×5mm，厚さ70μmの石英ガラス基板を用い，石英衝撃波を発生させるアブレーターに厚さ18mmのアルミニウム箔，その上に厚さ25μmのPET膜を貼りつけた（図7(a)）。石英ガラス内の平均衝撃圧力を見積るために，アルミニウム箔をアブレーター兼衝撃圧力のマーカーとして用いた。アルミニウム箔の回折ピークシフトから圧力を算出し，石英ガラスのHugoniotの

産業応用を目指した無機・有機新材料創製のための構造解析技術

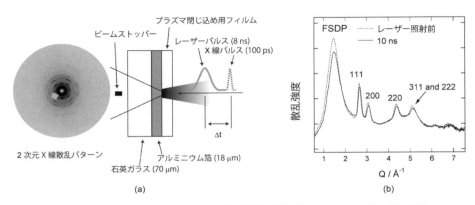

図7 (a) 石英ガラスのシングルショット時間分解X線散乱測定，(b)レーザー照射前とレーザー照射後10 ns後の石英ガラスとアブレーターアルミニウムのX線散乱パターン

状態方程式を用いてアルミニウムと石英ガラスのインピーダンスマッチ法により石英ガラス内の平均衝撃圧力を3.5 GPaと算出した。図7(b)に，2次元X線パターンを動径方向に積分した衝撃圧縮前とレーザー照射後10 nsの石英ガラスのX線散乱パターンを示す。石英ガラスの約4 Åの中間距離構造に対応する1.5 Å^{-1}付近のブロードなFSDP（First Sharp Diffraction Peak）のシフトと，アルミニウムの回折ピークのシフトを時間分解で観測した。この実験においてもレーザー照

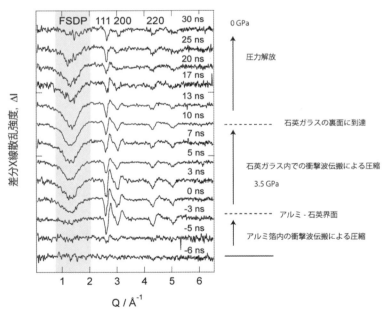

図8 アルミニウム箔アブレータを付けた石英ガラスの衝撃圧縮・圧力解放下における差分X線散乱パターン

射後試料は衝撃破壊されるので，遅延時間毎に試料を交換して測定を行った。

図8に，レーザー照射後の衝撃波進展下のX線散乱パターンとレーザー照射前のX線散乱パターンの差分X線散乱パターンを示す。衝撃波は，アルミニウム箔のレーザーアブレーションにより発生しアルミニウム内に衝撃波が進むのに対応してAl（111）とAl（200）の回折ピークが圧縮側にシフトする。衝撃波がアルミニウムを通過し，アルミニウム—石英ガラス界面に到達し，そこで石英ガラスに衝撃波が入る。衝撃波の進展に伴ってFSDPが高いQ側にシフトし，衝撃波が試料裏面に到達した後，石英ガラス—大気界面で反射し衝撃波が減衰することで圧力減衰とともに元の構造に戻ることが明らかになった。衝撃破壊初期過程ではこのように中間距離構造が変形していることが確認された。特に遅延時間30 nsには圧力が大気圧に戻ったことが言える[16]。また歪み速度が$10^{-8} \sim 10^{-9} s^{-1}$における領域かつ一軸的な衝撃圧縮下ではFSDPが非常に敏感に応答することが明らかになった。衝撃圧縮下における原子レベルの構造変化過程や応力特性を明らかにすることで衝撃破壊の初期過程を明らかにし，動的変形におけるミクロからマクロ構造の階層性の研究に役立つと期待できる。

6.8 まとめ

本節では，放射光X線パルスを用いたレーザー衝撃圧縮下における結晶の動的構造測定法と単結晶や多結晶体におけるナノ秒時間領域における構造変化について紹介した。シングルバンチの放射光X線パルスを駆使することにより単結晶だけでなく多結晶体やアモルファスの衝撃圧縮下における不可逆な構造変化を観測することが可能になった。白色X線パルスを用いることで異方的な結晶構造変化である衝撃弾性域における一軸圧縮構造と，弾性—塑性相転移点を超えた過渡構造を明らかにすることができた。また準単色X線パルスを用いることでセラミックス材料の衝撃破壊下における部分的な相変化過程を可視化し，衝撃破壊における相転移を利用した衝撃エネルギー吸収過程を明らかにできる計測法であることを示唆している。今後ピコ秒X線パルスやXFELのフェムト秒X線パルスは，強力なプローブとして，衝撃圧縮による結晶構造変化からのせん断，欠陥生成メカニズム解明により衝撃破壊の初期構造を解き明かす強力なツールとなるだろう。

謝辞

本稿で紹介した研究成果は東京工業大学応用セラミックス研究所の中村一隆准教授，熊本大学パルスパワー研究所の川合伸明准教授，高エネルギー加速器研究機構の足立伸一教授，ドイツ電子シンクロトロン（Deutsches Elektronen-Synchrotron；DESY）の佐藤篤志博士，および中村一隆研究室の院生との共同研究によるものです。また時間分解X線測定装置開発などには高エネルギー加速研究機構のスタッフにご支援頂きました。この場を借りて，各氏に深く感謝を表します。

文　　献

1) 石川哲也,パリティ, **29**, 6 (2014)
2) D. H. Kalantar et al., *Phsy. Rev. Lett.*, **95**, 075502 (2005)
3) S. Nozawa et al., *J. Synchrotron Rad.*, **14**, 313 (2007)
4) K. Ichiyanagi et al., *J. Synchrotron Rad.*, **16**, 391 (2009)
5) 足立伸一, 田中義人, 放射光ビームライン光学技術入門, 第12章, 光の時間構造を使う, 日本放射光学会 (2008)
6) 足立伸一, 田中義人, 放射光, **20**, 117 (2007)
7) 足立伸一, 放射光, **27**, 307 (2014)
8) D. Devaux, R. Fabbro, L. Tollier, E. Bartnicki, *J. Appl. Phys.*, **74**, 2268 (1993)
9) 一柳光平, 佐藤篤志, 野澤俊介, 富田文菜, 中村一隆, 足立伸一, 腰原伸也, *PF NEWS*, **26**, 20 (2008)
10) K. Ichiyanagi, S. Adachi, S. Nozawa, Y. Hironaka, K. G. Nakamura, T. Sato, A. Tomita, S. Kosihhara, *Appl. Phys. Lett.*, **91**, 231918 (2007)
11) R. C. Gravie, R. H. Hannink, R. T. Pascoe, *Nature*, **258**, 703 (1975)
12) Y. Igarashi, A. Matsuda, A. Akiyoshi, K. Kondo, K. G. Nakamura, K. Niwase, *J. Matter. Rev.*, **50**, 239 (2004)
13) J. Hu, K. Ichiyanagi, H. Takahashi, H. Koguchi, T. Akasaka, N. Kawai, S. Nozawa, T. Sato, Y. C. Sasaki, S. Adachi, K. G. Nakamura, *J. Appl. Phys.*, **111**, 053526 (2012)
14) J. Wackerle, *J. Appl. Phys.*, **33**, 922 (1962)
15) J. Wang, R. L. Weaver, N. R. Sottos, *J. Appl. Phys.*, **93**, 9529 (2003)
16) K. Ichiyanagi, N. Kawai, S. Nozawa, T. Sato, A. Tomita, M. Hoshino, K. G. Nakamura, S. Adachi, Y. C. Sasaki, *Appl. Phys. Lett.*, **101**, 181901 (2012)

7 放射光メスバウアー吸収分光法による磁性材料解析

増田　亮[*1]，瀬戸　誠[*2]

7.1 放射光メスバウアー分光法とは

放射光メスバウアー分光法とは，放射光を光源に使ったメスバウアー分光法である。従来，メスバウアー分光法は放射性同位体線源を光源として行われてきた。γ線源を使う従来のメスバウアー分光法により，特定元素の価数や磁気モーメントといった電子状態や，これらの電子状態のデータに基づいて特定元素を含む物質の化学種の分析などが行われている。その適用範囲は広く，岩石・鉄鋼材料・触媒・水素貯蔵材料・ソフトマター・ナノ構造物質・生体物質などさまざまな材料に対して適用されている。例えば，光誘起磁気相転移を起こす物質である有機・無機複合錯体（SP-Me）$[Fe^{II}Fe^{III}(dto)_3]$（SP＝スピロピラン，Me＝メチル，dto＝ジチオオキサレート）における光誘起相転移がFeサイト間の電荷移動と磁気秩序変化の協奏現象であることがメスバウアー分光で調べられている[1]。また，炭化水素の生成過程であるフィッシャー・トロプシュ反応における反応制御触媒である炭素含有鉄について，その反応過程における鉄化合物の成分分析（酸化状態・炭素含有状態の調査）もメスバウアー分光で行われている[2]。ほかにも，火星探査機に搭載されたメスバウアー測定装置により火星岩石の含鉄成分が調べられたりしている[3]。このように新奇物質・未知物質の調査に対して粉末・多結晶・単結晶など試料形状を問わず威力を発揮し，それらの電子状態を調べるのに利用されてきたメスバウアー分光法であるが，この方法では原子核のX線（γ線）よる共鳴現象が利用されている。原子核も電子と同様に離散的なエネルギー準位を持っており，その原子核準位が周囲の電子の影響を受けて縮退が解けたりそのエネルギーが増減したりする（超微細相互作用）。したがって，このような原子核準位の変調の様子（超微細構造）を調べることで周囲の電子の状況を調べようというのである。このため，メスバウアー分光法には同位体選択性がある。これまで「特定元素の」という表現を使ってきたが，同じ元素の中でもさらに「特定の同位体」について調査できる点がメスバウアー分光法の特色の一つである。この特色を使えば，材料の調製におけるどこか特定のプロセスでこれらの同位体を用い，その他のプロセスではそれ以外の同位体を用いることで，同じ元素中でもこれらの同位体をトレーサーとした測定をすることもできる。なお，上に挙げた例では，鉄の中でも ^{57}Fe 同位体の第1励起準位（エネルギー14.413 keV，エネルギー幅4.6 neV）と基底準位の間の共鳴が用いられており，これらの準位が価数や原子磁気モーメントによって受ける 1 neV～1 μeV の変化を測定している。^{57}Fe の超微細構造の例を図1に示した。

---

* [*1] Ryo Masuda　京都大学　原子炉実験所　粒子線基礎物性研究部門
核放射物理学研究室　研究員
* [*2] Makoto Seto　京都大学　原子炉実験所　粒子線基礎物性研究部門
核放射物理学研究室　教授

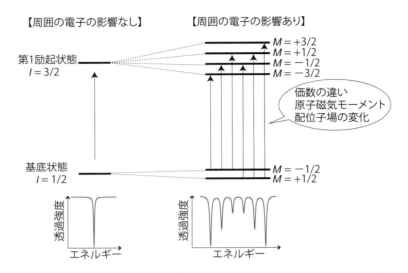

図1 周囲の電子の影響の有無による^{57}Fe原子核の準位の変化の模式図の例（上）と連続スペクトルのX線をこの状況の原子核に透過させたときの吸収プロファイル（下）
矢印は許容される遷移を表す。メスバウアー分光法は，このような吸収プロファイルを測定し，核準位の超微細構造から価数や原子磁気モーメントなどを調べる手法である。

さて，ではメスバウアー分光法で放射光を使う理由は何であろうか。大まかに述べて，以下の3つであろう[注1]。

① X線の密度が高いため，小さな試料を使った測定ができる。
② 指向性が強く平行性が高いため，さまざまなX線光学技術を組み合わせられる。
③ 赤外線から硬X線までの幅広いエネルギーで大強度の光源であるため，任意のエネルギーのX線を選び出すことができる。

(1)については^{57}Feのエネルギー14.4 keVについて，ブリリアンス（光源から見こんだ単位立体角・光源の単位断面積・単位エネルギー幅あたりの毎秒の光子数）で比較すると，同位体線源では6×10^{11}（photons/sec/eV/sr/mm^2）に対し，放射光では3×10^{24}（photons/sec/eV/sr/mm^2）[4]となり，単純計算で13桁も大きい。したがって，試料作製が困難で少量しか準備できない場合はもちろん，高圧セルや水素などのガス環境下での測定をするときにも試料サイズが限定されることがあるが，こういったさまざまな環境下での測定が可能になるということである。②については小角散乱法（第1章2節）・斜入射X線散乱（第1章3節）などとメスバウアー分光法を組み合わせることができるということである。それにより合金中のドメイン構造や薄膜といった試料にメスバウアー分光法を適用することができる。③についてはおよそ100 keVまでの任意のX線を

注1） このほかに，④時間的にパルス光である，⑤ほぼ完全な直線偏光である，という特性もあり，測定手法の観点からするとこれらも重要であるが，本稿では詳細を述べない。

第1章　X線回析

選ぶことができるということである。このため，そのエネルギー範囲に共鳴する準位を有するさまざまな同位体を用いたメスバウアー分光が可能になる。γ線源を使うメスバウアー分光法ではほとんどの研究が^{57}Feを利用したものであるが，これは^{57}Co線源が市販されているからという側面も大きい。その他の同位体を利用する場合は，一部を除けばγ線源を調製せねばならず手間が掛かる。それどころか調製しても短時間で崩壊してしまって取り扱いに難があるものや，そもそも調製できない場合もある。それでも，これまでに図2に示した元素について，その同位体でのγ線源を用いたメスバウアー分光が行われてきた。しかし，放射光を用いれば，これらの多くの同位体に対して，γ線源調製の苦労なしにメスバウアー測定が可能になる。

放射光を用いたメスバウアー分光法はいくつかの方法が知られているが，本節では主として核分光器と呼ばれる超高分解能（エネルギー幅〜10 neV）の分光器を利用する放射光メスバウアー線源法[5,6]と，特定のエネルギー基準物質からのエネルギー差を測る放射光メスバウアー吸収分光法[7]の2つの手法について説明する。いずれも従来のメスバウアー分光法と同様に吸収型のエネルギースペクトルを測定する手法である。これらの違いは大まかに言って適用可能同位体の数と解析手法にある。前者の方法は核分光器ができていないために^{57}Feにしか適用できないが，後者の方法はさまざまな同位体に対するエネルギー基準物質が調製可能であり，実際に^{40}K[8]・^{57}Fe[9]・^{61}Ni[10]・^{73}Ge[7]・^{119}Sn[9]・^{125}Te[11]・^{127}I・^{149}Sm・^{151}Eu[12]・^{174}Yb[13]・^{189}Os[14]といった同位体でのメスバウアー測定が可能になっており，これからも増えるであろう。他方，解析手法についてであるが，前者の方法はγ線源のメスバウアー分光法と同じスペクトルが得られるため，市販の解析ソフトを用いれば解析できる。一方，後者はγ線源の方法と似たようなスペクトルが得られるものの全く同一ではないため，市販の解析ソフトで解析した後に文献7）の式に従って精密化することが望ましい。以下に，これらの方法について，適用事例を挙げつつ述べる。なお，実際に実験を計画される場合は放射光施設の担当者に相談すると良い。

	1	2	3	4	5	6	7	8	9	10	11	12	13	14	15	16	17	18
1	H																	He
2	Li	Be											B	C	N	O	F	Ne
3	Na	Mg											Al	Si	P	S	Cl	Ar
4	K	Ca	Sc	Ti	V	Cr	Mn	Fe	Co	Ni	Cu	Zn	Ga	Ge	As	Se	Br	Kr
5	Rb	Sr	Y	Zr	Nb	Mo	Tc	Ru	Rh	Pd	Ag	Cd	In	Sn	Sb	Te	I	Xe
6	Cs	Ba	*	Hf	Ta	W	Re	Os	Ir	Pt	Au	Hg	Tl	Pb	Bi	Po	At	Rn
7	Fr	Ra	**	104〜														
*Lanthanide			La	Ce	Pr	Nd	Pm	Sm	Eu	Gd	Tb	Dy	Ho	Er	Tm	Yb	Lu	
**Actinide			Ac	Th	Pa	U	Np	Pu	Am	Cm	Bk	Cf	Es	Fm	Md	No	Lr	

図2　メスバウアー分光可能な元素の周期表
背景が灰色の元素にはメスバウアー分光が（1例でも）されたことのある同位体がある。

7.2 放射光メスバウアー線源法

放射光メスバウアー線源法は，高効率で測定時間が短くかつ市販ソフトが使えて解析も容易な手法である。場合によってはweb上にある（γ線源を使った手法用の）無料の解析ソフトも利用できる。その測定系の概念図を，γ線源を使う手法・放射光メスバウアー吸収分光法と併せて図3に示した。図3(a)と(b)を比較すると分かる通り，その測定系は従来のγ線を用いた手法と酷似しており，γ線源を，核分光器を通した放射光に置き換えたものといえる。ここで使われる核分光器はさまざまなエネルギーの光を含む放射光から，^{57}Feの核共鳴が起きるエネルギーのX線を選び出している。この分光されたX線はγ線源からのγ線と同じように非常に単色性が高い（エネルギー幅～15 neV）ため，γ線源と同様に利用でき，「放射光メスバウアー線源」とも呼ばれる。この単色X線を試料に透過させ，その透過光を検出器で計数するというのが測定系の主要部である。測定試料は14.4 keVのX線（^{57}Fe核共鳴のエネルギー）が透過すればどんな形状であろうとどんなセルに入っていようと原理的には利用できる。透過X線が観測できなくても反射や回折・小角散乱のX線を観測しても良い。この測定系のミソは，核分光器に任意の速度を与えられるようになっていることである。核分光器に速度を与えることにより，光のドップラー効果で核

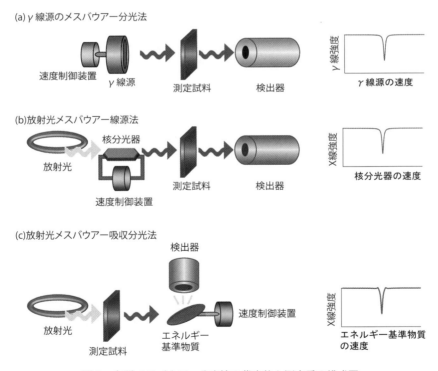

図3　各種メスバウアー分光法の代表的な測定系の模式図
(a)γ線源を用いたメスバウアー分光法，(b)放射光メスバウアー線源法，(c)放射光メスバウアー吸収分光法。右側のグラフは得られるスペクトルの模式図。

第1章　X線回折

分光器が分光できるエネルギーを制御できるようになっている。この結果，検出器で測定されるX線強度とそのときの速度の相関をとれば，核準位の超微細構造に対応した吸収スペクトルが得られるというものである。この核分光器はFeBO$_3$の単結晶を利用しているが，ほかの同位体用の核分光器は開発されておらず，このため現在のところ^{57}Feに限って使える手法である。しかし，産業における鉄の広範な利用状況を考えれば，^{57}Feだけでも放射光の優れた特性を利用した測定ができるのは大きな意味がある。また，γ線源を使った手法とほぼ同じスペクトルが得られるので，これまでγ線源を用いて行われた多種多様な物質に対する莫大な量のデータベースをそのまま使える点も利点である。実際の解析については上で述べたソフトのほかに，文献15)や16)といったγ線源の手法の教科書の式をそのまま利用すると良い。この手法の測定例として，磁性薄膜の界面構造を調べた例を挙げる[9]。ここで測定されたのはFe/Fe$_3$O$_4$の界面である。Fe/Fe$_3$O$_4$の界面には強い反強磁性結合があることが見出され，ハードディスクドライブの書き込みヘッドなどの磁気デバイスに用いられる高価なレアメタルを使ったRu系反平行磁気結合積層膜を代替する安価な材料として研究開発が進められている。このFe/Fe$_3$O$_4$についてはその強い反強磁性結合の原因は界面での結合状態にあると考えられた。この界面のみを原子1層単位で調べるため，界面のみを^{57}Feで作成し，界面以外をメスバウアー分光で不感な^{56}Feで作成したFe/Fe$_3$O$_4$薄膜のメスバウアー測定が放射光メスバウアー線源法で行われた。実験はSPring-8のビームラインBL11 XUで常温常圧環境下にて行われた。MgO（001）基板上にエピタキシャル成長させた3つの薄膜試料，(a)Fe/Fe$_3$O$_4$界面のFe側第2層のみ^{57}Feとした試料，(b)Fe/Fe$_3$O$_4$界面のFe側第1層（表面層）のみ^{57}Feとした試料，(c)Fe/Fe$_3$O$_4$界面のFe$_3$O$_4$側第1層（表面層）のみ^{57}Feとした試料についての結果を図4に示す。この結果，この界面では(1)FeとFe$_3$O$_4$がきれいに境界を作っていたり，また何か1つの単相でできているのではなく，さまざまなサイトが含まれていること，(2)そのよ

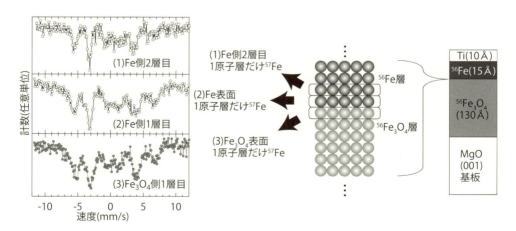

図4　放射光メスバウアー線源法で測定されたFe/Fe$_3$O$_4$界面の原子1層分のメスバウアースペクトル
(1)界面からFe側第2層目，(2)Fe側界面，(3)Fe$_3$O$_4$側界面。速度のゼロは常温のα-Fe箔のスペクトルの重心として定義されている[9]。

うな境界のサイトにはバルクのようなα-FeやFe_3O_4は見られず，むしろ部分的にOに囲まれたFeのようなサイトが含まれることが分かった。

7.3 放射光メスバウアー吸収分光法

放射光メスバウアー吸収分光法は，放射光の白色性を利用し，さまざまな同位体に対してメスバウアー吸収スペクトルを測定する手法である。当初は，7.2項の放射光メスバウアー線源法に比べると測定効率が低く測定に時間がかかっていたが，検出方法で進歩が見られ，大幅に測定効率が改善されてきた[13]。また，得られるスペクトルはγ線源の場合と類似したエネルギー領域の吸収スペクトルであり，価数や磁気モーメントといった情報を把握し易く，また大まかな解析は市販ソフトで行うことができる。さらに，従来のγ線源を用いた手法で（手間をかけて線源を調製して）メスバウアー分光実験が行われているので，これらのデータも参照できる。この手法の測定系の模式図は図3(c)に示した。放射光を測定試料に照射し，その透過光をエネルギー基準物質と呼ばれる化合物に照射し，エネルギー基準物質からの散乱を検出器で測定する，というのが測定系の主要部である。測定試料はそれぞれの同位体における核共鳴のエネルギーに対応する硬X線（ほとんどの場合20 keV以上）が透過すればどんな形状であろうとどんなセルに入っていようと原理的には利用でき，透過X線が観測できなくても反射や回折・小角散乱を観測できれば良いことは7.2項の放射光メスバウアー線源法と同様である。この測定系のミソは，エネルギー基準物質に任意の速度を与えられるようになっていることである。エネルギー基準物質に速度を与えることにより，光のドップラー効果でエネルギー基準物質がアナライザーとして分光できるエネルギーを制御できるようになっている。この結果，検出器で測定されるX線強度とそのときの速度の相関をとれば，核準位の超微細構造に対応した吸収スペクトルが得られるというものである。このエネルギー基準物質は薄膜や粉末を固めた錠剤が用いられており，例えば^{61}Niでは$Ni_{86}V_{14}$合金箔が，^{174}YbではYbB_{12}の粉末錠剤が用いられた。最強の永久磁石であるネオジム磁石や超磁歪材料Terfenol-Dの例を出すまでもなく，レアアースをはじめ多くの元素に対して放射光の優れた特性を利用したメスバウアー測定ができることは，今後の材料開発に対して大きな意味があろう。この手法の測定例として，レアアース元素の水素貯蔵機構を調べた例を挙げる[12]。ここで測定されたのはユーロピウムEuの水素化過程である。この研究以前は，Eu以外のほとんどのレアアース元素REの水素化物REH_xは，十分に水素化すると$x>2.5$の水素化物となって面心立方構造のβ相または六方最密構造のγ相になることが知られる一方で，ユーロピウムだけは$x=2$までしか水素を貯蔵せず構造も斜方晶であり，例外的な物質であるとされていた。一方で，GPa以上の超高水素圧力を印加すると，水素流体(注2)のエンタルピーが飛躍的に増大するため，水素が金属に吸収され易くなる。このため，1 GPa以上の超高水素圧力下でのEuの水素化が試みられ，8.7 GPa

---

注2) この圧力領域は水素の臨界点32.98 K，1.298 MPaを超えているため，液体と気体の区別が無くなっており，流体と呼ばれる。

第1章　X線回折

の圧力下で正方晶となり，$x>2$の水素化物が達成されていることが明らかになった。しかも高水素圧力下での正方晶は面心立方構造をc軸方向に0.8％程度伸長したものであり，他のレアアース元素のβ相水素化物の構造と酷似していた。この水素貯蔵の仕組みを調べるため，$x=2$のEu水素化物（水素圧力2.3GPa）と$x>2$のEu水素化物（水素圧力14.3GPa）について放射光メスバウアー吸収分光法によりメスバウアースペクトルがダイアモンドアンビルセルによる高水素圧力下でその場測定された。実験はSPring-8のビームラインBL09XUで常温環境下にて行われ，このときのエネルギー基準物質はフッ化ユーロピウムEuF_3であった。その結果を図5に示す。明瞭にスペクトルの吸収位置の変化が観測されており，Euの価数が低水素圧での＋2価から高水素圧では＋3価に変化したことが分かった。すなわち，Euが$x>2$の水素を貯蔵する際，Euの価数変化が起きていることが明らかになった。Eu・Ybを除くレアアース元素は3価のイオンになり易いが，EuやYbのイオンは2価も3価もとることが知られている。これを併せて考えると，新規に見つかったEuの高濃度水素化物がほかのレアアース元素の水素化物と酷似していたのは，Euの価数がほかのレアアース元素と同じく3価になったことがカギを握っているのではないかと考えられる。この結果により，レアアース元素の水素化に関する構造則の一般性が確認された。

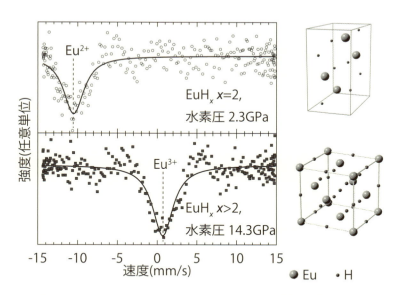

図5　放射光メスバウアー吸収分光法で得られたEu水素化物の高水素圧下でのその場測定のメスバウアースペクトル
右図は放射光X線回折測定から得られた構造（14.3GPaの高水素密度状態の図は単位胞ではない）。速度のゼロはエネルギー基準物質EuF_3の吸収位置で定義されている[12]。

7.4　その他のメスバウアー効果を使った測定法

　最後に，メスバウアー効果と関係のある放射光の測定法を紹介する。以下では簡単な紹介と共に日本語の解説記事も文献として挙げたので，詳細はそちらを参照されたい。第1に，固体中の特定同位体原子の振動状態（フォノンの状態密度）を調べることのできる核共鳴非弾性散乱法（または核共鳴振動分光法とも言う）がある[17]。この手法は例えば，非ヘム鉄酵素のヒドロキシル化・ハロゲン化機構における反応性中間体の構造を決定するのに用いられた[18]。この手法での生体分子への応用は，文献19)に解説記事がある。第2に，メスバウアー効果を用いた時間領域干渉法を紹介する[20]。この手法ではÅオーダーの空間スケール，ナノ秒オーダーの時間スケールにおいて試料密度の相関関数を測ることにより，液晶や高分子などのダイナミクスが調べられる。実のところ，この手法は核準位の単色性（^{57}Feでは$E/\Delta E > 10^{12}$）を用いており，試料中にメスバウアー効果を起こす同位体元素が含まれている必要が無い。この手法により典型的なfragileなガラス形成液体o-ターフェニルの過冷却状態において，分子の拡散運動とされるα過程とホッピング運動とされるslow β過程の時定数を測定することに成功し，高温時のα過程からslow β過程が低温になって分離する温度が，従前の説よりも低温であることが明らかになった[21]。この手法については文献22)に解説記事がある。また，放射光からは外れるが，原子炉や加速器を利用してさまざまな同位体用のγ線源を作成する手法も，国内では京都大学原子炉実験所などで行われている。

文　　　献

1)　N. Kida et al., *J. Am. Chem. Soc.*, **131**, 212（2009）
2)　J. F. Bengoa et al., *Appl. Catal. A*, **325**, 68（2007）
3)　G. Klingelhöfer et al., *Science*, **306**, 1740（2004）
4)　プログラムSPECTRAで計算。以下の論文に詳細がある：T. Tanaka et al., *J. Sychrotron Radiat.*, **8**, 1221（2001）
5)　A. I. Chumakov et. al., *Phys. Rev. B*, **41**, 9545（1990）
6)　T. Mitsui et al., *Jpn. J. Appl. Phys.*, **46**, 821（2007）
7)　M. Seto et al., *Phys. Rev. Lett.*, **102**, 217602（2009）
8)　T. Nakano et al., *Phys. Rev. B.*, **91**, 140101（R）（2015）
9)　K. Mibu et al., *Hyperfine Interact.*, **217**, 127（2013）
10)　S. Kishimoto et. al., *Hyperfine Interact.*, **204**, 101（2012）
11)　M. Kurokuzu et al., *J. Phys. Soc. Jpn.*, **83**, 044708（2014）
12)　T. Matsuoka et al., *Phys. Rev. Lett.*, **107**, 025501（2011）
13)　R. Masuda et al., *Appl. Phys. Lett.*, **104**, 082411（2014）
14)　J. Yamaura et al., *J. Phys. Conf. Ser.*, **391**, 012112（2012）

15) P. Gütlich *et al.*, Mössbauer Spectroscopy and Transition Metal Chemistry: Fundamentals and Applications, Springer（2011）
16) 藤田英一ほか，メスバウア分光入門：その原理と応用，アグネ技術センター（1999）
17) M. Seto *et al.*, *Phys. Rev. Lett.*, **74**, 3828（1995）
18) S. D. Wong *et al.*, *Nature*, **499**, 320（2013）
19) 太田雄大ほか，日本結晶学会誌, **56**, 329（2014）
20) A. Q. R. Baron *et al.*, *Phys. Rev. Lett.*, **79**, 2823（1997）
21) M. Saito *et al.*, *Phys. Rev. Lett.*, **109**, 115705（2012）
22) 齋藤真器名ほか，固体物理, **47**, 747（2012）

8 X線CTスキャナーによる複合材料の繊維配向推定手法

鈴木宏正*

8.1 はじめに

繊維強化プラスチックなどに代表されるように，材料内に繊維を含ませることによって強度を向上させる複合材料の応用が広がっている。このような複合材料では繊維の向き（配向）が強度に影響を及ぼすために，X線CT装置によってスキャンして，繊維の配向状態を解析することが行われている。本稿では，配向を計算する画像処理手法についていくつか紹介する。

8.2 中立軸（Medial Axis）による方法

図1(a)は，複合材料の例ではないが，ある繊維構造のX線CT画像である。X線CT装置は，物体の断層画像を撮る技術であるが，多数の断層画像を一定間隔で重ねることによって，図に示すような3次元画像（ボリューム画像）を構成することができる。特に繊維が3次元的に分布しているような場合は断層画像だけでは不十分であり，このようなボリューム画像が必要となる。

ボリューム画像は，画素が3次元直交格子状に並んだもので，この画素はボクセルと呼ばれる。各ボクセルはグレースケールの画素値を持っており，通常は12～16ビットの表現である。画素値はおおむね物質の密度に比例する。また，画像のサイズは512^3～2048^3程度である。

さて，図1(a)のような画像によって繊維の状態は観察できるが，それに加えて繊維の配向を定量的に求めることが要求される。そのための一つの方法として，図1(b)では一本一本の繊維の中心に位置するようなボクセルを求め，それらの繋がりを曲線のように扱って方向を計算している[1]。そのために，図1(a)のようなボリューム画像に対して，ある値（閾値）以上のボクセルだけからなる画像（2値画像）を生成し，その2値画像に対してモルホロジーという処理を適用する[2]。図2は2次元の模式図であるが，左は2値画像を表しており，それに対して不要なボクセルを削除して繊維を細くするような処理（細線化）を行って右のような2値画像を得る。このような画像

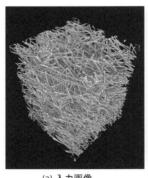 

(a) 入力画像　　　　　(c) 繊維の中立軸

図1　中立軸による繊維抽出（日本ビジュアルサイエンス㈱提供）

---

* Hiromasa Suzuki　東京大学　大学院工学系研究科　精密工学専攻　教授

を中立軸(Medial Axis)といい，一般に物体の骨格構造を表現するものである。さらに隣接するボクセル同士を接続することによって，1本の繊維を抽出する。これによって配向だけでなく，繊維長や繊維と繊維の間隔なども計算し，さらに統計的な処理をすることができる。

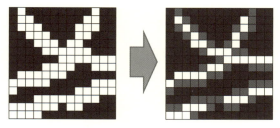

図2　細線化処理

8.3　画像勾配による方法

上記の中立軸では，繊維のボリューム画像は2値化されるため，コントラストが良くて，繊維部分が一様な画素値をもつ場合には良いが，必ずしもそうでない場合は2値化することが難しい場合もある。そのようなときには，画像勾配，すなわち，画素値の変化量を用いて配向を求める方法がある。図3は，2次元の模式図であるが，繊維の境界付近（例えば，ガラス繊維強化プラスチックの場合は，ガラス繊維と樹脂の境界）では，画素値が変化する。その変化の方向は画素値Iを偏微分して勾配ベクトル$\Delta I = \begin{pmatrix} I_x \\ I_y \end{pmatrix}$を計算することによって求めることができる。画素値は離散的であるので，偏微分は差分を使って計算する。そうすると，繊維の方向は，この勾配方向に直交する方向として求めることができる。この計算を各画素で行うことによって，配向の分布が計算できる。

実際には，ノイズなどの影響を考慮する必要がある。そのために，各画素で次のようなマトリクスを計算する。

$$A = \sum_u \sum_v w(u, v) \begin{bmatrix} I_x^2 & I_x I_y \\ I_x I_y & I_y^2 \end{bmatrix}$$

これは，各画素において，その周りの画素における方向テンソル$\Delta I \otimes \Delta I \equiv \begin{pmatrix} I_x \\ I_y \end{pmatrix}(I_x \ I_y)$の重み付きの和になっている。重み$w(u, v)$は，中心の画素からの距離に対して指数的に小さくなるような重み（ガウス関数など）を用いる。この行列の固有値・固有ベクトルを求め，小さい方の固有値に対する固有ベクトルの方向が繊維方向となる。この行列は，一般の画像処理ではHarrisコーナー検出[3]という方法で用いられるものである。

勾配の大きいところが境界と考えられるので，そのようなところで上記の計算を行うことによって，繊維の配向の分布が求められる。

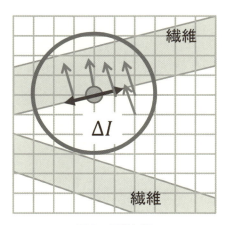

図3　画像勾配

8.4 方向付距離による方法

8.3項の方法よりも簡便な方法として，方向付距離を用いる方法[4]がある。方向付距離の説明に入る前に，基本的なアイデアについて示しておこう。図4は2次元の説明図で，繊維が斜めに写っている。このとき，各点において，図のように繊維の水平方向の幅aと垂直方向の幅bが求まれば，繊維の傾きθは，$\theta = \tan^{-1} b/a$で計算することができる。そこで繊維内の各ボクセルで水平方向の幅と垂直方向の幅を計算することを考える。これらを方向付距離という。

具体的に説明すると，まず8.2節の方法と同様に2値化を行う。次に，図5に示すような方法を適用する。方向付距離を計算したいボクセルを含む画像の行について，左端から水平方向（+x方向）にたどっていき，繊維部分に相当するボクセル（前景ボクセル）に当たったら，そこから背景に変わるまで，1，2，3，…とボクセルにラベルを付けていく。この値をd(+x)とする。次に，逆に右端からたどり同じことをする。このラベルをd(-x)とする。そして，各画素にd(+x)+d(-x)のラベルを付ける。この値が方向付距離となる。同様にして，垂直方向，斜めの方向（45度，225度）などについても同様に計算を行う。

水平方向（$e_1=(1,0)^T$），垂直方向（$e_2=(0,1)^T$），

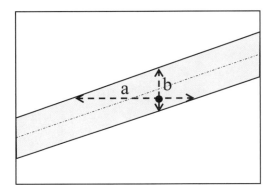

図4　方向距離と配向

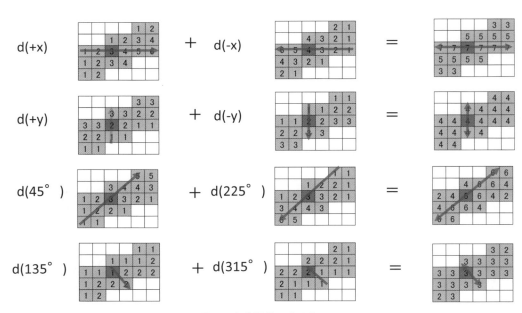

図5　方向距離の求め方

第 1 章　X 線回析

0度　　　　　　　　　　20度　　　　　　　　　　40度

図 6　方向距離による方向の誤差分布の変化（色が方向を表す）

斜め右上方向（$e_3=(\sqrt{2},\sqrt{2})^T$），斜め右下方向（$e_3=(\sqrt{2},-\sqrt{2})^T$）の方向付距離を d_1, d_2, d_3, d_4 として，

$$A=\sum_{i=1}^{4}d_i M_i$$

を計算する。ただし，$M_i=e_i\otimes e_i=e_i e_i^T$ で，方向 e_1 に対するテンソルである。

そして，A の固有値・固有ベクトルを求め，最も大きな固有値に対する固有ベクトルの方向を繊維の方向とする。図 6 は，簡単な形において，どの程度方向が正しく求められるかを調べた計算例である。繊維（長方形）の傾きの角度が小さいときは，コーナー部において，方向付距離が繊維の傾きを反映しなくなり，誤差が大きくなることが分かる。この方法は，画像を 4 方向でスキャンする（3 次元の場合は13方向）という効率的な方法と考えることができる。文献[4]には，ガラス繊維強化複合材料の例が示してある。

8.5　空間フィルターによる方法

平滑化やエッジ検出など，画像処理におけるフィルタリングを行う方法に空間フィルターがある[3]。空間フィルターは畳み込み演算によって実現でき，ボリューム画像の場合は 3 次元の畳み込み演算となる。空間フィルターの畳み込み演算では，カーネルに相当するフィルタ係数を表す行列（例えば，2 次元画像では 3×3 の行列，ボリューム画像では 3×3×3 の行列）を用意しておき，各画素について，その画素自身とその画素の近傍（2 次元画像では 3×3 の領域）にある画素の画素値に係数をかけて和を求める計算を行う（積和演算）。このようにして得られた値を，その画素の新しい画素値とすることによってフィルタリングを行う。

配向を求めるために，カーネルとして，ある方向の繊維の画像に局所的に重なるようなものを用意する。そして，ある画素の所で畳み込みを行うと，もしカーネルの方向と繊維の方向が一致していれば，畳み込みの値は大きくなるはずである。逆に一致しなければ小さい値になる。図 7 は，このようなカーネルとして，次の式を用いている。

$$g(x,y;\lambda,\theta,\psi,\sigma_x,\sigma_y)=\exp\left(-\frac{1}{2}\left(\frac{x'^2}{\sigma_x}+\frac{y'^2}{\sigma_y}\right)\right)\exp i\left(\frac{2\pi x'}{\lambda}+\psi\right)$$

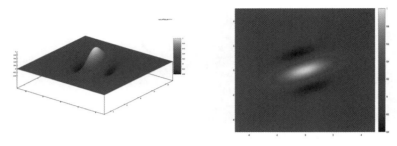

図7　Gaborフィルター

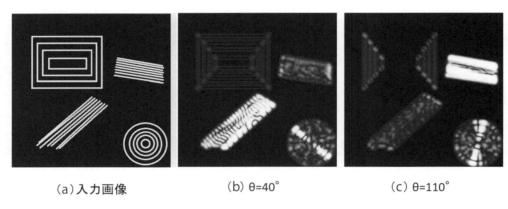

(a)入力画像　　　(b) θ=40°　　　(c) θ=110°

図8　Gaborフィルタの例

$x'=-x\ sin\theta+y\ cos\theta,\ y'=x\ cos\theta+y\ sin\theta$

ここで，θ＝傾き，λ＝周波数，σ＝楕円率，ψ＝位相であり，このフィルタはGaborフィルターと呼ばれる。Gaborフィルターの軸の傾きθが繊維の方向に一致すると畳み込みの値が大きくなり，その画素における配向を検出することができる。図8に簡単な例を示す。(a)の画像に対して，$\theta=40°$と110°の角度のGaborフィルターを適用している。画像において，そのような傾きに線分があるところに対して，(b)(c)図のようにフィルターの出力が大きくなっていることが分かる。問題は，配向の角度を求めるには，フィルターの角度を様々に振って，その値が最大になる方向を探す必要があることである。勾配法などによって最大値を求めることも可能であるが，局所解に陥る危険性は残る。

　また，Shinoharaなど[5]は，3次元の繊維に対してより敏感に反応するフィルターを提案しており，編物的な構造の繊維束を抽出するのに成功している。図9は，その手法をさらに拡張して，3次元のCMC（Ceramic Matrix Composite）という3次元の織物状の複合材料に適用したものである[6]。

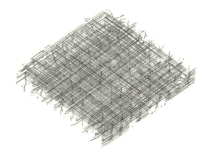

(a) 入力画像　　　(b) 繊維束の配向

図9　CMC材料の繊維束配向抽出

8.6　周波数変換による方法

複合材料の中でも，CFRPなどは繊維が織物となっており，多数の繊維を束ねた繊維束を織って作られている。このような場合は，繊維束が空間に周期的に配置されるため，フーリエ変換を用いた周波数解析を利用することができる。例えば図10(a)のように繊維束が並んでいる場合には，繊維束に直交する方向に"波"があり，それをフーリエ変換すると，周波数領域においても，この波の方向の線上にスペクトルの強いところが現れる（同図(b)）。したがって，周波数領域を調べることによって，このような繊維束の配向を調べることができる。

その一つの方法にQuadratureフィルター[7]がある。まず繊維の画像をフーリエ変換し$S(u)$を得る。ここで，uは周波数空間の座標である。そして，$S(u)$に次のようなQuadratureフィルターと呼ばれるフィルターを適用する。

$$F(u)=R(\rho)D(\hat{u})$$

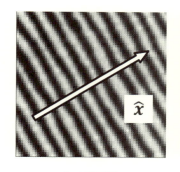
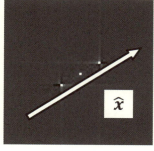
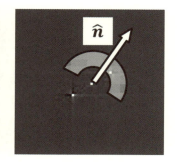

(a) 画像　　　(b) フーリエ変換　　　(c) 積分領域

図10　Quadratureフィルター

ここで，$\rho, \hat{u}$ は，u の極座標表示に対応するもので，それぞれ動径（$\|u\|$）と単位方向ベクトル（$u/\|u\|$）である。ρ は周波数の大きさを表すが，その関数 $R(\rho)$ はバンドパスフィルターで，注目する繊維束の周波数（繊維束の幅や間隔に対応）に対して設定する。

また，Quadrature フィルターには，ある基準となる方向 $\hat{n}$ が与えられており，$D(\hat{u})$ は，それを使って，以下のように定義される。

$$D(\hat{u}) = \begin{cases} (\hat{u} \cdot \hat{n})^2 & \text{if } \hat{u} \cdot \hat{n} > 0 \\ 0 & \text{otherwise} \end{cases}$$

つまり，$D(\hat{u})$ は，$\hat{u}$ と $\hat{n}$ とが同じ側を向いているときに正の値を取り，さらに同一の方向のときに最大値となる。逆に，反対の側を向いているときには0となるような関数である。この $F(u)$ のイメージを図10(c)に示す。

この $F(u)$ を $S(u)$ に乗じて周波数領域で積分する。もし $S(u)$ のスペクトルの値の大きい部分が，この図の扇型の領域の中にあり，かつ，$\hat{n}$ の方向の線上にあれば，この積分の絶対値は大きな値となる。

そこで，いくつかの基準となる方向について，この計算を行う。2次元の場合には，$\hat{n}_1 = (1, 0)^T$，$\hat{n}_2 = \left(\frac{1}{2}, \frac{\sqrt{3}}{2}\right)^T$，$\hat{n}_3 = \left(-\frac{1}{2}, \frac{\sqrt{3}}{2}\right)^T$ の3つの方向について Quadrature フィルターの値を計算し，その値（積分の値は複素数なので，その絶対値）を q_1, q_2, q_3 とする。さらに，これらの値から

$$T = q_1 M_1 + q_2 M_2 + q_3 M_3$$

なる行列を求めて，その固有値・固有ベクトルを計算し，その最大固有値に対応する固有ベクトルを繊維束の波の方向とする。ここで，M_1, M_2, M_3 は，$\hat{n}_1, \hat{n}_2, \hat{n}_3$ 方向に対するテンソルで，

$$M_k = \alpha \hat{n}_k \hat{n}_k^T - \beta\, \mathrm{I}, \quad \alpha = \frac{4}{3}, \quad \beta = \frac{1}{3}$$

のように定義される。

実際に適用する場合には，画像を適当な正方領域に分割し，各正方領域において，この計算を行うことになる。3次元への拡張も容易である。

8.7　まとめ

本稿では，繊維を含む材料をX線CT装置でスキャンし，その画像を対象として繊維や繊維束を抽出するアルゴリズムを紹介した。様々な方法があるが，繊維一本一本の配向を細かく観察したいのか，あるいは，大局的に把握したいのか，さらには対象とする繊維の大きさに対して，画像の解像度やコントラストの程度なども結果に大きく影響する。したがって，画像計測方法と合わせて検討を行う必要がある。

本稿を執筆するにあたり，日本ビジュアルサイエンス㈱からは画像のご提供をいただいた。また，東京大学・助教の長井超慧氏からも画像をいただいた。ここに感謝を申し上げる。

第1章　X線回析

文　　献

1) ExFact Analysis for Fiber, 日本ビジュアルサイエンス㈱：http://www.nvs.co.jp/index.php/products/soft/fiber/
2) Gabriele Lohmann, 3次元画像処理, ボーンデジタル (2009)
3) ディジタル画像処理, CG-ARTS協会 (2015)
4) Jérémie Viguié *et al.*, A Method to Identify Fibres with Complex Cross Sections within 3D Images of Disordered Fibrous Media. Application to Fibre Bundle Reinforced Polymer Composites, Proc. ICTMS 2013, July 1-5 (Ghent, Belgium), pp.207-210 (2013)
5) T. Shinohara *et al.*, *Textile Research Journal*, **80**(7), 623-630 (2010)
6) Y. Yamauchi *et al.*, Extraction of Woven Yarn of Ceramics Matrix Composite Parts with X-ray CT Scanning, Proc. Conference on Industrial Computed Tomography (iCT 2014), Shaker Verlag ISBN 978-3-8440-2557-6, pp.87-93 (2014)
7) Granlund, Knutsson, Signal Processing for Computer Vision, Springer (1994)

第2章　透過型電子顕微鏡（TEM）

1　TEM，STEMによる材料のナノ観察

松村　晶[*]

　虫眼鏡や光学顕微鏡では，波動（電磁波）として伝わっている人間の目で見える光（可視光）が空気中から透明のガラスに入ったときに屈折して進む向きが変わることを利用して，中心部が厚い曲面形状の凸レンズにある方向から可視光が入ると，レンズの中心から外れるほどに大きな角度で屈折して，後方の焦点面上の一点に集まり，その結果としてさらに後方の像面上に倒立した拡大像が形成される。凸レンズを厚くして焦点距離を短くしたり，複数の凸レンズを並べることによって，さらに大きく拡大した像を結ぶことはできるが，波動は回折して障害物の裏にも回り込むことができるために，波長より小さい物体は波の伝播の障害物になり得なくなり，一般の光学顕微鏡では可視光の波長である300〜800 nmより小さな物体は，いくら倍率を上げても原理的に観察できない。したがって，この回折限界より小さな物体を拡大して観察するためには，可視光より短い波長の波動とその進行方向を曲げて焦点を結ぶレンズとして作用する場を組み合わせばよいことになる。

　電子は，質量と電荷をもつ粒子であるとともに波動としても振る舞う二面性をもっており，その波長はde Broglieの関係と特殊相対性理論により，

$$\lambda = \frac{h}{\sqrt{2m_e eE\left(1+\dfrac{eE}{2m_e c^2}\right)}} \tag{1}$$

で与えられる。ここで，hはPlanck定数（$=6.626\times10^{-34}$ Js），m_eは電子の静止質量（$=9.109\times10^{-31}$ kg），eは電気素量（$=1.602\times10^{-19}$ C），cは光速（$=2.998\times10^8$ ms^{-1}），Eは電子の加速電圧である。(1)式の分母に加速電圧Eが含まれていることからわかるように，電子の波長は加速電圧とともに短くなり，例えば$E=200$ kVでは$\lambda=0.0025$ nmと可視光より遥かに短くなる。電荷をもつ電子には磁場中ではローレンツ力が働き，その進行方向が曲げられる。そのため軸（回転）対称な磁場を発生する電磁石を用意することによって電子に対するレンズ（電磁レンズ）を作ることができる。このように，加速された電子と電磁レンズの組み合わせによって，光学顕微鏡より高い分解能を有する顕微鏡ができる。これが，透過電子顕微鏡（TEM）の基本的な原理である。伝播する波動とレンズの組み合わせと見れば，光学顕微鏡とTEMの共通点は多い。

---

[*]　Syo Matsumura　九州大学　大学院工学研究院　エネルギー量子工学部門　教授；
　　超顕微解析研究センター長

第2章　透過型電子顕微鏡（TEM）

　電子顕微鏡で用いられている電磁レンズは，図1に示すように上下の2極（N極とS極）に分かれて，その中心には電子ビームが通る丸い孔が開けられており，電子に対して凸レンズとして作用する。レンズに流す直流電流を加減することにより，磁場強度を変えて，電子の偏向具合，つまりレンズの焦点距離を調節することができる。観察試料の最初の拡大像を結ぶ対物レンズでは上下の磁極の間に試料が挿入される。磁場は磁極片の近傍で強く，磁極片から遠ざかった孔の中心付近では弱くなるため，孔の縁を通る電子と孔の中心を通る電子とでは偏向され方（焦点距離）が違ってしまう。これが球面収差と呼ばれるもので，電子顕微鏡の電磁レンズでは中心の光軸から離れるとともに焦点距離は短くなる。そのため図2(a)に示すように電子ビームが1点に集束できずに，像がボケてしまう原因になる。すなわち分解能が制限される。このような球面収差がある場合に電子ビームが最も小さく絞られて，最も高い分解能が得られるのは，図2(b)で見られるように中心付近の焦点を像面よりわずかに下にもってきたときである。このときの条件はシェルツァー・フォーカスと呼ばれ，焦点はずれ量Δzは

$$\Delta z = \sqrt{\frac{3}{2} C_s \lambda} \tag{2}$$

であり，得られる空間分解能δは

$$\delta = \sqrt[4]{\frac{C_s \lambda^3}{6}} \tag{3}$$

となることが知られている[1]。ここで，C_sは球面収差係数であり，長さの次元を有する。図3に

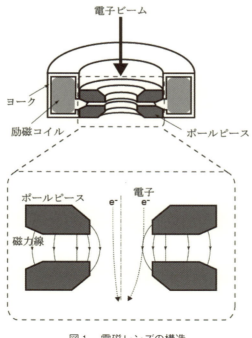

図1　電磁レンズの構造

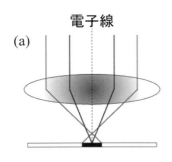
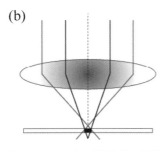
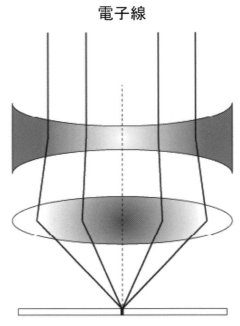

図2　凸レンズの球面収差と焦点　　　　　図3　凸レンズと凹レンズの組み合わせによる収差補正

示すように，光学的に凹レンズがあれば凸レンズと組み合わせて球面収差の補正が可能である。しかし，電磁レンズでは磁場が軸対称である限り凸レンズの作用しかなく，凹レンズは作れない。そこで，多極子偏向装置を組み合わせることによって球面収差を補正することが提案されて，4極子～8極子型，6極子型などで試みられたが，構造の複雑さ，非軸対称性から生じる非点（非対称収差）の補正の難しさなどのため，なかなか実用化の域まで達しなかった。しかし，1990年になってドイツのRose教授が6極子偏向装置に転送レンズ（トランスファーダブレット）を組み合わせるという卓抜なアイデアを提案し，1995年にドイツのCEOS社によって収差補正装置の実機開発がなされた。

6極子偏向装置では図4に示すように，N極とS極を対向して配置しており，中心の光軸を挟んで両極近傍を通過する電子は同じ方向に偏向される。先述のように電磁レンズでの偏向作用は，中心から外れて磁極に近づくほどに強くなる。したがって，図4において光軸から遠ざかる方向に力を受けるA点入射の電子の偏向力は，6極子レンズを通過する間にさらに強まる。一方，光軸方向に偏向されるB点入射の電子に対する偏向力は，その通過中に次第に弱まる。これらの2点の入射電子の作用の違いは，それらの軌道間隔を広げることとなり，総体的に凹レンズと似た効果を生む。しかし，図4から分かるように回転対称でない6極子偏向装置は極めて強い3回の非点収差を生じ，ビームの形状を三角形に歪ませてしまう。図5に，Rose型6極子球面収差補正器の構成を示す。ここでは，対物レンズの後に2つの6極子偏向装置が置かれており，それぞれ

第2章 透過型電子顕微鏡（TEM）

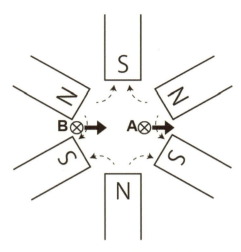

図4　6極子偏向装置による軌道偏向

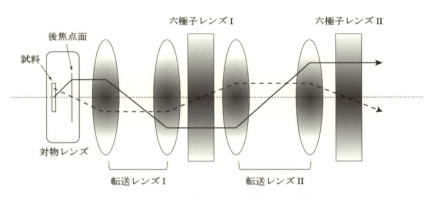

図5　Rose型6極子球面収差補正器の構成

の間に転送レンズを挟むことによって，収差補正を行うべき対物レンズの後焦点面が6極子レンズの光学位置に投影される。2つの6極子偏向装置を互いに60°回転させて反対称に配置することで，上段で発生した3回非点収差が下段でキャンセルされる。

球面収差補正が実用化された後も収差補正技術は大きく発展してきており，現在では電子線の運動エネルギーの違いによる収差である色収差も補正する技術も確立されつつある[2]。このように対物レンズの収差の補正が可能になって，透過電子顕微鏡の分解能は大きく改善された。しかも単なる分解能の向上をもたらしただけでなく，透過電子顕微鏡による物質構造解析において革命的とも呼べるほどの様々な新しい研究の可能性が広がってきている[3,4]。

対物レンズの球面収差は電磁レンズの原理からどうしても避けられないものであったため，透過電子顕微鏡の分解能を向上させるには，(3)式から分かるように，補正技術が確立する前は入射電子の波長を短くすることが唯一の手段であった。すなわち電子の加速電圧を1 MV以上に高め

た超高圧電子顕微鏡でもって0.1 nm程度の原子分解能を得ることができていた。しかし，収差補正が可能になったことにより，(3)式中のλではなく，C_sを小さく抑えることによっても空間分解能の改善ができるようになり，非常に大きな超高圧電子顕微鏡でなくても汎用クラスの透過電子顕微鏡で原子分解能が得られるようになった。さらに，従来は定格の加速電圧（通常，装置の最高加速電圧）でのみ，その装置の最高性能が得られ，加速電圧を変えると分解能が大きく低下したのに対して，収差補正によって定格電圧以外でも分解能の低下を抑えることができるようになった。すなわち，分解能を犠牲にせずに観察する試料に適した加速電圧の設定が可能になり，図6のグラフェンの観察例が示すように，高電圧での観察によって損傷しやすい軽元素を多く含むような物質の高分解能観察の可能性が大きく広がった。さらに，対物レンズの特性は磁極片を互いに近づけた方が改善するため，従来の高分解能電子顕微鏡の試料室は非常に狭く，試料傾斜などの制限が厳しかったが，磁極片を離して試料室を大きくしても，収差補正でもってレンズ特性を改善することが可能になったため，ガス雰囲気などの環境セルを試料室に導入して高分解能の観察・解析が可能になり，試料環境を制御したその場高分解能電子顕微鏡観察が急速に拡大している[5]。

一方，同様の球面収差補正機能を対物レンズの前方に配置すると，試料上に結ぶ電子ビームの焦点をより小さくすることができる。そのような小さく絞った電子ビームを試料上で走査して，試料を透過してきた電子を，図7に示すような試料より後方に置かれた環状の検出器で捉えて拡大像を得る走査透過電子顕微鏡（STEM）法の分解能も収差補正技術の実用化によって大きく改善され，今日では非常に広く活用されている[6]。環状検出器は低角散乱電子用と高角散乱用があり，カメラ長を変えることによって，検出器に取り込む散乱電子の散乱角度範囲を調節することができる。100 mrad付近の高角度に散乱した電子で結像する高角度環状暗視野（HAADF）像では，原子番号の自乗Z^2にほぼ依存するコントラストが現れ，コントラストの違いから試料を構成

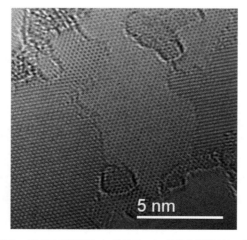

図6　80 kVで観察したグラフェンの高分解能TEM像

第2章　透過型電子顕微鏡（TEM）

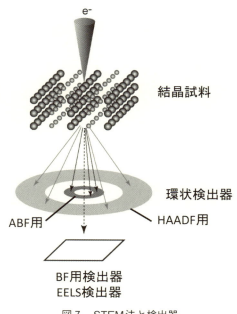

図7　STEM法と検出器

する原子種の存在位置を知ることができる。TEM像のように電子波の干渉による結像でないため，像解釈が直接的であるという特徴があり，今日では結晶性物質の原子構造の解析に広く応用されている。図8はナノメートルサイズのPtCo合金粒子をHAADF法で観察した例であるが，粒子の表面の構造が明瞭に観察できるとともに，PtとCo原子の分布を反映した原子コラムのコントラスト変化が現れている。

一方，10 mrad程度の低角度に散乱した電子で結像する環状明視野（ABF）像では，HAADF像と比べて像強度の原子番号（Z）依存性が弱くなるため，リチウムや酸素原子のような軽い原子のコラムも観察することができる[7]。最近では水素原子の存在位置がABF像で示された研究成果も報告されている[8]。図9に酸化セリウム（CeO_2）結晶のHAADF像とABF像を示す[9]。図9(a)のHAADF像では，原子番号Zの大きいCeの原子コラムのみが明るいコントラストで観察できており，Zの小さい酸素原子コラムは全く見えていない。一方，図9(b)の環状明視野（ABF）像では，Ce原子コラムとともに酸素原子コラムがうっすらとではあるが現れている。

STEM法では，このような像観察と同時に試料の局所領域から発せられたX線のエネルギースペクトル（XEDS）や電子エネルギー損失スペクトル（EELS）の取得も可能であり，元素分布を示すマップや局所的な原子結合状態の解析も行われている[10]。

図10は，TiO_2を添加したAl_2O_3を高温で焼結した後のTiとOの状態をEELSで解析した結果である[11]。Ti^{4+}状態にある標準物質のTiO_2からのEELSと比較して，焼結後のTiO_2粒子からのそれらでは，ピークが低エネルギー側にシフトしているのが見られ，焼結によってTiが一部還元されて

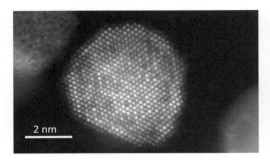

図8 PtCo合金ナノ粒子のHAADF像

図9 CeO_2結晶(蛍石型結晶構造)の[001] HAADF像(a)とABF像(b)

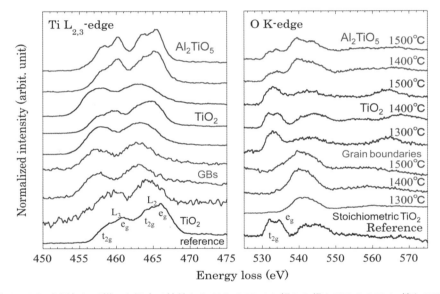

図10 TiO_2を添加して様々な温度で焼結したAl_2O_3のTi-rich相から得たEELSのTi L_{23}端とOK端
最下部はTiO_2標準試料からのスペクトル。

いることを示唆している。一方，さらに高温での焼結で形成されるAl_2TiO_5からのEELSは標準物質からのそれに似ており，Ti^{4+}状態にある。EELSはこのように局所領域にある元素の結合状態や電子軌道に関する解析に広く用いられている。最近では，冷電界放出電子銃や入射電子のモノクロメーターが発達して，従来と比べてEELSのエネルギー分解能が大きく改善されてきており，ナノ粒子の局在プラズモン励起状態の解析なども可能になってきている[12]。

　一方，TEM/STEMによるX線元素分析は，試料が薄膜であることから電子ビーム径程度の空間分解能が得られ，古くから広く利用されてきた。X線検出器はなるべく試料に近づけて置く必要があるが，TEM/STEMの試料室は対物レンズの中にあって複雑な構造をしており，スペースが限られてさまざまな制約があり，コンパクトで同時に多元素の解析が可能な半導体のエネルギ

第2章 透過型電子顕微鏡（TEM）

一分散型X線検出器（XEDS）が一般に広く利用されている。半導体検出器を装着した実用的な分析電子顕微鏡が登場して30年ほど経過しているが，その間に基本的な構造はほとんど変わっていない。徐々に検出素子は大きくなり素子の受光面積が30〜50 mm^{2}のSi（Li）検出器がTEM/STEMに装着されるようになったが，そのときに検出器がX線を受け入れることのできる立体角Ωは0.2 sr（ステラディアン）程度であった。X線は電子ビームの照射領域から四方八方つまり，全空間立体角：4π srに放射されるが，このような検出立体角では実際に測定されるのは，放射X線の高々1〜2％程度にすぎず，効率が悪い。そのため，信頼に足るX線シグナル量を得るには，必然的に計測時間が長くなり，その間の試料の損傷，汚染，ドリフトなどで適応可能な試料や空間分解能に制限が生じていた。X線の検出立体角Ωを増やすには，試料と検出器の距離を短くするか，検出器の受光面積を大きくするしかないが，幾何学的制約が厳しく両方を同時に満足させるのは簡単ではない。また，Ωが大きくなって受光効率が改善されても，それに併せてシグナルの処理速度も改善されなくてはならず，従来のSi（Li）検出器では処理能力の点でもなかなか難しいところがあった。

最近，シリコン・ドリフトディテクター（SDD）と呼ばれる新しいタイプの半導体検出器が急速に普及しつつある[13]。これは中心部のアノード（n型半導体層）周囲にカソード（p型半導体リング）が円環状に配置された構造になっており，pリングが形成する電位勾配により電子がドリフトしてn層で集荷される。このような構造のため，検出時間の短縮，時定数の短縮，低静電容量化，n層（アノード）の面積の縮小化が実現され，Si（Li）型と比較してSDDは10倍以上の処理能力を有する。さらに，液体窒素冷却が不要（実際には，ノイズレベルを下げるために，ペルティエ効果を利用して-25〜-35℃に冷却），電荷集荷効果の向上によりエネルギー分解能が向上（120 eV）してS/N比も改善される，円筒形に限らずいろいろな形状の検出器を作れるといった利点があり，最近では受光面積が100 mm^{2}程度のSDDが球面収差補正高分解能電子顕微鏡に装着されて，1 srクラスの立体角が実現されている。

このような高感度X線検出器を使って，化合物結晶中の原子コラムを識別した例を図11に示す。(a)は，細く絞った電子ビームをチタン酸ストロンチウム（SrTiO$_3$）結晶の［001］方向から当てたときに放出されるX線の強度を計測したものであり，チタン原子コラムとストロンチウム原子コラムが明瞭に識別できる。このようなX線の原子コラムマッピングにより，板倉らはNd-Fe-B硬質磁性材料に保持力向上のためにドープした希少元素であるDyの結晶サイトを決定することに成功した[14]。また，末永らはわずか1個のEr原子からのX線シグナルを捕らえることにも成功している[15]。

高感度X線検出器の開発によって，原子分解能のX線マッピングの可能性が広がっただけでなく，体積が小さいナノ粒子の組成分析の信頼性が大きく改善してきている。ある固有X線ピークの測定強度をNとすると統計誤差は$\sqrt{N}$となるため，測定値の不確定度を10％以内とするには，少なくとも100カウント以上の測定値を得る必要がある。ナノ粒子は体積が小さいために，従来の装置では十分なカウントを得ることが難しかったが，その効率が大きく改善されたことで，ナノ粒

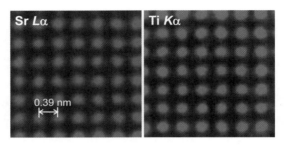

図11 Sr *Lα*, Ti *Kα* 固有X線による［001］SrTiO$_3$結晶の原子コラムマッピング
SrとTiの副格子がそれぞれ分離してマッピングされている。

子の組成定量の精度も大きく向上した。

文　　　献

1) B. Fultz, J. Howe, Transmission Electron Microscopy and Diffractometry of Materials, p.553, Springer（2013）
2) B. Kabius *et al.*, *J. Electron Micrscopy*, **58**, 147（2009）
3) 特集記事「収差補正技術を用いた応用研究最前線」, 顕微鏡, **41**, p.11-25（2006）
4) 阿部英司, 科学技術動向研究, 11月号, 9（2010）
5) Y. Kuwauchi *et al.*, *Nano Lett.*, **13**, 3073（2013）
6) S. J. Pennycook, P. D. Nellist(Eds), Scanning Transmission Electron Microscopy, Springer（2011）
7) 柴田直哉, フィンドレイ スコット, 幾原雄一, 顕微鏡, **46**, 55（2011）
8) S. D. Findlay *et al.*, *Applied Physics Express*, **3**, 116603（2010）
9) S. Takaki, K. Yasuda, T. Yamamoto, S. Matsumura, N. Ishikawa, *Nucl. Inst. Meth. Phys. Res. B*, **326**, 140（2014）
10) K. Suenaga, M. Koshino, *Nature*, **468**, 1088（2010）
11) H. Unno, Y. Sato, S. Toh, N. Yoshinaga, S. Matsumura, *J. Electron Microscopy*, **59**, S107（2010）
12) D. Rossouw *et al.*, *Nano Lett.*, **11**, 1499（2011）
13) P. Lechner *et al.*, *Nucl. Inst. Meth. Phys. Res. A*, **377**, 346（1996）
14) M. Itakura *et al.*, *Jpn. J. Appl. Phys.*, **52**, 050201（2013）
15) K. Suenaga, T. Okazaki, E. Okunishi, S. Matsumura, *Nature Photonics*, **6**, 545（2012）

2 TEM装置原理とTEM試料作製

清野智志[*]

2.1 はじめに

製品・部材の開発や製造にあたり，それらの評価，および解析，観察という手法は欠かせない項目である。昨今，製品の軽薄短小に伴う微細加工，また，微小材料やその複合材の適用は必須であり，それゆえ観察からの評価解析という点でミクロンからナノレベルのアプローチが必要となる。ミクロン，サブミクロンレベルの評価観察は，走査型電子顕微鏡（SEM）での対応となり，前処理を含めて比較的容易に観察が可能であるが，ナノレベルの微小領域や異種材界面観察，および原子・分子レベルの結合配置・組成構造の把握には透過型電子顕微鏡（TEM）観察が欠かせない。微小領域の観察という意味から高精度の装置が必要であるが，装置導入前の処理（薄片化）にも高い精度が求められる。ここではTEM装置原理と，TEMへ導入する前の薄片化手法，特にFIB法，ミクロトーム法について紹介する。

2.2 透過型電子顕微鏡（TEM）の原理[1)]

TEM（透過型電子顕微鏡）は，100 nm程度の薄膜試料に電子線を照射し，その際に試料内部を通過する電子を結合した透過電子像，回折・散乱された電子を結合する電子回折像，それらを観察することにより，試料の形状や物質の内部構造（結晶）などを観察できる装置である。

対象試料中を透過，回折した電子は対物レンズの磁場で曲げられ，対物レンズの後焦平面上に，試料の結晶構造を反映した電子回折像が現れ，対物レンズの像面上には拡大像が現れる。

画像の精度は，試料薄片化精度，ダメージ層の有無，試料構成・材質が反映される。そして画像の濃淡，つまり，透過，散乱は構成材料種，結晶構造・密度，原子・電子密度，そして原子結合間の極性・分極による双極子モーメントの有無大小が反映される。図1にTEM装置の原理概略を示す。

電子線回折像

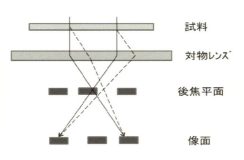

拡大像

図1　TEM装置原理図と得られる像

---

[*] Tomoyuki Kiyono　㈱アイテス　品質技術部　課長

2.3 多様な試料作製方法[1]

　TEM観察を行うにあたり，試料作製として今日まで多々の手法が確立されている。先に述べたFIB（収束電子イオンビーム）法，ミクロトーム法以外に粉砕法，電解研磨法，イオンミリング法などがあり，それぞれの手法に対して一長一短があるが，それらの手法で作製された試料でTEM分野が発展を遂げ，各分野の研究開発，あるいは製造現場の品質管理として産業の一翼を担っている。

　以下にFIB，ミクロトーム以外の作成方法とその特徴を紹介する。

(1) 破砕法

　試料を細かく粉砕し薄片化し溶媒にて希釈分散後，観察する。対象となる試料は，劈開性のある材料であり，手法としては簡便であるが試料の構造を破壊しているため結晶粒界や構造的な情報は得られない。

(2) 電解研磨法

　対象材料は電気伝導性となり，それを陽極として電解液中にて通電溶解し，薄片化する。材料ごとの電解液調整が必要であるが，その他電流電圧，温度の諸条件の調整が必要となる。

(3) イオンミリング法

　Arイオンを試料に照射し，照射面の原子を除去し薄片化する。対象物は，ほとんどの無機物でありFIB法によるダメージ層の除去にも適用される。FIB同様，イオンを照射するためダメージを抑えるために加速電圧，ビーム電流を下げる，また，ビーム照射角を下げるなどの調整が必要である。

2.4　FIB法によるTEM試料作製[2]
2.4.1　FIBとは

　FIBは，数～数百nm径に細く絞ったイオンビームを用いて，指定した目的の箇所を走査することにより，半導体や金属などの材料をエッチング加工できる装置である（写真1，2，図2）。

　その他，種々の膜（C：カーボン，W：タングステン，Pt：プラチナ）を局所的に成膜できるデポジション機能や，特定のガス（XeF_2：フッ化キセノン）などを局所的に吹き付けることにより，選択的なエッチング加工や，エッチング速度が速くなるガスアシスト機能も搭載されている。

　そのイオンビームであるが，加速されたGa（ガリウム）イオンを試料表面に照射することにより，構成されている原子や分子をはじき飛ばすスパッタリング現象を起こすことにより，サブミクロン精度で均一平滑な加工ができる。

　そのため，半導体デバイスの故障解析や品質管理など工業的にも幅広く採用されており，また，マイクロサンプリング法，リフトアウト法の併用により特定の箇所をプローブにて抽出しTEM支持体に固定しさらに薄片化が可能である。

　ここで，マイクロサンプリング法，リフトアウト法について簡単に説明する。

第2章　透過型電子顕微鏡（TEM）

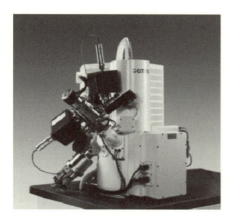

写真1　FIB装置

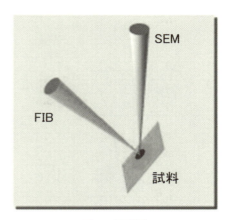

図2　原理図

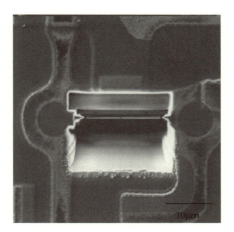

写真2　FIB加工

2.4.2　マイクロサンプリング法[3]

　マイクロサンプリング法とは，FIB加工により数mm角のバルク試料から直接数十μmの微小試料を取り出す方法である（図3）。

　加工工程は次のとおりである。
① 対象箇所にカーボン保護膜を蒸着する
② サンプル支持部を残しサンプリング領域周囲を削る
③ マニピュレータのプローブを試料に固定しサンプルを切り離す
④ 取り出したサンプルをTEM試料用メッシュに固定する
⑤ TEM観察に最適な厚みに仕上げ加工する

2.4.3　リフトアウト法[3]

　リフトアウト法とは，集束イオンビーム（FIB）装置を用いて，バルク試料から直接，透過型

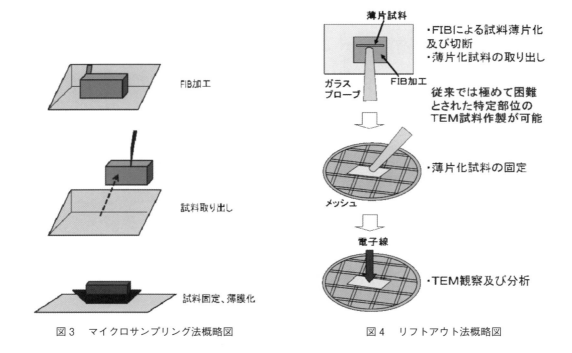

図3　マイクロサンプリング法概略図　　　　図4　リフトアウト法概略図

電子顕微鏡（TEM）試料を作製する方法で，バルク試料から直接ピンポイントでTEM試料の作製が可能である（図4）。

加工工程は，次のとおりである。
① バルク試料中のごく一部の10μm角程度のエリアをFIBで100μm以下の厚みに加工
② 光学顕微鏡で観察しながらマニピュレータの静電気にて薄片化試料の取り出し
③ 支持膜付きグリッドに移し替え固定する

2.4.4　FIB加工ダメージについて

FIBによるダメージ層の発現とその処理方法について解説する。先に述べたFIBの加工原理，つまり，加速されたイオンを試料表面に走査しながら試料構成原子を外部へ弾き飛ばすため，運動エネルギーを持った照射イオンは試料原子を弾き飛ばしながらさらに試料内部へと侵入し停止する。文献によると，Siでは30kvに加速されたGaイオンをSiに5°の角度で入射させた場合，深さ30nmまで侵入する。これが試料表面のアモルファスや欠陥生成の原因となる（図5）。

イオンは，一定の加速電圧で加速されると，試料表面に侵入直前には次式で示される運動エネルギーを持つ。

$$zeV = Mv^2/2 \tag{1}$$

V：加速電圧，M：イオンの質量，v：イオンの速度，z：イオンの電荷数，e：電気量

第2章 透過型電子顕微鏡（TEM）

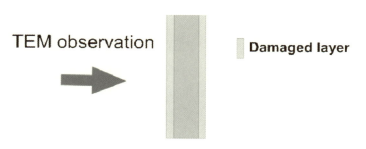

図5　ダメージ層イメージ図

　Gaイオンは，試料材質や組成構造にもよるが，ある抵抗（R）を受けながら，深さdで停止する。

$$Mv^2/2 = R \cdot d (=W) \qquad (2)$$

　Rは抵抗であるが，試料侵入直前に保有していた運動エネルギーが試料構成材料にダメージ（仕事W）を与えるエネルギーなどに充てられたことを意味する。
　(1)，(2)式より(3)式が得られるが，式より，加速電圧を上げるほど，そして試料材質由来の抵抗Rが小さいほど試料のダメージおよびダメージ深度は大きくなる。

$$d = zeV/R \qquad (3)$$

　この加工ダメージは，TEM観察において不明瞭なコントラスト原因となるため観察前の除去が必要であり，FIBダメージ層を除去する方法には以下のものがある。
① FIB加工補助ガスの使用
② 化学薬品による表面腐食法
③ ドライエッチング
④ 低加速Gaイオンビームの使用
⑤ Arイオンによるイオンミリング

　ここでは⑤のArイオンによるイオンミリングについて説明する。
　マイクロサンプリングなどにより，TEMを薄い金属箔の上に固定し薄片化した後，FIBダメージ層をArイオンビームにて除去する（図6）。
　金属箔への固定は，タングステンやカーボン蒸着で行い，FIB薄片化後，Arイオンビームを照射し仕上げる。これより，機械研磨後のArイオンミリングと同等の仕上げ面となり，TEM画像の精度が向上する（写真3，4）。

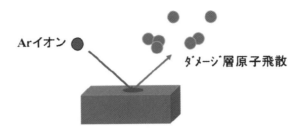

図6　Arによるダメージ層除去イメージ図

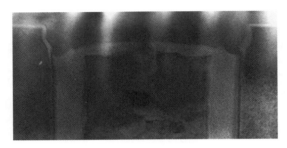

写真3　ダメージ層除去前のTEM像

写真4　ダメージ層除去後のTEM像

2.5　ミクロトーム法によるTEM試料作製

　ダイヤモンドナイフやガラスナイフの刃を用いて試料から薄片を切り出す方法である（写真5，図7）。

　適用対象物は高分子材料や生物材料などの有機材料である。これらの有機材料は柔らかいため硬化性樹脂などで包埋しトリミング後に薄片化するか，または凍結などの前処理が必要である。

　ミクロトーム法による薄片化のフローは次のとおりである。

① ガラスナイフの作成
② 樹脂包埋，およびトリミング
③ 切り出し薄片化

次に各フローについて簡単に解説する。

第2章 透過型電子顕微鏡（TEM）

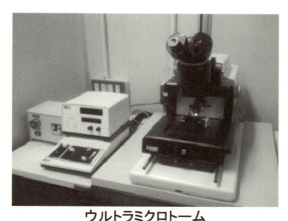

ウルトラミクロトーム

写真5　ミクロトーム装置

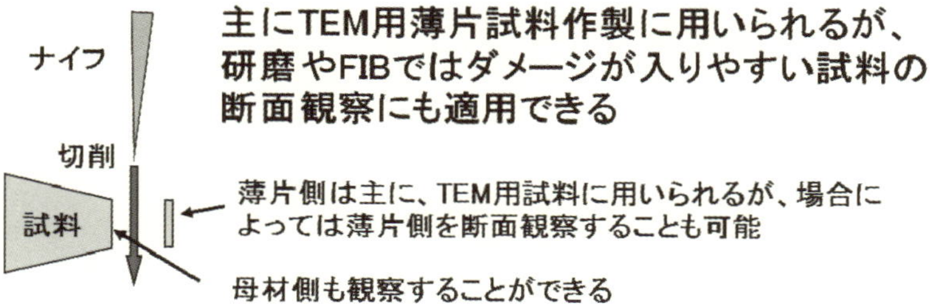

図7　試料加工イメージ図

2.5.1　ガラスナイフ作製（図8）

市販のガラスナイフ用ガラスをナイフメーカー装置により作製する。ガラスを固定し表面に傷をつけ曲げのテンションを加えてガラスを割る。ガラスがゆっくり割れるようにテンションを加えると良好なナイフが得られる。

2.5.2　樹脂包埋，およびトリミング

既述のように対象試料が有機材料であることから，そのままでは薄片化が難しいため適当なサイズに切り出した試料を硬化樹脂で包埋する。包埋に使用する材料としては，電子線に対し安定であり，また試料固定のために浸透性のよい，低粘度の材料を使用する必要があり，エポキシ樹脂の使用が一般的である。対象試料の材質の確認は必須であり，包埋樹脂材料との親和性・相溶性によっては試料の変質膨潤などの不具合が生じることもあり注意が必要である。また，試料と包埋樹脂との密着性を向上させるためにシランカップリング剤を添加するケースもある。

エポキシなどで包埋した試料は，ミクロトーム加工の前処理として先端を1mm四方ほどにヤスリやカミソリで小さくし，ミクロトーム刃と接する面は滑らかにする必要がある。

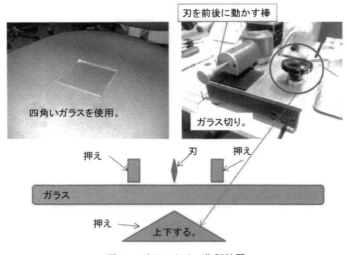

図8　ガラスナイフ作製装置

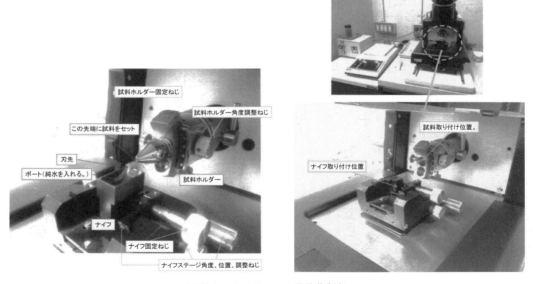

写真6　ミクロトーム薄片作製部

2.5.3　ミクロトームによる切り出し薄片化（写真6）

樹脂包埋，およびトリミングした試料をミクロトームにセットし切り出す厚みと加工速度を調節する．切削中，ルーペで確認しながら行う．作業としてはそれなりの熟練を要する．以下，作業フローである．

① 試料とナイフをセットする

第2章 透過型電子顕微鏡（TEM）

② 試料に応じたホルダーを選択しホルダーに試料を取り付けホルダーをセットする
③ ガラスナイフをセットして試料とナイフの位置と角度を決める
④ 目的箇所近くまで切削する
⑤ ガラスナイフを外しダイヤのナイフに取り替える
⑥ ナイフと試料の位置を調整し切削する

2.6 おわりに

　TEM装置による観察において，前処理プロセスとなる薄片化およびダメージ層除去の重要性について説明したが，ナノレベルの観察を行う以上，それはつまり原子，電子レベルへのアプローチとなるが，それゆえ観察対象となる材料構成，材料特性の把握，そして無機化学，有機化学，物理化学分野の精通と知見が取得したデータ，つまりTEM写真，電子線回折などの解釈・考察には不可欠であり，これらの知識がまた，薄片化プロセスにおける精度，および良・不良の判断に活かされると考える。

　観察という分野において，最高峰であるTEM観察を極めるために，上述の知見ならびに，前処理技術，観察テクニックと解釈力・考察力はどれも欠くことのできない要素であると考える。

文　　献

1) 斎藤徳之，荒井重勇，ミクロトームを用いた透過電子顕微鏡観察用超薄切片の作成，名古屋大学工学研究科・工学部「技報」，vol.10（2008）
2) 佐々木宏和，加藤丈晴，松田竹善，平山司，FIBを用いたTEM試料作製技術顕微鏡，**46**(3)（2011）
3) 朝倉健太郎，平坂雅男，為我井晴子，失敗から学ぶ電子顕微鏡試料作製技法Q&A，アグネ承風社（2006）

3 電子線トモグラフィによる高分子立体構造観察

藪　浩[*1], 陣内浩司[*2]

3.1 電子線トモグラフィの基礎
3.1.1 背景

　電子顕微鏡は電子をプローブとして物質の構造を観察するための装置であることは良く知られている。1887年，J. J. トムソンにより「電子」が発見されて以来，この粒子線に関する重要な知見が次々と得られた。1924年ドゥ・ブロイは電子が波動としての性質を持ち光よりも短い波長であることを理論的に明らかにした。その後，ブッシュは銅線を巻いた電磁コイルと電界コイルにレンズ特性があることを発見し（1926年），さらにG. P. トムソンは電子が高電圧にて加速されると金属薄膜を透過することを見いだした（1927年）。そして，1929年，エルンスト・ルスカは「高電圧陰極線オシログラフ（単磁界レンズ）」を作りその光学的作用を体系的に研究した。電子顕微鏡の発明である。

　電子顕微鏡と一口に言っても，本書の別項にも詳しいように，試料を透過した電子を用いて微細構造を観察する「透過型電子顕微鏡（Transmission Electron Microscope, TEM）」，物体に細い電子線（電子プローブ）を照射し，そのときに発生する2次電子や反射電子を用いて表面形態などの観察を行う「走査型電子顕微鏡（Scanning Electron Microscopy, SEM）」など多種多様な装置が実用化されている。近年では，試料を透過した電子のエネルギー分析を行うことで物体中の元素の分布を可視化することもできるし，電子プローブの照射点から発生する特性X線を利用して照射点近傍の微小領域での元素分析を行うことも可能である。また，試料は必ず真空下に置くという電子顕微鏡における従来の常識に対して，大気圧下にある試料のナノ観察も可能とするSEMが出現するなど[1]（第3章第4節）[1]，ハードウェア面での発展も著しい。光学系においても，収差補正レンズの発明により電界コイルのレンズ特性が劇的に改善され，分解能もナノメートル（nm）を超えてピコメートル領域に入った。物質の原子像を観察することはもはや一部の研究者に許された特権ではなくなっている。

　このように微細構造を観察する手法として究極の分解能を手に入れるに至った電子顕微鏡であるが，実はルスカの「電子顕微鏡の基礎研究と開発」に対するノーベル物理学賞受賞（1986）以後も解決されない重大な欠点があった。"次元"の問題である。TEMでは物質を透過する際の電子の吸収によりコントラストが生じるので，試料を厚さ数十nmの超薄片にして観察する。しかし，試料をいかに薄くしても電子線の進行方向（深さ方向）には構造があるわけで，TEMでは，この方向の構造情報は重畳し失われてしまう。例えば，TEM像でネットワークのように見える構造でも，実は球構造が試料内で適当に分散していることもある。つまり，2次元の画像から物質の3次元構造を同定することは（当たり前だが）難しい。

---

　*1　Hiroshi Yabu　東北大学　多元物質科学研究所　准教授
　*2　Hiroshi Jinnai　東北大学　多元物質科学研究所　教授

第2章　透過型電子顕微鏡（TEM）

　物理から生命科学にわたる広範な科学分野において，低い次元のデータ（2次元透過像）から高い次元の"構造情報（3次元構造）"を引き出したいという欲求は古くよりある。最初の挑戦は1956年に天文学にまでさかのぼる。ここでは1次元の電波望遠鏡データから2次元の太陽マイクロ波放出マップを再構成する方法が提案された。この研究のベースとなる数学的な考察は，1917年に発表されたRadonの論文にさかのぼることができる[2]。1963年にはコンピューター断層再構成法（CT）の医学用途への可能性が示され[3]，X-ray computed tomography scanner（いわゆる"CTスキャナー"）の実現がCormackとHounsfieldにノーベル賞をもたらした（1979年）。CTスキャナーでは装置が人間の周囲を回転して異なる角度からの人間の透過像を撮影するが，TEMでも試料を電子線に対して傾斜させれば角度の異なる透過像を撮影することができる。このようにTEMにCTを応用した電子顕微鏡法は「電子線トモグラフィ（Electron Tomography）」と呼ばれ，コンピューターの高速化と記憶媒体の大容量化を背景に急激に発展してきた[4]。

　電子線トモグラフィでは，上記のように，試料を高角度まで傾斜させながら連続的にTEM像を撮影し，得られた一連の連続傾斜像からその切片の3次元情報を再構築する（図1に概念図を示す）。最近では，ソフトウェアの発達とともにTEMによる連続傾斜像の撮影が自動化され，傾斜時の位置ずれや焦点ずれを補正しながら，1時間程度で100枚以上の画像が撮影可能となりつつある。Radon変換⇔逆Radon変換に基づく再構成法の原理や詳細については紙面の都合上割愛するが，興味のある読者は成書をご参照頂きたい[5]。

　高分子科学に電子線トモグラフィが導入されたのは1988年のR. J. Spontakのブロック共重合体シリンダー状ミクロ相分離構造の観察が最初であろう[6]。2000年以降，この手法は様々なミクロ相分離構造やナノコンポジット材料に応用され大きな成果をあげている[7]。ミクロ相分離構造は，従来，高分子統計力学の観点から盛んに研究されてきたが，最近はナノ多孔体・燃料電池のセパレータ（プロトン伝導膜）・高密度磁気記憶媒体など実用材料のためのテンプレートとしての利用

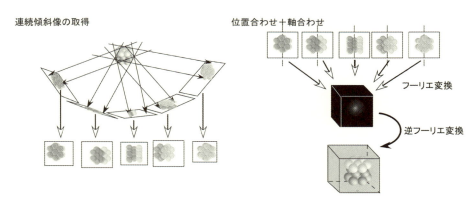

図1　電子線トモグラフィの概念図
　最初のプロセスである連続傾斜像の取得時，視野領域の中心に観察対象像があるとは限らず，これらの画像補整（位置合わせ＋軸合わせ）の後，3次元再構築像が得られる。（文献5a）より許可を得て転載）

が模索されており，さらに大きな広がりを見せている。これらの先端材料における空隙率・強度・拡散などの諸特性は，球状・シリンダー状・ラメラ状・共連続状などのミクロ相分離構造[8]のうちどの3次元形態を選択するかによって大きく左右されるため，電子線トモグラフィによる3次元構造評価が欠かせない。ブロック共重合体の自己組織化では，相分離空間を制限することでバルク状態（空間無制限状態）では出現しない特異かつ精緻な3次元構造を作り出すことができることが明らかになっており，応用を目指した様々な研究が行われている。このようなブロック共重合体研究に電子線トモグラフィを用いた具体的な例については次項（3.2）にて詳しく解説する。

3.1.2 最近の動向

高分子に代表されるソフトマテリアルの特徴の一つは構造の階層性であり，数～数百nm（あるいは数μm）に相当するメゾスケール構造のキャラクタリゼーションが重要である。最近になって，SEMと集束イオンビーム装置（Focused Ion Beam, FIB）を組み合わせ，FIBで試料の表面を"薄皮を剥がすように削り"ながらその断面をSEMにより撮影する，という手順を繰り返すことで3次元データを得る手法も出現し注目を浴びている（FIB-SEM法）。FIB-SEM法によるとメゾスケールの3次元観察が可能となるが，FIBによる高分子材料の切削の困難さやコントラスト不足など，解決すべき問題もある。電子線トモグラフィにおいても，集光した電子ビームを試料面で走査し，試料から散乱した電子の強度を観察する走査型透過電子顕微鏡（Scanning Transmission Electron Microscopy, STEM）によるトモグラフィがメゾスケール構造観察に有効である[9]。

以上のような大体積イメージングの流れに対して，高分解能を極限まで追求した研究例として，University of Antwerpの研究グループが報告した金ナノロッドの見事な3次元原子像観察がある[10]。高分子は金属に比べると巨大で不定形であることから，高分子研究における原子分解能3次元観察の有効性は必ずしも明らかではないが，金属や無機材料を含むハイブリッド材料の金属（無機）―高分子界面の解析には重要と考えられる。今後，電子線トモグラフィは，エネルギー分散型X線分析（Energy Dispersive X-ray spectrometry）や損失電子エネルギー分光法（electron energy loss spectroscopy）などの元素識別イメージング，電子線回折やSTEMなどによる新しいコントラスト生成技術，温度やガス下などの様々な試料環境下での電子顕微鏡観察法，などとの組み合わせによりさらに発展すると思われる。

3.2 電子線トモグラフィの高分子分野における応用例
3.2.1 高分子微粒子の立体構造観察

ここでは，電子線トモグラフィをブロック共重合体の自己組織化に応用した実験例を示す。筆者らは疎水性高分子を水と混和する有機溶媒に溶かし，水を加えた後，有機溶媒を蒸発除去することにより，高分子を微粒子として析出させる「自己組織化析出（Self-Organized Precipitation, SORP）法」を報告している（図2）[11]。本手法は水よりも沸点の低い有機溶媒を用いること，有機溶媒と水が良く混和することなどの条件を満たせば，簡便に多様な高分子材料から微粒子を得

第2章 透過型電子顕微鏡(TEM)

ることができる手法である。粒径は高分子の濃度や貧溶媒の量,蒸発速度などに依存し,数十nm〜数μmの間で制御できる。

本手法の特徴は上記の条件を満たせば,多様な高分子材料から微粒子を作製できることである。その中でも,異種高分子の混合物であるポリマーブレンドや,末端で異種高分子が結合したブロック共重合体などは,バルクで相分離構造を形成することから興味深い材料であることは上にも述べた。特にブロック共重合体は異なる高分子鎖が末端で結合し,分子鎖長程度のミクロ相分離構造を形成する。ミクロ相分離構造の形態は共重合比と各鎖の相溶性に依存し,片方の鎖の体積分率が低い方から球状,シリンダー状,共連続などの相を経て,ほぼ1:1の体積分率の場合,ラメラ状の相分離構造を形成する[8]。また,周期長はブロック共重合体の分子量に依存する。これらの材料からSORP法を用いて微粒子を作製すれば,相分離構造に基づく微細構造を微粒子内に形成させることができると期待される。

図3にポリスチレン(PSt)とポリ(1,4-イソプレン)(PI)からなるポリマーブレンドとブロック共重合体からなる微粒子のSTEM像(Zコントラスト像)を示す[12]。有機高分子は構成する高分子鎖間の電子密度差が小さく,コントラストが弱いため,PI部位はOsO_4により染色している。ポリマーブレンドの場合,ポリマーは微粒子中で混ざり合うことなく相分離構造を形成し,各半球をそれぞれの高分子が占めるヤヌス型の微粒子が得られた。

一方,ブロック共重合体の場合はPSt・PI鎖が末端で結合しているため,相分離構造の周期は分子鎖長程度(この場合は20 nm程度)に制限され,ラメラ状のミクロ相分離構造を形成する。このような相分離構造は基本的にバルクでの相分離構造を反映している。この結果から,微粒子内部に相分離構造に基づく微細構造が形成されていることがわかる。

しかし,ブロック共重合体の相分離構造の周期に対して,微粒子の粒径を小さくしていくと,周期に対して粒子のサイズが整数倍にならず,その結果,バルクとは全く異なる非常に複雑かつ興味深いミクロ相分離構造を形成することが分かってきた。このような効果は閉じ込め

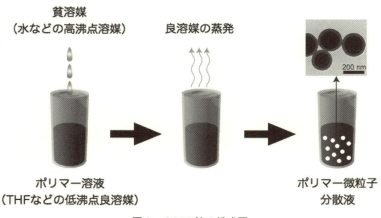

図2 SORP法の模式図

産業応用を目指した無機・有機新材料創製のための構造解析技術

（Confinement）効果と呼ばれ，薄膜のように膜厚方向への閉じ込めを1次元[13]，陽極酸化によって得られるアルミナ多孔膜のような筒状の構造中への閉じ込めを2次元Confinementと呼ぶ[14]。微粒子中での閉じ込めは3次元のConfinementであり，高分子のミクロ相分離がナノスケールでどのように振る舞うか理解するには興味深い研究対象である。そこで，SORP法を用いて，サイズ比率（粒子径（D）／ミクロ相分離の周期長（L_0））を様々に変化させ，粒子を作製し，その構造を透過型電子顕微鏡で観察した結果を図4に示した[15]。本実験に使用したブロック共重合体の共重合比はほぼ1：1であり，バルクではラメラ相を形成するにも関わらず，複雑な構造が観察された。この結果は3次元的な閉じ込め効果が内部のミクロ相分離構造に大きく影響を与えることを如実に示すものである。しかしながら，従来のTEM観察により得られる像は2次元的な透過像であり，複雑な3

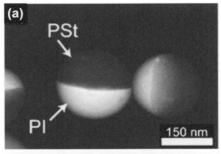

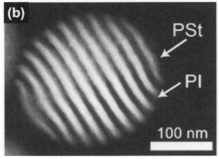

図3 ポリスチレン（PSt）とポリイソプレン（PI）のポリマーブレンド微粒子のSTEM像およびPStとPIの1：1ブロック共重合体から得られた微粒子のSTEM像（OsO_4によりPI部位を染色）
（文献12b）より許可を得て転載）

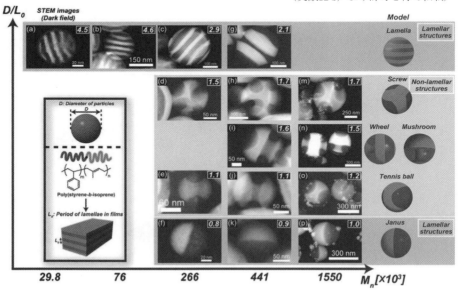

図4 種々の分子量のPSt-b-PIブロック共重合体から作製した微粒子のSTEM像と模式図
STEM像の右上の数字はD/L_0の値を示す。OsO_4によりPI部位を染色して観察。（文献15）より許可を得て転載）

第2章 透過型電子顕微鏡（TEM）

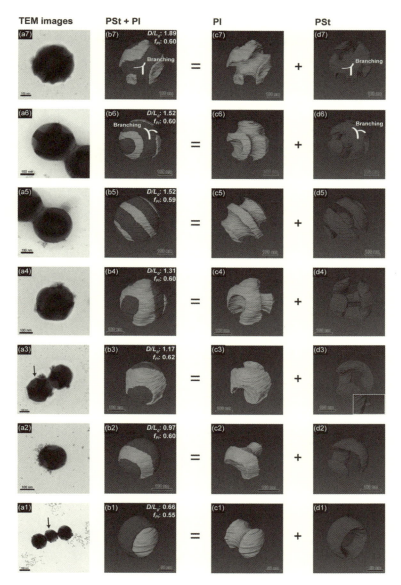

図5 高分子量のPSt-b-PIブロック共重合体から作製した微粒子のTEM像（a1～a7），PI，PSt相を再構成した透過電子顕微鏡トモグラフィ像（それぞれc1～c7，d1～d7），およびそのコンポジット像（b1～b7）

OsO_4によりPI部位を染色して観察。TEM像からは観察されなかった立体構造が透過電子顕微鏡トモグラフィ像では明確に観察された。（文献16）より許可を得て転載）

次元構造を理解することは難しかった。

そこで電子顕微鏡トモグラフィを用いて微粒子内部のミクロ相分離構造の3次元観察を行い，詳細な構造を明らかにした。図5に通常のTEM像，PSt，PI相のみを再構成した像，およびPSt・

PI相のコンポジット像を示す[16]。2次元像からは染色されたPI相は厚み方向に投影された像であるため，詳細な構造は観察できない。それに対して，再構成像ではリング状の相分離構造を持つPSt相が，粒子径の増大に伴い，分岐し，PI相に巻き付くようにらせん状の相分離構造を形成していくことが明らかとなった。また，D/L_0の値が1を超えたあたりから粒子の中心部に球状のPStドメインが形成されている様子も観察された。このような相分離構造は図4a1～a7）のような透過像からだけでは予想することは困難であることから，電子顕微鏡トモグラフィは微粒子内部の微細構造観察において非常に有用な観察手法であることがわかる。

3.2.2　無機—有機コンポジット材料の立体構造観察

無機物の機能性と有機物の易加工性を併せ持つ，無機—有機コンポジット材料中での無機物の空間的な分布を観察することについても有用である。金ナノ粒子は特徴的な表面プラズモン吸収を持ち，その吸収波長は粒径，配列，粒子間距離などのパラメータにより，可視光～近赤外領域まで変化する[17]。さらに，金ナノ粒子間隙においては表面プラズモンのカップリングにより，電場が増強される。このような場におかれた分子は電場増強の効果により，ラマン散乱の強度が著しく増強され，表面増強ラマン散乱が得られることが知られている[18]。金ナノ粒子を微粒子表面に高密度に配列させることにより，分散媒体中の分子を高感度に検出するセンサー基材となり得る。

末端にアミノ基を持つポリブタジエン（PB-NH2）とPStを混合し，SORP法により微粒子を作製すると，PB-NH2がシェル，PStがコアとなるコア—シェル型微粒子が得られる。このとき，アミノ基の極性を反映して，粒子表面は正に帯電する。ここにクエン酸還元などによって得られた，表面電荷が負である金ナノ粒子を加えると，高分子微粒子表面に金ナノ粒子が静電相互作用により吸着する[19]。この際PB-NH2の分子量が数千程度の場合，シェル相に流動性があることから，金ナノ粒子の吸着に伴い高密度に金ナノ粒子が配列する。図6に得られたコンポジット微粒子の走査型電子顕微鏡像を示す。粒子表面に金ナノ粒子が高密度かつ配列して吸着している様子がわかる[20]。

このようなコンポジット粒子における金ナノ粒子の空間配置を電子顕微鏡トモグラフィによって可視化した像を図7に示す。金ナノ粒子が高分子微粒子の表面に一層吸着し，ほぼ等間隔で周期的に配列している様子が観察された。

また，電子線トモグラフィによると無機物と高分子の相分離構造を同時に解析することも可能である。PStとポリアクリル酸（PAA）のブロック共重合体であるPSt-b-PAAを酸化鉄ナノ粒子と有機溶媒中で混合すると，PAAが酸化鉄ナノ粒子表面と相互作用することから，PA-b-PAAが酸化

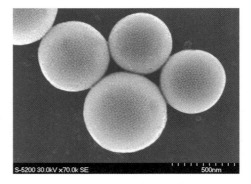

図6　金ナノ粒子—ポリマーコンポジット微粒子のSEM像
（文献20）より許可を得て転載）

第2章 透過型電子顕微鏡(TEM)

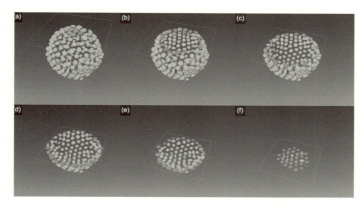

図7 透過電子顕微鏡トモグラフィにより図6に示したコンポジット微粒子の金ナノ粒子部位を再構成した像
(a)～(f)は微粒子の頂点からの断面形状を示している。(文献20) より許可を得て転載)

鉄表面に吸着し,有機溶媒中に酸化鉄ナノ粒子を可溶化できる[21]。有機溶媒に可溶化された酸化鉄ナノ粒子と,微粒子化するとヤヌス型の相分離構造を形成するPSt・PIポリマーブレンドの溶液からSORP法を用いて微粒子を作製すると,ヤヌス型の相分離構造を持つ微粒子が得られる。この際,PI相をOsO$_4$により染色して得られた透過電子顕微鏡像や,走査型電子顕微鏡像などからでは,酸化鉄ナノ粒子の精確な空間配置は判らない(図8)。
そこで,電子顕微鏡トモグラフィにより酸化鉄

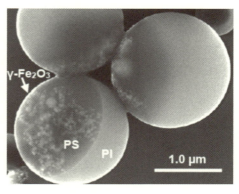

図8 磁性ナノ粒子(γ-Fe$_2$O$_3$ナノ粒子)を導入したヤヌス粒子のSTEM像
OsO$_4$によりPI部位を染色して観察。(Copyright (2011) American Chemical Society)

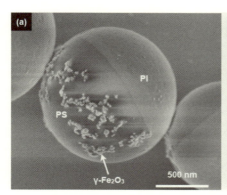
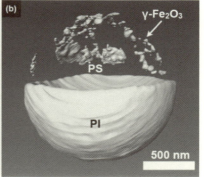

図9 図8に示したヤヌス粒子のSEM像および透過電子顕微鏡トモグラフィによりPI相とγ-Fe$_2$O$_3$ナノ粒子を可視化した再構成像
(Copyright (2011) American Chemical Society)

ナノ粒子および染色されたPI相のみを可視化した。その結果，酸化鉄ナノ粒子は染色されていないPSt相の表面に局在しており，PI相には導入されていないことが明らかとなった（図9）。この結果は，PSt-b-PAAで被覆された酸化鉄ナノ粒子はPST相と親和性が高く，PI相には分配せずに相分離構造を形成したことを示している。以上のように，電子線トモグラフィを用いることで，無機—有機コンポジット材料の内部構造を詳細に明らかにできる。

文　　献

1) M. Suga, H. Nishiyama, Y. Konyuba, S. Iwamatsu, Y. Watanabe, C. Yoshiura, T. Ueda, C. Sato, *Ultramicroscopy*, **111**, 1650-1658（2011）
2) J. K. A. Radon, *Math.-Phys.*, **69**, 262-277（1917）
3) M. Cormack, *J. Appl. Phys.*, **34**, 2722-2727（1963）
4) (a)H. Jinnai, R. J. Spontak, *Polymer*, **50**(5), 1067-1087（2009）; (b)H. Jinnai, T. Nishi, R. J. Spontak, *Macromolecules*, **43**(4), 1675-1688（2010）
5) (a)金子賢治，馬場則男，陣内浩司，顕微鏡，**45**(1), 37-41（2010）; (b)Frank, J. Electron Tomography: Three-Dimensional Imaging with the Transmission Electron Microscope, Plenum（1992）
6) R. J. Spontak, M. C. Williams, D. A. Agard, *Polymer*, **29**, 387-395（1988）
7) (a)H. Jinnai, Y. Nishikawa, R. J. Spontak, S. D. Smith, D. A. Agard, T. Hashimoto, *Phys. Rev. Lett.*, **84**(3), 518-521（2000）; (b)Z. Li, K. Hur, H. Sai, T. Higuchi, A. Takahara, H. Jinnai, S. Gruner, U. Wiesner, *Nature Communications*, **5**, 3247（2014）; (c)C. Y. Chu, X. Jiang, H. Jinnai, R. Y. Pei, W. F. Lin, J. C. Tsaic, H. L. Chen, *Soft Matter*, **11**(10), 1871-1876（2015）; (d)H. Jinnai, Y. Shinbori, T. Kitaoka, K. Akutagawa, N. Mashita, T. Nishi, *Macromolecules*, **40** (18), 6758-6746（2007）; (e)T. Higuchi, K. Motoyoshi, H. Sugimori, H. Jinnai, H. Yabu, M. Shimomura, *Macromol. Rap. Commun.*, **43**(18), 7807-7812（2010）
8) 西敏夫編集代表，高分子ナノテクノロジーハンドブック，エヌ・ティー・エス（2014）
9) S. Motoki, T. Kaneko, Y. Aoyama, H. Nishioka, Y. Okura, Y. Kondo, H. Jinnai, *J. Electron. Microsc.*, **59**, S45-S53（2010）
10) B. Goris1, S. Bals1, W. Van den Broek, E. Carbó-Argibay, S. Gómez-Graña, L. M. Liz-Marzán, G. Van Tendeloo, *Nature Materials*, **11**, 930-935（2012）
11) H. Yabu, *Polym. J.*, **45**(3), 261-268（2013）
12) (a)H. Yabu, T. Higuchi, M. Shimomura, *Adv. Mater.*, **17**(17) 2062-2065（2005）; (b)T. Higuchi, A. Tajima, H. Yabu, M. Shimomura, *Soft Matter*, **4**(5), 1302-1305（2008）
13) A. Knoll, A. Horvat, K. Lyakhova, G. Krausch, G. Sevink, A. V. Zvelindovsky, R. Magerle, *Phys. Rev. Lett.*, **89**, 035501（2002）
14) P. Dobriyal, H. Xiang, M. Kazuyuki, J.-T. Chen, H. Jinnai, T. P. Russell, *Macromolecules*, **42**, 9082-9088（2009）

15) T. Higuchi, A. Tajima, K. Motoyoshi, H. Yabu, M. Shimomura, *Angew. Chem. Int. Ed.*, **47**(42), 8044-8046 (2008)
16) T. Higuchi, K. Motoyoshi, H. Sugimori, H. Jinnai, H. Yabu, M. Shimomura, *Soft Matter*, **8**(14), 3791-3797 (2012)
17) J. A. Fan, C. Wu, K. Bao, J. Bao, R. Bardhan, N. J. Halas, V. N. Manoharan, P. Nordlander, G. Shvets, F. Capasso, *Science*, **328**, 1135-1138 (2010)
18) M. J. Mulvihill, X. Y. Ling, J. Henzie, P. Yang, *J. Am. Chem. Soc.*, **132**(1), 268-274 (2010)
19) M. Kanahara, M. Shimomura, H. Yabu, *Macromol. Mater. Eng.*, **299**(4), 478-484 (2014)
20) M. Kanahara, H. Sato, T. Higuchi, A. Takahara, H. Jinnai, K. Harano, S. Okada, E. Nakamura, Y. Matsuo, H. Yabu, *Part. Part. Syst. Charact.*, **32**(4), 441-447 (2015)
21) H. Yabu, M. Kanahara, M. Shimomura, T. Arita, K. Harano, E. Nakamura, T. Higuchi, H. Jinnai, *ACS Appl. Mater. Interf.*, **5**(8), 3262-3266 (2013)

4　TEMによる炭素材料の観察・分析

吉澤徳子[*]

4.1　炭素材料の基礎的知見とその分類

炭素材料は「古くて新しい材料」と呼ばれる通り，昔から木炭・活性炭として利用され，加えて現代ではカーボンブラック・製鉄用黒鉛電極・炭素繊維および複合材・リチウムイオン電池電極など，生活基盤を支える幅広い産業分野に活用されている。一方でフラーレンやカーボンナノチューブ，グラフェンなどのナノカーボン類が発見・合成され，その形態に由来する特異な物性との関連から注目を集めている。

元素としての炭素はsp，sp^2，sp^3の3通りの混成軌道を取るが，産業用として一般に「炭素材料」と呼ばれるものは主にsp^2結合で構成され，炭素六角網面を基本構造とする。その意味では黒鉛（六方晶系，$P6_3/mmc$）が究極の炭素材料である。しかし多くの炭素材料は多結晶組織であり，有限サイズの炭素六角網面がファンデルワールス力により平行に並んだ積層構造を結晶子とする。炭素六角網面の2次元性，すなわち網面に平行方向と垂直方向で電気的・機械的物性が大きく異なる性質により，炭素材料における結晶子のサイズおよび配向状態はその材料全体の特性に重大な影響を及ぼす。このような背景から，炭素材料のTEM観察に関しては，結晶子の配向方向およびその程度を評価する研究が1980年代までに進展した。特にOberlinらがTEM観察技法を駆使した成果を多々残している[1]。

一方，1990年代以降は炭素六角網面1枚から数枚により形作られる，ナノカーボン類の研究が進展しつつある。特に飯島によるカーボンナノチューブ発見の功績[2]にTEMが果たした役割は大きい。また後述するように，収差補正装置の開発がナノカーボン類の研究開発を加速し，ナノカーボン類の研究でTEMはほぼ必須のツールと言ってよい。

以下，本節では炭素材料を「産業用炭素材料」「ナノカーボン類」の2つに分け，それぞれの構造的特徴とTEM観察・分析例を紹介する。なお，本来「グラフェン」が炭素六角網面1枚から構成される物質を指す点を鑑み，ここでは「炭素六角網面」を"構造"を指す単語として，「グラフェン」を"物質"を指す単語として使い分けるものとする。

4.2　産業用炭素材料

4.2.1　産業用炭素材料の特徴

このカテゴリーの炭素材料の基本構造である，六方晶黒鉛の構造モデルと結晶構造パラメータを図1に示す。理想的な黒鉛結晶は3次元的な規則性に従い網面が配列し面間隔（d_{002}）が$c/2$＝0.3354 nmとなるが，黒鉛化が不完全な場合は網面が規則性を持たず平行に並ぶのみで，面間隔は0.34～0.35 nm程度と黒鉛結晶より大きい。このように規則性の低い積層状態は乱層構造と

---

[*]　Noriko Yoshizawa　国立研究開発法人 産業技術総合研究所　創エネルギー研究部門
エネルギー変換材料グループ　研究グループ長

第2章　透過型電子顕微鏡（TEM）

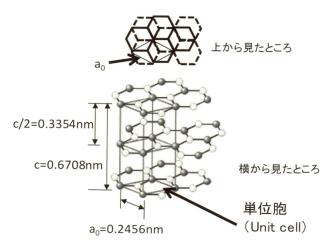

図1　六方晶黒鉛の構造モデルと結晶構造パラメータ

呼ばれる。TEM観察では網面間の積層構造による（002）面，網面内の2次元的規則性による（100）面と（110）面が観察対象とされる場合が多い。乱層構造が含まれる場合はc軸方向の構造規則性の欠如により，電子線回折像で（10l）面あるいは（11l）面（l＝0, 1, 2, ...）による一連の回折が分離せず連続的なブロードなピークとなる。これらブロードなピークを10回折，11回折と呼ぶ場合がある。

　産業用炭素材料の多くは，原料となる有機物を非酸化雰囲気で熱分解することで製造される。一般には処理温度上昇により500℃程度まで芳香族化・重縮合化が進行する。この段階までに形成された縮合環群による分子配向は，より高温での炭素化過程においても概ね維持される。つまり縮合環がほぼ平行に配列する組織の場合，既に結晶子の相互配列が整っていることから，網面サイズや積層構造の発達による結晶子の拡大が容易に進行し，3000℃までの間に黒鉛化が進行する。一方，縮合環どうしの方位が乱雑な組織の場合は，結晶子の合体による平面的な配列および成長が妨げられる結果，3000℃では炭素の湾曲した面からなる多孔質組織が形成される。前者は易黒鉛化性炭素（ソフトカーボン），後者は難黒鉛化性炭素（ハードカーボン）と呼ばれる[3]。図2に易黒鉛化性炭素・難黒鉛化性炭素の炭素002格子像と電子線回折像の例を示す[4]。多くの炭素材料は両者の中間的な構造を有し，熱処理温度の上昇により網面サイズおよび積層構造が拡大し黒鉛化が進行する。

　なお，以上の説明は3000℃程度までの高温で処理された炭素材料の構造に関する説明であるが，1000℃程度までのより低温で製造される炭素材料も数多く存在する。コークス類や活性炭はその一例である。このような温度域では数nmの炭素六角網面による結晶子の成長が不十分で，局所的な配向組織が存在するのみである[5]。またシリカなど酸化物を鋳型（テンプレート）とし，CVD法などを利用して特定の形状を炭素に付与した後に鋳型を除去することで，nm〜μmオーダーの微視的構造が制御された炭素粒子を調製できる。鋳型としてアルミナ陽極酸化膜やゼオライトを

利用した炭素粒子[6,7]，微小マグネシア粒子を利用した多孔質炭素[8]などの例が報告されている。これら鋳型による炭素粒子も数百℃での熱履歴を経たのみであり，炭素組織が未発達で結晶性が低い場合が多い。

参考までに，低結晶性の炭素材料に関し，その構造はいまだ明確にされていない点があり，学術論文などでもアモルファス組織とひとくくりに表現されることがある。このような組織の評価に対し，電子エネルギー損失分光法（EELS）が有効な場合がある。炭素材料のEELSについてはナノカーボン類の項目でも記述するが，炭素六角網面を基本構造とする組織の場合はsp^2結合の存在による特有のピークが観測される。すなわち，低エネルギー損失領域においてπ電子プラズモンピークが6 eV付近に，また炭素K殻電子励起を示す285 eV付近のピーク（Kエッジとも呼ばれる）の立ち上がり部分に1s→π*遷移によるピークが現れる。これらピークの存在はsp^2結合による構造を含む炭素構造とsp^3結合のみから構成されるダイヤモンド構造とを区別する上で極めて有効な判断基準となり，例えばダイヤモンドライクカーボン（DLC）の構造解析においてEELSが重要な解析手法として用いられてきた[9]。

4.2.2 観察・分析例

産業用炭素材料における結晶子のサイズおよび配向状態を評価する方法として，電子線回折像，明視野像／暗視野像，格子像観察が利用されてきた。

図2に示す通り，高結晶性組織の場合，回折像は黒鉛結晶構造を反映したスポット状となる。格子像は炭素網面の積層構造に対応する炭素002格子像が比較的観察しやすく，網面状態の発達の程度により連続的な直線・曲線として観察される場合が多い。また面内構造の規則性が発達した試料では100, 110格子像が確認でき，また積層方向（c軸方向）の構造規則性のずれをモアレとして観察できる。

低結晶性組織の場合，回折線はブロードなリングまたはアークとなる。図3にカーボンナノファイバー（CNF）と呼ばれる，繊維状炭素粒子の観察例を示す[10]。また暗視野像には小さな結晶子サイズに対応する輝点が現れる。回折線の適切な領域を対物絞りで選択すると，微細組織における結晶子の配向の程度と分布を確認することができる。炭素002格子像はフリンジとして観察さ

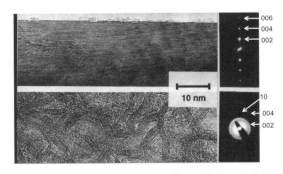

図2 （上）易黒鉛化性炭素・（下）難黒鉛化性炭素の炭素002格子像と電子線回折像

第2章　透過型電子顕微鏡（TEM）

図3　カーボンナノファイバーのTEM観察例

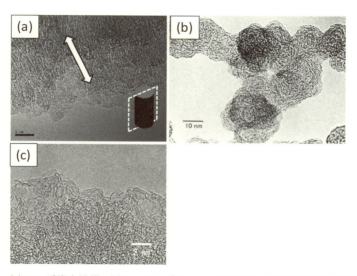

図4　(a)PAN系炭素繊維，(b)カーボンブラック，(c)活性炭の炭素002格子像観察例

れる場合が多い。図4に炭素繊維，カーボンブラック，活性炭の炭素002格子像観察例を示す。

4.3　ナノカーボン類
4.3.1　ナノカーボン類の特徴

　代表的なナノカーボン類の一つ，カーボンナノチューブ（CNT）は，炭素六角網面を円筒形に継ぎ目なく閉じた構造を持つ。チューブ壁面の総数により単層カーボンナノチューブ（SWCNT）と多層カーボンナノチューブ（MWCNT）に分けられる。

　カーボンナノチューブの製造法としてはアーク放電法，レーザーアブレーション法，CVD法が研究初期から提案されており，特にCVD法は大量生産に向くことから手法の開発が進められてき

た。多層カーボンナノチューブの場合，微小な触媒粒子の存在下で炭化水素ガスを流し1000℃程度で熱分解させる方法が主流である。この手法から単層カーボンナノチューブの調製法が発展し，例えば鉄系触媒を利用した気相流動法の一種であるHiPco法，基板から垂直配向したカーボンナノチューブを高効率・高純度で調製するスーパーグロース法などが報告された[11]。なお初期の単層カーボンナノチューブ調製法では，得られるチューブがほぼ束（バンドル）状であったが，基板からの垂直配向を可能とした手法が開発されてからは成長段階で1本ずつが単離した状態の試料も入手できるようになった。また，これらCVD法で調製されたカーボンナノチューブは，触媒金属を先端あるいはチューブ内に有する場合があり，その状態がナノチューブの成長過程との関連から調べられてきた。

単層カーボンナノチューブの円筒面の構造は，展開図においてチューブの赤道に相当するカイラルベクトルC_hで指定される[12]。図5に示すように炭素六角網面の基本格子ベクトルをa_1, a_2とすると$C_h = na_1 + ma_2 \equiv (n, m)$で表される（$n, m$は整数）。すなわち単層カーボンナノチューブの場合，その立体構造は(n, m)で一意的に決定される。

またカーボンナノチューブは先端がキャップ状に閉じた状態で存在することが少なくない。このような椀状の曲面構造は，球状のナノカーボンとして知られるフラーレンと同様，5員環を炭素六角網面構造に取り入れることで実現すると考えられている。なお7員環を炭素六角網面構造に取り込むと鞍状の反り返った曲面が得られる。これらのいわばトポロジカルな欠陥を先端あるいは円筒面に取り込むことで，ナノカーボン粒子としてさまざまな形状をデザインすることが可能となる。さらにCNT内部の閉空間をカプセルとして利用するアイディアにより，フラーレンを閉じ込めたピーポッド，あるいはフラーレンに担持された単原子金属の観察が行われている[13,14]。

グラフェンは1枚の炭素六角網面が広がる構造を持つ。2010年ノーベル賞のGeimとNovoselovの研究では，スコッチテープを利用した機械的剥離により作られたグラフェンが注目を集めた[15]。以降，工業化が可能な手法として現在までにSiC熱分解法や金属上CVD法が提案されてきた。特にCVD法では多結晶Cu基板上への大面積製造技術が確立されつつある。一方，高結晶性を必要

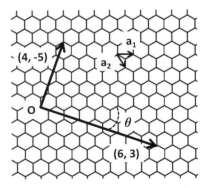

図5　カーボンナノチューブのカイラルベクトル（θはカイラル角）

第2章　透過型電子顕微鏡（TEM）

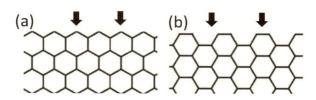

図6　炭素六角網面の端面
(a)ジグザグ型 (b)アームチェア型

としない用途では，より安価なグラフェン製造法として酸化黒鉛を溶媒中で超音波処理などにより剥離し，分散液を基板に塗布の後に還元・乾燥する方法が検討されている。

物性研究などにおいて，グラフェンは無限大の広がりをもつ2次元物質としてモデル化される一方，実際に得られるグラフェンは有限サイズである。炭素六角網面で得られる端面形状は，図6に示すように「ジグザグ型」「アームチェア型」の2通りが考えられ，その作り分けの研究が進んでいる。

4.3.2　観察・分析例

ナノカーボン類は炭素原子層1〜数枚により形作られる繊細な構造を取る例が多いため，コントラストが付きにくい。また電子線照射ダメージを受けやすく，観察条件によっては数秒以内に構造が破壊される。基本的には80 kV程度までの低加速電圧での観察が望ましい。

一方，低加速電圧での観察は原理的に分解能を下げることになる。これを補って余りある技術が収差補正装置の開発である。球面収差（Cs），色収差（Cc）補正装置を適切に導入することで，例えば単層カーボンナノチューブやグラフェンの炭素六角網面構造における5員環・7員環の観察[16]が達成された。

また電子エネルギー損失分光法（EELS）がナノカーボンの解析に有効に利用されている。例えば末永ら[17]はグラフェン端部の炭素原子とグラフェン面内の炭素原子の電子状態が全く異なることを，個々の単原子に対するEELSスペクトル測定により実証した。

4.4　試料作製法

最後に試料作製に関し簡単にまとめる。炭素は電子線を比較的通しやすい物質であるが，均一な厚さの試料を必要とする場合，あるいは粒子形状と断面の関係を明確にした観察を行いたい場合には，適切な手法による薄片試料作製を行うべきである。

産業用炭素材料の場合，マテリアル系試料に一般的に適用される試料作製法，すなわち機械的な加工法である「粉砕法」「ミクロトーム法」，あるいはイオンビームを利用する「イオンミリング法」「FIB法」から適切な手法を選択する場合が多い。粉砕法ではメノウ乳鉢などで試料を細かく粉砕し，得られた粒子のごく薄い領域を観察する。黒鉛構造の炭素六角網面間はファンデルワールス力で弱く結合することから，層状に剥離しやすい。ミクロトーム法による薄片作製は熟練

産業応用を目指した無機・有機新材料創製のための構造解析技術

- ろ紙を細く切っておく
- 滴下直後に、グリッドのクロスピンセットで
  つまんだ反対側から余分な溶媒を吸い取る
- 粒子が目で見えるのは載せすぎ

図7　グリッド上への高分散手法

した腕が必要であるが，炭素繊維やフィルム，粒子の形状と断面の関係を調べる目的でよく利用されてきた。炭素／炭素複合材（C/C複合材）に対してもマトリクス中におけるフィラーの分散状態を調べる目的で使われる場合がある。イオンビームを利用する手法はいずれも試料へのダメージに注意が必要である。特にFIBは細心の注意を払ってもダメージ層が生成しがちである。FIBでの加工後にArイオン照射などでダメージ層を除去する方法が有効とされる。

　ナノカーボン類では粒子が凝集しやすく，グリッド上に高分散させる技術が必要となる。蒸留水，あるいは試料の構造に影響を与えない有機溶剤（エタノールなどの低級アルコールほか）中で試料を超音波分散し，上澄み液をマイクロピペットで取りグリッドに滴下する。このとき，グリッドをあらかじめクロスピンセットで固定し，分散液を滴下後すぐピンセットで固定した反対側からろ紙（細長く切っておくと良い）を当て，余分な溶媒を急速に吸い取る（図7）と，グリッド上で粒子が分散した状態を得やすい。

　最初にも述べたが，炭素材料は既に基盤材料として実社会への貢献を果たす材料であり，かつナノカーボン類の研究が基礎科学・ナノテク材料の両観点から進められている。局所構造を画像情報として得られるTEMを活用しながら，炭素材料研究が一層進展することを祈念する。

文　　　献

1) J. N. Rouzaud, A. Oberlin, *Carbon*, **27**, 517（1989）
2) S. Iijima, *Nature*, **354**, 56（1991）
3) R. E. Franklin, *Proc. Roy. Soc.*, **A209**, 196（1951）
4) 吉澤，新・炭素材料入門（炭素材料学会編），1.2炭素の構造，p.8，リアライズ理工センター（1996）
5) 吉澤，炭素，**221**, 25（2006）

第 2 章　透過型電子顕微鏡（TEM）

6) T. Kyotani, L. Tsai, A. Tomita, *Chem. Matter.*, **7**, 1427 (1995)
7) 京谷，折笠，西原，干川，カーボン材料実験技術（製造・合成編）—クラシックカーボンからナノカーボンまで—，2-8 鋳型法によるナノカーボンの合成法，p.126-134，国際文献社 (2013)
8) T. Morishita, T. Tsumura, M. Toyoda, J. Przepiórski, A. W. Morawski, H. Konno, M. Inagaki, *Carbon*, **48**, 2690 (2010)
9) N. Yoshizawa, Y. Yamada, M. Shiraishi, *Carbon*, **31**, 1049 (1993)
10) 吉澤，炭素材料の新展開（学振第117委員会六十周年記念出版）（日本学術振興会炭素材料第117委員会編），透過型電子顕微鏡（TEM）観察法の進展と炭素材料の構造評価法への応用，p.179-188，東京工業大学応用セラミックス研究所 (2007)
11) K. Hata, Don N. Futaba, K. Mizuno, T. Namai, M. Yumura, S. Iijima, *Science*, **306**, 1362 (2004)
12) R. Saito, G. Dresselhaus, M. S. Dresselhaus, Physical Properties of Carbon Nanotubes, Imperial College Press (1998)
13) J. Lee, H. Kim, S.-J. Kahng, G. Kim, Y.-W. Son, J. Ihm, H. Kato, W. Wang, T. Okazaki, H. Shinohara, Y. Kuk, *Nature*, **415**, 1005 (2002)
14) K. Urita, Y. Sato, K. Suenaga, A. Gloter, A. Hashimoto, M. Ishida, T. Shimada, H. Shinohara, S. Iijima, *Nano Lett.*, **4**, 2451 (2004)
15) K. S. Novoselov, A. K. Geim, S. V. Morozov, D. Jiang, Y. Zhang, S. V. Dubonos, I. V. Grigorieva, A. A. Firsov, *Science*, **30**, 666 (2004)
16) J. C. Meyer, C. Kisielowski, R. Erni, M. D. Rossell, M. F. Crommie, A. Zettl, *Nano Lett.*, **8**, 3582 (2008)
17) K. Suenaga, M. Koshino, *Nature*, **468**, 1088 (2010)

5 反応科学超高圧電子顕微鏡によるその場観察

田中信夫[*1], 荒井重勇[*2]

5.1 はじめに

近年，エネルギー問題や環境問題が我々の技術開発や材料開発にも重要な視点として上がってきている。従来のように「作ってからフォロー」という態度ではなく，材料の設計段階から細やかな配慮が要求される。特にバルク材料の機能を超えたナノ材料開発や微小ナノデバイスを創製する場合には，開発と評価の迅速な繰り返しが欠かせない。また材料やデバイスを実際に働かせている状態や雰囲気および環境で評価や解析をする必要も増している。

ナノ材料やナノデバイス評価のための有効な方法の一つである透過電子顕微鏡（TEM）には，これまでは，①電子が試料を透過するために厚みを$0.1\mu m$以下にする，②電子線の通路で電子が散乱しないよう，試料は真空中に入れて観察する，③得られる像は一種の投影像で3次元的情報は得られない，という問題点があった。

名古屋大学のグループはこのような問題点を十分認識し，それを少しでも低減する種々の試みを長年行ってきた。2010年に導入した反応科学超高圧電子顕微鏡（Reaction Science High-Voltage Electron Microscope；RSHVEM）はこれらの問題の克服を目指したものである。

5.2 装置の詳細

この反応科学超高圧走査透過電子顕微鏡（日本電子：JEM-1000 K RS）は当初よりガス環境でのその場観察を主要な目的として設計した。主なスペックは，最高加速電圧1000 kVにおいて，TEMの分解能0.15 nm以下，STEMの分解能1 nm以下，EELSエネルギー分解能1.5 eV以下，差動排気による試料室付近の最高ガス圧力約13,300 Pa（100 Torr），試料ホルダーは3次元像観察を可能とするため最大試料傾斜角度を±70°（ガス環境時は±10°）とした。またTVカメラは観察室上部に広視野CCDカメラ，カメラ室下部に高分解能用CCD TVカメラおよびEELS-Energy Filter像用の高感度CCDカメラの合計3台を設置した[1~3]。

同装置は図1に示すように高圧・加速管部の高さ6.7 m，鏡筒部の高さ3.6 mで，加速管部の100万ボルトの直流電圧で電子を加速し，試料を透過した電子を磁界レンズで結像・拡大し，観察室に取り付けた蛍光板やCCDカメラで観察する。電子顕微鏡で用いる加速電子は，試料を透過する際に試料構成原子による散乱を受け，試料が厚いと電子は透過しにくくなる。超高圧電子顕微鏡は1000 kVに加速された電子を用いるため透過能力が高く，厚い試料内部の組織構造が観察できる。

図2に200 kV電子顕微鏡と1000 kV超高圧電子顕微鏡で撮影した金薄膜中の積層欠陥像を示す。200 kV電子顕微鏡と比較して，超高圧電子顕微鏡では，重元素である金試料内部の厚い部分に存

[*1] Nobuo Tanaka　名古屋大学　エコトピア科学研究所　教授
[*2] Shigeo Arai　名古屋大学　エコトピア科学研究所　特任准教授

第2章　透過型電子顕微鏡（TEM）

図1　反応科学超高圧電子顕微鏡（JEM-1000 K RS）

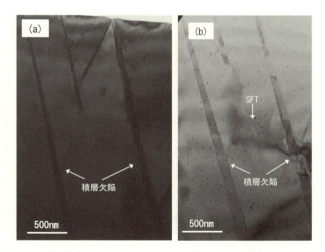

図2　200 kV電子顕微鏡(a)と1000 kV超高圧電子顕微鏡(b)で撮影した金薄膜中の積層欠陥像
　　超高圧電子顕微鏡で撮影した図2(a)の黒い粒状の組織は，数nmサイズの微小な欠陥集合体。

在する微小な点欠陥集合体（黒い微小な粒状組織）も鮮明に捉えている。
　電子顕微鏡の基本的性能としてのシリコン結晶の構造像を図3に示す。写真は［110］の入射条件でCCDカメラにより撮影した。0.135 nmの原子間距離をもつシリコン原子のダンベル構造が捉えられている。この大型電子顕微鏡はガス環境下でのその場観察を目的としているため，真空

113

排気システムには，機械的振動源であるターボモレキュラーポンプ（TMP）を7台搭載しているが（イオンポンプは5台搭載），0.135 nmの原子間隔を分離していることからTMPの振動影響をほぼ除去されていることが分かる[3]。

また電子顕微鏡は投影像しか出ないという欠点は，脳や人体の3次元像を出すコンピュータートモグラフィー（CT）技術をこの大型電子顕微鏡にも導入し，試料を最大傾斜角度±70°まで傾斜させることで，無機物からバイオ試料などの立体像の構築が可能となっている[1~5]。さらにこの装置は電子プローブを1 nm程度のサイズに細く絞る機能も有し，電子線エネルギー損失分光法（EELS）および走査透過電子顕微鏡（STEM）法を駆使して，局所元素分析や電子状態マッピング像を出力することもできる[6]。このような各種機能をあわせ持った高性能な大型電子顕微鏡は世界で初めてである。

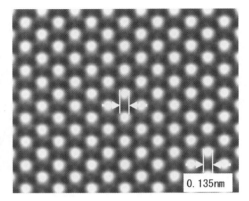

図3　シリコン［110］単結晶の高分解能像
黒いコントラストがSi原子のダンベル像。

超高圧電子顕微鏡で撮影したSTEM像の例として，図4にステンレス鋼を薄片化した試料内に存在する転位を捉えたTEM像とSTEM像の比較写真を示す。TEM像では結晶が歪んでいるとベンドコンターと呼ばれる縞状の模様が図4(a)のように生じ，転位や積層欠陥の構造が不鮮明な像になることがある[7]。同じ場所をSTEMで撮影した図4(b)では，このベンドコンターの濃淡がSTEM効果で平均化されほとんど消滅し，ステンレス鋼中の転位が鮮明に観察できている。

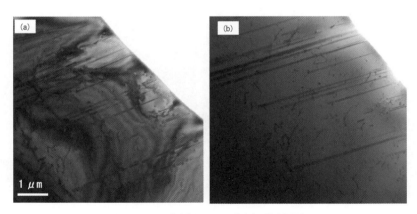

図4　TEM像(a)とSTEM像(b)の比較写真
（試料は単結晶のステンレス鋼）

5.3　ガス環境下の観察例

反応科学超高圧電子顕微鏡のガス導入システムは，図5に示したようにIn/Out可能なリトラク

第2章 透過型電子顕微鏡(TEM)

タブル方式とした。また高分解能像を観察可能にするため差動排気型システムを採用し,ガス実験時のみモータ駆動で試料ホルダーを囲むようにガス導入システムを挿入し,限られた狭い空間にのみガスを封じ込める方式とした。このリトラクタブル方式の利点として,①ガスを封入する隔膜がない差動排気方式のため分解能が悪くならない,②どんなホルダーでもガス実験が可能,③通常の実験(図5(下))からガス導入機構を挿入するだけで,簡単にガス実験へ移行できるなどがある。

図6は試料近傍に窒素ガスを導入したときの金の(001)結晶の200格子像とFFT図形である。図6(a)の真空雰囲気(2.3×10^{-3}Pa)から徐々にガス圧力を0.1気圧以上まで上昇させた。図6(d)は,ガス圧11,000 Paのときの高分解能像であり,超高圧電子顕微鏡の特徴である高い透過能力を反映し,濃いガス中でも真空条件と変わらない程度の高分解能像が得られている[1,2]。

5.3.1 ガスのEELSスペクトル

図7と8にガス単体のEELSスペクトルを示す。図7は加速電圧1000 kVにおける窒素ガスのLow Lossスペクトルである。ガス圧力が1 Pa程度からZero Lossピークより13 eV離れた位置に窒素 L Core Lossピークが弱く観察され(図7(a)),ガス圧力の上昇とともにピーク強度が徐々に上がり,図7(c)の100 Paでは明瞭なピークが生じている。図8に二酸化炭素(CO_2),酸素(O_2),窒素(N_2)ガスのCore Loss EELSピークを示す。それぞれのガス構成元素に起因した明瞭なピークが観察できている[8]。

これは隔膜で透過電子が乱されてしまう方式でガスを封印するのではなく,隔膜のない開放型のガス環境システムを採用した結果である。また水素ガスなどによる還元実験の場合,残留酸素ガスが実験結果に大きく影響するため,残留酸素ガスを完全に追い出すアルゴンガスのパージ機

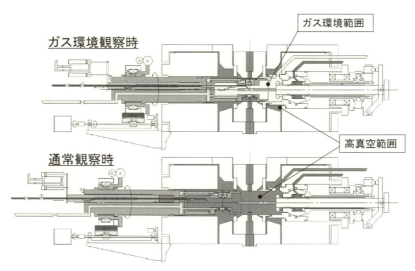

図5 リトラクタブル方式の差動排気型ガス環境システムの模式図
最大ガス圧力:13,300 Pa,ガス種:H_2, N_2, O_2, CO, CO_2, CH_4, Arなどが導入可能。

産業応用を目指した無機・有機新材料創製のための構造解析技術

図6　窒素ガス環境下における金単結晶の高分解能像とフーリエ解析パターン
(a)：真空下, (b)：1,300 Pa, (c)：5,800 Pa, (d)：11,000 Pa。写真中の格子縞の面間隔は0.20 nm, 0.1気圧以上のガス環境下で0.2 nmの高分解能観察ができる。

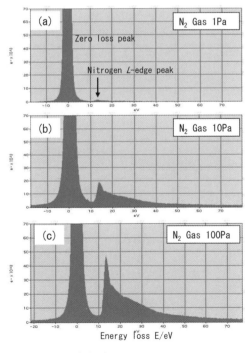

図7　窒素ガスのEELSスペクトル
(a)：ガス圧1 Pa, (b)：10 Pa, (c)：100 Pa。

第2章 透過型電子顕微鏡（TEM）

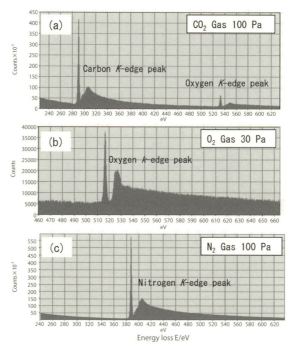

図8 各種ガス分子のEELSスペクトル
(a)：二酸化炭素ガス，(b)：酸素ガス，(c)：窒素ガスのEELSピーク。
ガス成分中の元素に応じた K Core Loss ピークが表れている。

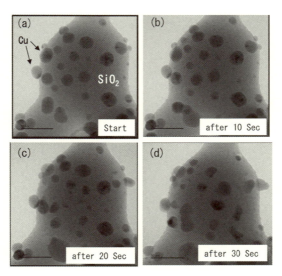

図9 銅微粒子の酸化その場実験
試料温度は約700℃，酸素ガス圧力2Pa（写真中のスケールは50nm）。
(a)：真空状態，(b)：酸素ガス導入10秒後，(c)：20秒後，(d)：30秒後。

産業応用を目指した無機・有機新材料創製のための構造解析技術

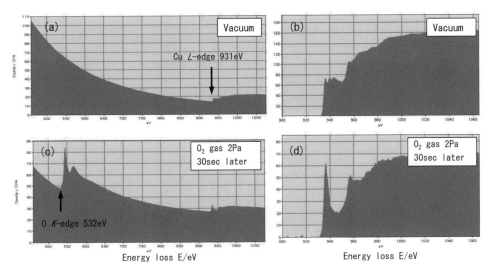

図10　酸化前後の銅微粒子のEELSスペクトル
(a)：真空時，(b)：真空時の銅 K Core Loss ピークを拡大表示（金属銅），(c)：酸素ガス
導入後，(d)：酸素ガス導入後の銅 K Core Loss ピークを拡大表示（2価の銅イオン）。

能も有している。

5.3.2　金属微粒子の酸化反応

図9は顕微鏡内蒸着によりシリカ表面に作製した銅微粒子の酸化実験である。酸素ガス圧2Pa，試料加熱温度約700℃でその場観察した。酸素を導入すると，銅微粒子は変形しながらシリカ表面を移動する様子が動的観察できた。図10に銅微粒子から得たEELSスペクトルを示す。図10(a)の真空中では532 eVに存在する酸素K Core Loss ピークは検出されないが，図10(c)の酸素ガスを導入後のスペクトルには明瞭な酸素ピークが現れている。また一般に遷移金属や希土類元素は，イオン価数に応じてEELSのピーク形状が変化する[9,10]。図10(b)と(d)に，酸素ガス導入前と後の銅L Core Lossピーク（931 eV）を示す。銅は遷移金属に属しておりL core Lossピーク形状は変化する。標準試料から得たピークと比較した結果，酸化前は金属Cu，酸化後は2価の銅イオン（CuO）に変化したことが判明した[11]。

5.4　厚い生物試料の立体構築像

今回の超高圧電子顕微鏡がもつSTEM機能は，高い透過能力を有し細胞の核などを丸ごと透過観察することができる[4,5]。

図11にSTEM機能を利用した生物試料の観察例として毛髪中のメラニン顆粒の立体構築像を示す。樹脂包埋した人毛をミクロトームで厚さ約0.5 μmに薄膜化し，その後電子染色を行い試料として用いた。試料傾斜±70度の範囲を2度毎に連続傾斜STEM像を撮影し，立体像を構築した。通常メラニン顆粒の内部構造を観察するには，大きさが1 μm以下と小さいため，電子顕微鏡を

第 2 章　透過型電子顕微鏡（TEM）

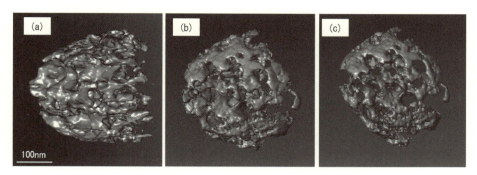

図11　HV-STEM像より毛髪中のメラニン顆粒を立体構築像
(a)：横，(b)：斜め45度，(c)：正面の立体構築像を角度を変えて表示。

用いる。生の生物試料はほとんどコントラストがないためウランなどの重元素を用いて電子染色を行う必要がある。ところがメラニン顆粒は染色材料と強く結びつく性質があり，100 kVクラスの電子顕微鏡では0.1 μm以下の薄片試料でも黒く塗りつぶされた像としか投影されず，内部組織はほとんど観察できない。超高圧電子顕微鏡のSTEM像からメラニン顆粒を立体構築した結果，顆粒内部には多数の隙間があることが判明した。このようなメラニン顆粒の詳細な内部構造が観察されたのは世界でも初めてである[12,13]。

5.5　まとめ

　反応科学超高圧電子顕微鏡を用いた研究は，ここで記述した以外にも多数の応用例がある。例えば，武藤らは超高圧電子顕微鏡のSTEMとEELSの両機能を駆使し，材料中の微小な磁気モーメントをナノメートルスケールで定量測定することに成功している[6]。ガス環境下の実験では，藤田らは触媒材料として有力視されているナノポーラス金（NPG）が一酸化炭素ガスを二酸化炭素に酸化する過程を動的その場観察を行っている。NPGは表面に無数の小孔をもった金の薄膜材料で，その小孔表面で触媒活性を発揮するため活性劣化の少ない触媒として期待されている材料である[14,15]。また高橋らは，ガス環境下においてナノインデントホルダーを用い，材料の破断試験を行い，結晶界面間での破断強度がガス種により変化するかを研究している[16]。

　生物関係での研究では，村田らはSTEM機能を利用し4 μmサイズの大きさの出芽酵母菌の細胞を丸ごと観察し，酵母細胞内部の組織構造を立体構築している。またTEM像とSTEM像を比較した結果，厚い試料の観察にはSTEM像の方がTEM像より非弾性散乱電子によるピントのボケが少なく有利であることも証明した[5]。今井らは図11で示したように毛髪をカラーリング（脱色と染色）した際のメラニン顆粒の変化やメラニン顆粒全体の立体像構築など[12,13]の視察を行っており，ほかの電子顕微鏡では実行不可能なユニークな研究が日々遂行されている。

産業応用を目指した無機・有機新材料創製のための構造解析技術

謝辞

　本執筆にあたり以下の多数の方々からご支援を賜りました。名古屋大学の武藤俊介教授，丹司敬義教授，佐々木勝寛准教授，山本悠太技術職員，樋口公孝技術職員など超高圧電子顕微鏡施設関係者の皆様，東北大学の藤田武志准教授，生理学研究所の村田和義准教授，ホーユー㈱の今井健仁氏，関西大学の高橋義昌准教授，また本装置開発にあたり無理難題な要求に応じていただいた大崎光明氏，大田繁正氏，大崎晴友氏，高桑禎將氏など日本電子㈱技術者の方々，皆様のご支援に心より感謝申し上げます。

文　献

1) N. Tanaka, J. Usukura, M. Kusunoki, Y. Saito, K. Sasaki, T. Tanji, S. Muto, S. Arai, *Microscopy*, **62**(1), 205-215 (2013)
2) 田中信夫，臼倉治郎，楠美智子，斎藤弥八，佐々木勝寛，丹司敬義，武藤俊介，荒井重勇　顕微鏡，**46**(3), 156-159 (2011)
3) N. Tanaka, J. Usukura, M. Kusunoki, Y. Saito, T. Tanji, S. Muto, S. Arai, Int. Microscopy Congress-17 (Rio de Janeiro, Brazil), I9-2 (2010)
4) J. Usukura, S. Minakata, R. Hirashima, S. Arai, N. Tanaka Int. Microscopy Congress-17 (Rio de Janeiro, Brazil), L5-13 (2010)
5) K. Murata, M. Esaki, T. Ogura, S. Arai, Y. Yamamoto, N. Tanaka, *Ultramicroscopy*, **146**, 39-45 (2014)
6) S, Muto, J. Rusz, K. Tatsumi, R. Adam, S. Arai, V. Kocevski, P. M. Oppeneer, D. E. Bürgler, C. M. Schneider, *Nature Communications*, **5**, DOI: 10.1038/ncomms4138 (2014)
7) 坂公恭，結晶電子顕微鏡学，内田老鶴圃 (1997)
8) 荒井重勇，武藤俊介，山本悠太，樋口公孝，丹司敬義，田中信夫，日本電子顕微鏡学会，第69回学術講演会要旨集，48 (2013)
9) B. T. Thole, G. van der Laan, J. C. Fuggle, *Phys. Rev. B*, **32**, 5107-5118 (1985)
10) T. Manoubi, C. Colliex, *J. Electron Spectroscopy and Related phenomena*, **50**, 1-18 (1990)
11) 荒井重勇，竹内宏典，瀬戸英人，米澤徹，木下圭介，佐々木勝寛，黒田光太郎，坂公恭，日本電子顕微鏡学会，第63回学術講演会要旨集，40 (2007)
12) 今井健仁，荒井重勇，山本悠太，樋口公孝，丹司敬義，田中信夫，日本電子顕微鏡学会，第57回シンポジウム要旨集，71 (2013)
13) ホーユー㈱HP：http://www.hoyu.co.jp/corporate/news/news/571.html
14) T. Fujita, P. Guan, K. McKenna, X. Lang, A. Hirata, L. Zhang, T. Tokunaga, S. Arai, Y. Yamamoto, N. Tanaka, Y. Ishikawa, N. Asao, Y. Yamamoto, J. Erlebacher, M. Chen, *Nature Materials*, **11**, 775-780 (2012)
15) T. Fujita, T. Tokunaga, L. Zhang, D. W. Li, L. Y. Chen, S. Arai, Y. Yamamoto, A. Hirata, N. Tanaka, Y. Ding, M. Chen, *Nano Letters*, **14**(3), 1172-1177 (2014)
16) Y. Takahashi, H. Kondo, R. Asano, M. Takuma, K. Saitoh, S. Arai, S. Muto, N. Tanaka, *Experimental Mechanics*, 投稿中

6　Cs補正STEMを用いた実用材料の観察

アレクサンダー　ブライト*

6.1　はじめに

　走査透過型電子顕微鏡（STEM）は，電子線を細く絞りプローブとして使用し，電子が透過できる程の薄い試料を走査することで像や様々な試料からの情報を得る。STEM法は金属やセラミクス，半導体や有機材料といった様々な種類の試料に対して，最も適した検出器を選択することで広い倍率範囲に渡り高コントラストの画像が得られる非常に有効な観察手法である。過去10年以上に渡る装置開発によって，簡便でありながら安定した観察が可能となり，また収差補正器（Csコレクタ）を照射系レンズに組み込むことにより，STEMの像分解能は一般的な分析用のポールピースでも1.4Åから0.7Åまで向上した。Csコレクタの採用によって大きな収束角が選択可能となることで，微小スポットでも裾野の小さいスポットと大ビーム電流の両立が可能となり，結果として格子像のコントラストは大きく向上した。同時にビーム電流の増加によってマッピングを含むEDXやEELS分析において有効であるのはもちろん，高エネルギー分解能EELSのようなフィルタリングによってビーム電流が減少してしまう場合（例えば，電子銃モノクロメータを使用する場合）や信号強度が低い高エネルギーロス側でのEELS分析のような場合においても有効である。通常のSTEM検出器は環状であり，低角環状暗視野（LAADF），中角環状暗視野（MAADF），そして高角環状暗視野（HAADF），TEM像と類似のコントラストを示す明視野（BF），そして構造中の軽元素の原子位置を示す環状明視野（ABF）などの像コントラストは，検出器の内径と外径，およびカメラ長によって決定される。Cs補正HRSTEM像観察においては，大きな収束角のため非晶質材料や特定の入射方位から外れた結晶性材料において入射ビームは拡がってしまうが，特定の結晶入射方位であれば強い電子のチャンネリング効果が原子レベルで発生し，試料が極端に厚くない場合には散乱も抑制され非常にシャープな格子コントラストが得られる。暗視野STEM像はTEM像よりも解釈が一般に容易であり，Zコントラスト像によって組成分析を行わなくとも重元素の位置を容易に決定することが可能である。

　Csコレクタにより実現したもう一つの特長は，80kV，またはそれ以下でも原子分解能が達成可能であることであり，ノックオンダメージが問題となるような様々な材料に対してSTEM観察が可能となった。その結果として原子スケールの情報への容易なアクセスが実現しデータの質が改善された。

　2005年に商用機が導入されそのコンセプトが認知されてから，Cs補正STEMシステムの世界中の稼働台数は着実に増加している。そのような装置は産学両分野における研究や解析の双方において一般的になっている。当初は多くの文献においてその達成可能な分解能や像コントラストに着目していたが，現在では研究対象としての材料に対する理解と改善のための日常のツールとしてSTEMを利用しており，Cs補正STEMが現在では主流となっている。

---

　*　Alexander Bright　日本エフイー・アイ㈱　TEMマーケティング　TEMスペシャリスト

産業応用を目指した無機・有機新材料創製のための構造解析技術

　STEM，Cs補正による最大の利点は結晶性材料の研究にあり，高分解能でその原子構造を観察し，理解することで材料物性の知見を深めることが実現できている。以下にいくつかの解析例について示す。

6.2　鉄鋼材料における析出物の評価

　鉄鋼材料は工業用材料として最も広く用いられており，製造メーカーはこれまでに無い特性を有し微細構造も複雑さを増した材料を創り出している。STEM像観察は鉄鋼材料の微細構造を解析する上で一般的な手法であり，試料の表面酸化による制限により極端に試料を薄くすることができないため，高い透過能を有する300 kVで観察されることが多い。さらにCs補正により高精細の格子像を容易に得ることができる。

　鉄鋼材料の引張強さを改善することが強く期待されており，近年の合金はそれを実現するために析出強化が行われている。図1(a)はそのような高い成形性を有しながら高強度を実現している鋼の観察例を示す（800 MPa級TiMo添加熱延鋼）。(Ti/Mo) Cの超微細炭化物析出相が転位のピン止めを行っているが，母材との整合性が高いため析出物の識別が難しく，また添加量が少ないことから母材とのコントラスト差が小さく解析が困難である。

　図1(b)は仲道ら[1]が取得した高分解能STEM像であり，鋼の格子像と板状の炭化物析出相が明瞭に観察できる。これらの像は比較的小さな取り込み角で取得しており，これによって20～40 mradに散乱された電子がADF検出器に投射され，(110)格子面の明瞭なコントラストにつながっている。

　STEMによるもう一つの特長はEDX，EELS分析やマッピングを組み合わせて行うことが可能であり，微細構造中の組成分布を容易に知ることができる。これらの手法は近年の装置においてはより強力でかつ高い操作性を有し，EDX/EELSは鋼中の析出物の分析に広く用いられている。

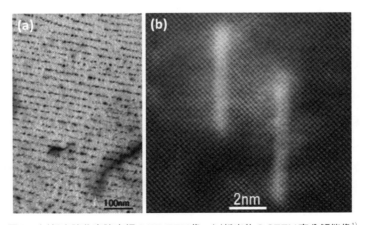

図1　(a)析出強化高強度鋼のBF-TEM像，(b)析出物のSTEM高分解能像[1]

第2章 透過型電子顕微鏡（TEM）

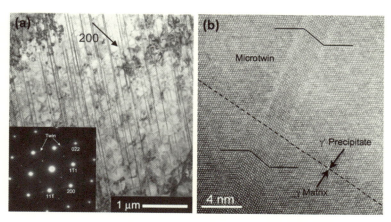

図2 (a)677℃，724 MPa下で0.98％のクリープ変形によって生じた微細双晶のBFTEM像（制限視野回折像の挿入図は母相γとγ'超格子を示している。双晶による反射を矢印で示す），(b)母相γとγ'析出物を横切る微細双晶のHAADF-STEM像[2]

6.3 Ni基超合金の微細組織観察

Ni基超合金は航空分野においてエンジン部品の一部であるガスタービンに用いられており，融点の70％もの高温でかつ高応力下で動作する。そのため高強度と同時に疲労や酸化に対する耐性も求められている。またクリープ変形を抑制することも重要な課題である。

Ni_3Alを基にする超合金の微細組織では，γ'析出相がfcc構造のγ相の母相に整合に存在する。特定の条件下（例えば，677℃，690 MPaの高ひずみ下）においては，微細な双晶変形がクリープの主な変形機構であり様々な分析手法によって検討されている[2]。Cs補正HAADF-STEMの格子像観察結果が他の様々な観察手法と共に微細双晶変形の可視化に用いられており，組織中における発生と成長のプロセスの検討が行われている。高温下での欠陥構造のTEMとSTEM解析を行うために，試料は負荷条件下から冷却し組織を保持している。図2(a)は中倍率でのBF-TEM像の観察例であり，超合金の微細双晶を示している。γ/γ'界面を横切る微細双晶のHRSTEM像を図2(b)に示す。微細双晶は$a/6<112>$のショックレー部分転位の動きによって伝播しており，母相と析出物を横切っていることがわかる。

6.4 Al-Li-Cu合金の原子スケールでの析出物評価

Al-Li-Cu合金はその高い比強度から航空分野への応用が期待されている。Au{111}面上に高アスペクト比の微細な板状の析出物が生成されており，時効された合金において主要な強化機構となっている。この板状の析出物は長軸が50～100 nm，厚さは1 nm以下である。図3(a)に暗視野TEM像による本材料の組織を示す[3]。この微細組織を得るためには150～200℃での時効前の塑性変形が必要である。重元素（この場合はCu）の位置を示す高分解能HAADF-STEM像によって，析出物の原子構造が観察できる。図3(b)では1つの析出物の観察を行っている。界面に隣接する

産業応用を目指した無機・有機新材料創製のための構造解析技術

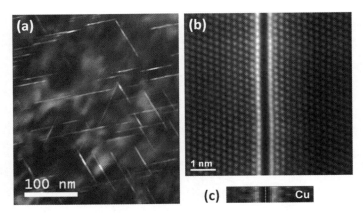

図3 (a)Al-Li-Cu合金中のT1型析出物の分布を示す暗視野TEM像，(b)1つの析出物に対する高分解能HAADF-STEM像，(c)析出物に対するCuのEELSマップ[3]

明るい原子列はCuリッチな領域を示しており，EELSによる元素マッピングによっても確認することができる（図3(c)）。このようなEELSのデータは適した分光器を使用することでSTEM像と組み合わせて容易に取得することができる。著者らはこれらの情報と構造と組成からシミュレーションによる像とを突き合わせることで析出物を同定している。核生成の過程は未だ解明されていないが，合金中のMgとAgの存在が影響していることを示唆している。

6.5 Al-Cu-Mg合金における析出物寸法制御による高強度化と腐食ピット抑制の最適化

降伏強度への析出物寸法の影響と析出物による腐食ピットの発生との関係を，1.1 at％Cuと1.7 at％Mgを含むAl合金に対して検討を行った[4]。Al-Cu-Mg系合金は強度，破壊強さ，成形性，密度など工業用材料に適した特性を持つことから重要な合金系であり，転位の動きを阻害する析出物が熱処理によって生成されている。

より高強度のAl合金は腐食しやすく，著者はこの機構の解明を試み析出物寸法の最適化を通じて高強度と耐腐食性の両立を目指した合金開発を行った。200℃，9時間の時効処理後の微細組織の明視野STEM像を図4(a)に示す。CuとMgリッチなクラスタの形成後，Guinier-Preston-Bagaryatsky（GPB）帯とラス状のS相（Al_2CuMg，Cmcm対称）の析出物が生成される。

図4(a)の左側には高密度なGPB帯が生成されており，右側にはGPBが枯渇した領域によって囲まれたS相析出物が観察される。この内部では方位の揃った大きな板状の析出物が存在する。大きな析出物によって材料は高い強度を示すものの腐食ピットは速く進行する。そのため析出物の特性を評価することは材料特性の最適化のために重要である。図4(b)は200℃，2時間の時効処理後のS相析出物の高分解能HAADF-STEM像である。格子間隔と母相と析出物間の方位関係が明瞭であり，CuリッチなS相（より大きな原子番号）が強いZコントラストによって識別することができることからS相析出物はAl<100>方向に伸びていることがわかる。挿入図は9時間の焼鈍

第2章 透過型電子顕微鏡(TEM)

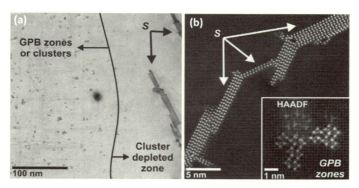

図4 Al-Cu-Mg合金におけるGPB帯とS相析出物
(a)200℃, 9時間時効処理後のBF-STEM像, (b)200℃, 2時間時効処理後のCuリッチ析出相の高分解能HAADF-STEM像。挿入図は9時間焼鈍後のGPB帯の形状を示す[4]。

後のGPB帯の形状を示している。

6.6 触媒粒子表面における酸化物価数の原子スケールでの評価

酸化セリウム, CeO_2は自動車排気ガスからNO_x, CO, 炭化水素を除去する触媒として広く用いられており, ディーゼルエンジンの排気ガスからの煤を低減する効果も有する。CeO_2の触媒特性は粒子表面の酸化還元特性に依存しており, 酸化セリウムの酸化状態に関連している。Turnerら[5]はCeO_2触媒の挙動を理解するために, 構造の異なる箇所での酸化状態を測定している。セリウムのMエッジの電子エネルギー損失スペクトル(EELS)は酸化状態に応じてエッジの立ち上がり位置とエッジ形状が変化する。この変化はSTEM-EELS法を用いることで高い空間分解能とエネルギー分解能で直接分析することが可能である。図5には, バルクのCeO_2(Ce^{4+})と非常に小さなCeO_2粒子(Ce^{3+}), それぞれからの(a)Ce^{4+}と(b)Ce^{3+}酸化物のEELSを示す。図5のスペクトルとマッピングデータはFEI社製のモノクロメータを有するTitan透過型電子顕微鏡を使用し,

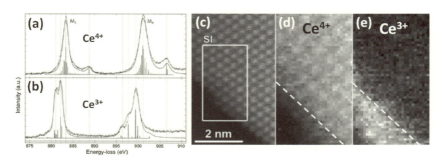

図5 セリウムのコアロスEELSスペクトル
(a)Ce^{4+}から成るバルクCeO_2, (b)Ce^{3+}から成る微細なCeO_2粒子, (c)(111)の原子レベルの段を示すCeO_2粒子表面のADF-STEM像, (d)Ce^{4+}のEELSマップ, (e)Ce^{3+}のEELSマップ[5]。

産業応用を目指した無機・有機新材料創製のための構造解析技術

エネルギー分解能0.25 eVの条件下でデータ取得している。実際のCeO_2粒子の表面における酸化状態の変化を測定するために，酸化状態のEELSマッピングを取得しており，その結果を図5(c)，(d)，(e)に示す。構造損傷を抑制するため比較的低い加速電圧である120 kVでデータの取得を行い，収差補正器による高いプローブ電流と空間分解能，モノクロメータの適切な設定，そして適切な低加速電圧を選択することで格子分解能のマップが実現できている。八面体の酸化物ナノ粒子の表面にCe^{3+}層が存在し，それは表面の酸素欠損によって発生している。酸素欠損は|100|ファセット面に沿って5～6原子層に渡って存在し，|111|面にはわずか1～2原子層である。これは触媒の働きは|100|面に優先的に発生するとされる報告と一致している。

6.7 リチウムイオン電池の性能劣化と正極材料の製造方法による構造差との関連性

リチウムイオン電池は既に広く使用されているが，既存の技術ではエネルギー密度，充放電回数，コスト，安全性などの点において未だ制限がある。Li[$Li_{0.2}Ni_{0.2}M_{0.6}$]O_2（M = Ni/Mn）のようなLiとMnリッチな多層構造の正極用材料は，既存の正極用材料（例えば$LiCoO_2$）よりもより高いエネルギー密度を示すが制限もいくつか存在する。充放電を繰り返すことで発現する電池の電圧が低下する電圧降下の問題は，正極材料の製造方法に依存しており，Cs補正STEM像から粒子内での層の積層とその順序から解釈されてきた。電圧降下は層構造型からスピネル型への構造変化によって引き起こされており，Zhengら[6]は相とその方位の同定をSTEM像から行っている。主相は$LiMO_2$（三方晶系，R$\bar{3}$m）とLi_2MO_3（単斜晶系，C2/m）から構成される。双方ともLi，Oそして遷移金属であるMの順で層が構成されている。製造方法によって構造は，(i)Li_2MO_3に類似の化合物を含む$LiMO_2$相，(ii)多数の板状の欠陥を有するLi_2MO_3固溶体，のいずれかとなる。この構造の違いは電池の性能の変化を説明することができる。図6(a)には水熱処理（HA）を行

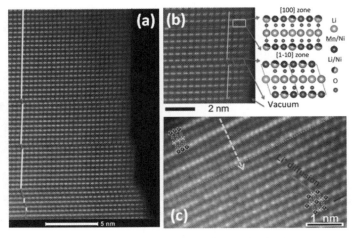

図6 リチウムイオン正極材料Li[$Li_{0.2}Ni_{0.2}M_{0.6}$]O_2の高分解能HAADF-STEM像
(a), (b)水熱合成法と(c)共沈法により試料作製[6]。

第2章　透過型電子顕微鏡（TEM）

った(ii)のタイプの材料の表面近傍のHAADF-STEM像を示す。左側の明るい線は［100］軸の領域を示し，灰色の領域は［1-10］方位の積層欠陥の領域を示している。図6(b)は2つの構造の模式図と共に拡大図を示す。構造は(ii)のタイプ（主にLi_2MO_3）であり，均一な陽イオンの分布を有しており，HAを行った材料であるためLi除去後でもより安定し結果として良好な電池特性を示す。対照的に図6(c)に共沈法によって作成された正極材料の表面のHAADF-STEM像を示す。これは(i)のタイプ（$LiMnO_2$といくらかのLi_2MO_3化合物から成る）を有しており，より大きな電圧降下と界面でのNiの偏在を示す。表面近傍の構造変化はNiイオンの不均一な分布によって発生しており，STEM像の左上側に観察される。リチウムイオンの拡散経路はNiリッチな表面層によってブロックされると考えられている。

6.8　エピタキシャル成長させた$LuFeO_3$膜中のFe_3O_4ナノレイヤーの評価

　HR-STEM像観察はエピタキシャル，あるいは半エピタキシャル材料間の界面の観察と理解に大変有効である。多くの物理的な現象がその界面で発生していることから，界面工学は注目されている研究分野であり，有用でかつ将来があることは既に磁気デバイスや超電導材料などにおいて示されている。界面での現象は，エピタキシー，歪，原子構造，電気的なバンド構造に依存する。ペロブスカイトの構造は多数の研究により特によく理解されている。Akbashevら[7]はZrO_2（Y_2O_3）立方晶の（111）面上にMOCVDによって成膜した六方晶$LuFeO_3$薄膜の検討を行っている。$LuFeO_3$膜に内部成長させたマグネタイト（Fe_3O_4）のナノレイヤーが存在しており，HR-STEMによって観察した構造を図7に示す。著者らは内部成長した層と$LuFeO_3$層との間の上下の方位関係を決定し，原子スケールのEDXを用いて酸化物界面での陽イオンの分布を示してい

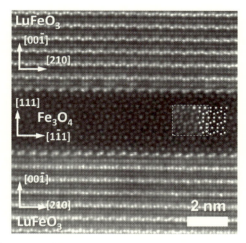

図7　MOCVD法によって作製した$LuFeO_3$内で孤立したマグネタイト（Fe_3O_4）ナノレイヤーの高分解能HAADF-STEM像
　　　$LuFeO_3$層はFe_3O_4層上下で方位変化は無い。挿入図はシミュレーションによるFe_3O_4のHAADF-STEM像を示し，白い点はFe_3O_4構造中の実際のFe原子位置に相当する[7]。

る。原子スケールのSTEMとEDXの組み合わせによって，界面が原子レベルで平らであれば界面での原子構造を理解することが可能となっている（この場合，LuとFeイオンの位置が判明している）。さらに熱力学的には安定相はFe_2O_3であるにも関わらず，マグネタイトのFe_3O_4相が$LuFeO_3$の（001）面上に成長している。マグネタイトは高いトンネリング磁気抵抗を示すことからスピントロニクス材として使用されている。

6.9 まとめ

STEM法は様々な材料に対して像観察や分析において有効であることを示してきた。特に像解釈が比較的容易で便利であるZコントラスト法や試料作製が比較的容易な厚い試料でも可能であること，またEDXやEELSなどの分析手法に対する適応性によって広く普及している。像分解能，コントラスト，空間分解能，高エネルギー分解能STEMの有用性を高めるビーム電流の改善にCs補正は効果がある。本稿において示した例と同じく，現在ではCs補正STEMは日常の像観察と分析に対して様々な分野で多くの研究グループにより使用されている。

材料のナノから原子スケールの構造が重要となっていることから，既存の工業用材料はもちろんのこと，新たな材料構造とデバイスの特性評価のためにCs補正HR-STEMの使用はさらなる拡がりが期待される。

文　献

1) H. Nakamichi, K. Yamada, K. Sato, IMC2014 Conference Proceedings, MS-4-O-1494
2) R. R. Unocic, N. Zhou, L. Kovarik, C. Shen, Y. Wang, M. J. Mills, *Acta Materialia*, **59**, 7325-7339（2011）
3) P. Donnadieu, Y. Shao, F. DeGeuser, G. A. Botton, S. Lazar, M. Cheynet, M. de Boissieu, A. Deschampts, *Acta Materialia*, **59**, 462-472（2011）
4) K. D. Ralston, N. Birbilis, M. Weyland, C. R. Hutchison, *Acta Materialia*, **58**, 5941-5948（2010）
5) S. Turner, S. Lazar, B. Freitag, R. Egoavil, J. Verbeeck, S. Put, Y. Strauven, G. Van Tendeloo, *Nanoscale*, **3**, 3385-3390（2011）
6) J. Zheng, M. Gu, A. Genc, J. Xiao, P. Xu, X. Chen, Z. Zhu, W. Zhao, L. Pullan, C. Wang, J-G. Zhang, *Nano Lett.*, **14**(5) 2628-2635（2014）
7) A. R. Akbashev, V. V. Roddatis, A. L. Vasiliev, S. Lopatin, V. A. Amelichev & A. R. Kaul, *Scientific Reports*, **2**, 672（2012）

7 STEM電子回折法を用いたアモルファス材料の局所構造解析

平田秋彦*

7.1 はじめに

　アモルファス材料の構造解析は一般的に結晶材料と比較して困難である。アモルファス構造には周期性が無いため，X線回折などで得られる回折曲線には，ぼやけたハローパターンが観察されるのみであり，結晶構造において多くの明瞭なブラッグピークが見られる状況とは大きく異なっている。そのようなブロードな回折強度から可能な限り情報を引き出すため，これまで多くの試みがなされてきた。最も一般的な解析手法は，得られた強度から構造因子を作り，フーリエ変換することによって動径分布関数のような実空間の関数を導出することによって，各原子周りの配位構造を議論するものである。しかし，このような実空間の関数は試料全体で平均された情報であり，また3次元構造を1次元に焼き直したものである。これは，アモルファス構造には周期性が無いため，原子数が多くなると構造は等方的になり，動径方向の情報しか意味を持たなくなるためである。このようにアモルファス構造の解析は，1次元の平均構造情報から3次元構造を推定するという逆問題を解かなければならない本質的な困難さを含んでいることがわかる。

　アモルファス構造の解析は上述のような困難さから様々な側面から行う必要があることは明らかであり，実際にいくつかの実験手法を組み合わせて解析を行うことが多い。たとえば，X線回折，中性子回折，EXAFS，NMRなどの実験手法を相補的に利用した解析例は数多く行われてきている[1]。これらの手法を組み合わせることにより，多成分系の場合においては特定元素の周りの配位構造を明らかにすることが可能となる。一方で，これらは依然として1次元の平均構造情報であるため，局所領域から直接得られる構造データも別の側面からの情報として重要になってくる。局所領域の構造を観察する手法としては，例えば，透過電子顕微鏡法（TEM：Transmission Electron Microscopy）が挙げられるが，アモルファス材料の解析に用いられることは多くない。その理由の一つは，たとえ高分解能像を撮影しても得られるのは一見特徴の無い網目状のコントラストであり，そこから構造情報を抜き出すのは可能ではあるが，技術的に難しいためである。例えば，像のコントラストはディフォーカス値に極めて敏感であり，計算から最適ディフォーカス条件を見出した後，スルーフォーカス実験を行うなどの複雑な作業が必要である[2,3]。

　そこで，より簡便にアモルファス材料の局所構造を調べる方法として，ナノ・サブナノスケールの電子回折法に着目した。電子線を1nm径あるいはそれ以下に絞ることによりアモルファス材料の局所領域からの回折パターンを取得することが可能である。得られたパターンはもはやアモルファス特有のハローリングではなく，離散的なスポット状になることが数多くのアモルファス材料で確認されてきている[4~8]。ここで重要なことは，このスポットはハローリングの構成要素であり，試料のどの領域からも常に観察されるもので，決して微結晶に由来するものではないとい

---

* Akihiko Hirata　東北大学　原子分子材料科学高等研究機構　非平衡材料グループ
　准教授

うことである。したがって，このような回折パターンを解析すれば，アモルファスの局所構造をより直接的に明らかにできるものと思われる。ここでは特に走査型透過電子顕微鏡法（STEM：Scanning Transmission Electron Microscopy）を用いた電子回折法[4,9~11]によるアモルファス材料，特に金属ガラス構造[12~15]を対象とした局所解析例[16~18]について紹介する。

7.2 STEM電子回折法の実際

　ナノ・サブナノスケールの電子ビームで電子回折を撮影するのはTEM，STEMの両方で可能であるが，アモルファス材料の電子回折を用いた解析を実際に行う上でSTEMの走査機能は大変有効である。まずSTEMモードでは一旦ビームを絞った状態にすれば，その状態で電子回折と像の両方を観察・撮影することができる。TEMの場合のように絞りの抜き差しやレンズモードの切り替えが必要ない。これによりSTEM像を見ることで試料の状況を把握しながら所望の場所から電子回折を撮影することが可能になる。また，電子ビームをサブナノレベルでコントロールできるので，EELSあるいはEDSマッピングと同様な電子回折マッピングを取得することができ，これによって隣り合う局所構造の関係性を明らかにすることも可能である。この機能は，より広範囲（1nm以上）でのアモルファスの局所構造を議論する際に非常に重要になってくる。

　STEM観察を普段行っているユーザーであれば，STEM電子回折の撮影は容易である。まず，通常のSTEM観察と同様ロンチグラムを使ってビームの調整を行い，小さい集束絞りを挿入する。絞りが大きく集束角が大きい場合には回折スポットがディスク状になるため，絞りを小さくしてなるべく集束角を小さくする必要がある。我々が使用している集束絞りは特別に取り付けた5μm径であるが，この絞りは通常ついていないので，10μm径のものでも構わない。10μm径の場合はレンズ系を調整して集束角を小さくしたほうが良い結果が得られると思われる。いずれにしても，ビーム径と集束角をあらかじめ見積もっておくことが必要である。撮影には通常のCCDカメラを用い，0.1～0.2秒程度の露光時間で十分な強度が得られる。ただし，電子銃には輝度の高いフィールドエミッションタイプが必須である。また，ある程度の数量の解析に適した対称性の高い回折パターンを取得するためには，数千～数万フレーム程度の電子回折パターンが必要であることから，1枚ずつの撮影は現実的ではない。したがって，Gatan社のDigital Micrograph上であればDV Captureを使って連続的にビデオ撮影するか，Gatan Diffraction Imagingを使って一度に千枚程度のデータセットとして撮影するのが望ましい。撮影している間に少しずつフォーカスがずれるので，こまめにロンチグラムをチェックすることも忘れてはならない。また，EELSやHAADF-STEMで試料の厚さを確認し，なるべく薄い場所を選ぶことも重要である。

　得られた回折パターンの解釈を容易にするためには，なるべく少ない数の原子から回折を得ることが重要である。図1には電子ビームが通る試料中のカラムに含まれる原子の数を示している。試料はアモルファスZr_2Ni（$6.84 g/cm^3$）を仮定しており，試料厚さは2，3，および4nmの場合について計算している。このグラフから，電子ビームの半価幅が小さくなると，カラム内の原子数は急激に減少することがわかる。例えば1nm程度のビームを使っている場合，原子数は150

第2章　透過型電子顕微鏡（TEM）

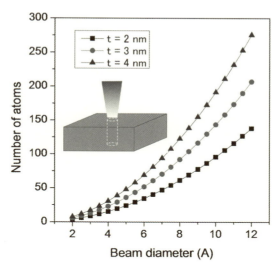

図1　電子線のビーム径と電子線が通過するカラム内の原子数の関係
試料厚さが2，3，および4nmの場合を示している。

個程度であるが，0.4nm程度まで絞れば原子数は数十個まで小さくなる。これを踏まえ，本研究では半価幅0.36nmの集束ビームを用いて実験を行っている。ビーム径については，準備したビームでSTEM像を撮影してフーリエ変換することにより，その情報限界から確認を行っている。

試料から得られた電子回折パターンの解析にはリファレンス構造が必要である。どのようなリファレンス構造を使うかはこの解析での重要な問題であるが，分子動力学法やリバースモンテカルロ法で得られた構造モデルでも良いし，あるいは何らかの結晶構造を基に作ったモデルでも良いであろう。大事なのはこの解析で何を確かめたいのかということであり，状況に応じた判断が求められる。いずれにしても，ビームサイズ程度あるいは少し大き目の局所構造モデルを作り，結晶ソフトウェアなどを使って色々な方位からの回折強度を計算する。強度は方位に依存するので，特に強い強度のスポットが作る対称的なパターンが得られるよう構造モデルの方位を調整することが肝要である。本手法においては，このような強い強度のみが生き残って観測にかかるという仕組みを使って局所構造を観察している。

7.3　金属ガラスへの応用

ここではSTEM電子回折法を金属ガラスへ適用した例を紹介する。まずZr_2Ni金属ガラスから様々なビームサイズの電子線を用いて得た電子回折パターンを図2に示す。約100nm径の領域から得られた制限視野電子回折（SAED：Selected Area Electron Diffraction）中には，アモルファス構造特有のブロードなリング（ハローリング）が観察されており，これはX線や中性子線回折で観測されるブロードな回折曲線と同等なものである。しかし，ビームサイズを徐々に小さくしていくと，パターン中にはもはや連続的なリングは見られず，離散的な回折スポットが現れて

産業応用を目指した無機・有機新材料創製のための構造解析技術

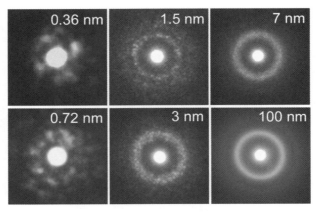

図2 様々なビーム径を用いて金属ガラス試料から得た電子回折パターン
用いたビーム径は図中に示してある。ビームサイズが3 nmを下回ると離散的なスポットが回折パターン中に現れる。

くる。さらにビームサイズを0.36 nmまで小さくすると、回折パターンは数個の回折スポットからなる非常にシンプルなものとなる。この局所領域から得たシンプルな回折パターンを調べることによりアモルファス材料の局所構造解析が可能となる。

STEM電子回折で得られた回折スポットの特徴を調べるため、パターン中の透過スポットから回折スポットまでの距離を調べ、プロットしたものを図3(a)に示す。図3(b)のスポットAまでの距離$|Q_A|$の逆数$|d_A| = 2\pi/|Q_A|$は、結晶であれば格子面間隔と呼ばれるものであるが、周期性の無いアモルファス構造においては、比較的強い回折スポットを生む準格子面を"原子面"と呼ぶことにし、$|d|$を原子面間隔とした。図3(c)には97枚の回折パターンから得た202個の回折スポットに対する$|d|$値の分布を示している。実験から得た$|d|$値は0.24 nmを中心になだらかに分布しており、これはマクロ領域から得た電子回折やX線・中性子線回折曲線の第一ハローピークの強度分布と良く一致する。このことは、STEM電子回折で得られた回折スポットがハローパターンの構成要素になっていることを示唆している。つまり、回折スポットはナノ結晶のような特異な領域からのものではなく、アモルファス構造そのものから得られていると理解できる。

電子回折パターンの解釈に必要なリファレンス構造を準備するため、第一原理分子動力学法を用いて金属ガラスの構造モデル(原子数200個)を作製した(図4(a))。また構造モデルから計算した構造因子$S(Q)$を、報告されている中性子線回折データ[15]とともに図4(b)に示す。計算で得られた$S(Q)$はよく実験値に一致していることがわかる。構造モデルの局所配位構造(原子クラスターと呼ぶ)の評価にはボロノイ多面体解析を使用した。構造中に高い頻度で見られるNiを中心原子とした原子クラスターを図4(c)に示す。このモデルではボロノイ指数〈0 2 8 1〉で示される11配位の原子クラスターが最も多く、次いで〈0 3 6 1〉(10配位)、〈0 2 8 0〉(10配位)、〈0 2 8 2〉(12配位)の原子クラスターの順になっている。このような原子クラスタ

第2章 透過型電子顕微鏡（TEM）

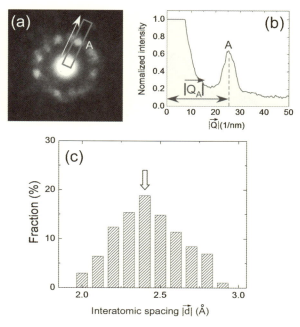

図3　回折スポット位置の統計解析
(a)回折スポットの強度プロファイルの測定方法，(b)測定された強度プロファイル，(c)200スポット以上から得られた回折スポット位置の統計結果。

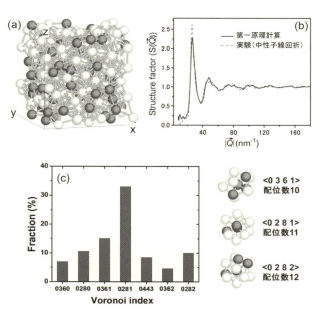

図4　第一原理分子動力学法で得た金属ガラス構造モデル
(a)構造モデル，(b)構造モデルから得られた構造因子（点線は中性子回折実験[15]で得られたもの），(c)ボロノイ多面体解析結果。

産業応用を目指した無機・有機新材料創製のための構造解析技術

ーをリファレンス構造として電子回折パターンを計算し，実験で得られたパターンとの比較を行う。

ボロノイ多面体解析において高頻度で見出される原子クラスターに関して，電子回折パターンのシミュレーションを行った。具体的には，各原子クラスターを回転させながら回折強度の変化を調べ，強い回折スポットを与える入射パターンを探す。その際，原子配列と対応する電子回折パターンが同時に見られるような結晶ソフトウェアを使うと便利である。ここで，原子クラスターからの回折強度には強い方向依存性があり，限られた入射においてのみ強い回折強度が得られることに注意したい。この性質によって，上下に重なりがあっても原子クラスターの観察が可能となる。強い回折強度を生む方位の各原子クラスターに対し，実験と同条件での電子回折パターンの計算を行った。図5には3種類の原子クラスター（ボロノイ指数〈0 2 8 0〉，〈0 2 8 1〉，および〈0 3 6 1〉）から計算された電子回折パターンの結果と，実験で得られたパターンを示している。用いた電子線の半価幅は0.36 nmである。実験および計算から得られる各パターンについてスポットの|Q|の値や対称性を調べることで，結晶の場合と同様に局所構造の同定が可能である。実験のパターンはシミュレーションで得られたものに良く一致しており，構造モデル中に存在する原子クラスターが実際に存在することを示唆している。また，これらのパターンは析出結晶相のものとは異なることも確認しており，回折スポットは微結晶からのものではないと判断できる。

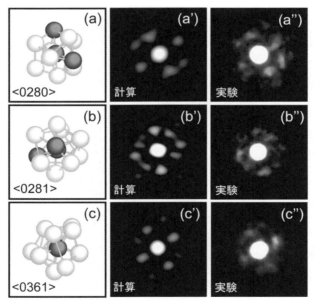

図5　原子クラスター（短範囲秩序構造）から得られた電子回折パターン
　ビーム径は0.36 nm。(a)～(c) 構造モデルから抽出した原子クラスター，(a')～(c') 原子クラスターから計算した回折パターン，(a")～(c") 実験で試料から得られた回折パターン。

第2章 透過型電子顕微鏡（TEM）

　上述したように，電子顕微鏡用試料の厚さは原子クラスターのサイズよりも大きいため，試料厚さが電子回折パターンに与える影響を調べておく必要がある。まず我々は，試料の薄い部分が局所的にどの程度の厚みを持つか調べるため，EELSを用い，1 nm程度の微小領域からのおおよその試料厚さを見積もった。試料端からある程度内側に入った領域で，厚さは約3〜5 nmと見積もられた。試料端からさらに離れるに従い，試料厚さは急激に増加していた。実験では，試料端近傍のほぼ同一厚みの領域から多くの電子回折パターンを撮影している。原子クラスターの重なりを考慮した現実的な状況を再現するため，強い回折スポットを出す方位（on-axis）の原子クラスターと方位がずれたもの（off-axis）を稠密ランダム充填（DRP：Dense Random Packing）構造の中に埋め込んだモデルによって電子回折のシミュレーションを行った。図6に作製した構造モデルとモデルから計算で得られた電子回折パターンを示す。DRP構造中にon-axis原子クラスターのみを埋め込んだモデルから得られた回折パターン(d)は，全ての原子クラスターを埋め込んだモデルから得られた回折パターン(e)とほぼ同じ特徴である。一方で，off-axis原子クラスターの

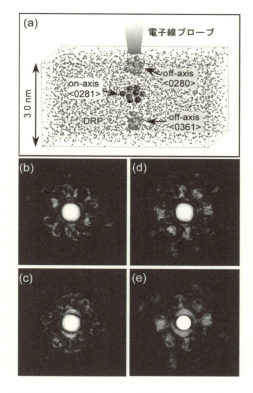

図6　原子クラスターの重なりを含む現実的なモデルから計算したオングストロームビーム電子回折パターン
(a)に示す構造モデルにおいて，(b)off-axis〈0280〉原子クラスター＋DRP，(c)off-axis〈0361〉原子クラスター＋DRP，(d)on-axis〈0281〉原子クラスター＋DRP，および(e)全ての原子クラスター＋DRPから計算された回折パターン。トータルの強度に対してoff-axis原子クラスターの寄与は非常に小さい。

みを埋め込んだモデルからの回折パターン(b)および(c)は，全体の強度にほとんど寄与していないことがわかる。このことから，3 nm程度の厚さの試料に対して0.36 nmの電子線ビームを用いた場合であれば，個々の原子クラスターの検出が可能であると思われる。

原子クラスター（短範囲秩序構造）の観察に加え，原子クラスター同士が結合して形成される中範囲秩序構造の検出についても検討を行った。このような空間的に広がりのある中範囲秩序構造を観察するには，STEMの走査機能を生かした回折マッピング法が有効であると思われる。我々はGatan社のSTEM Diffraction-Imagingを用いて，金属ガラスからの回折マップの取得を試みた（図7）。具体的には，試料の薄い領域から6～8 nm四方の領域を選択し，電子回折パターンを1領域あたり1000～1500枚程度取得した。取得ステップは0.2 nmである。得られた電子回折パターン中の第一ハローリングに相当する領域を部分的に選択し，電子回折マッピングを構築すると，1～2 nm程度の大きさを有する領域が明るいコントラストとして観察された。このコントラストの意味は，ある特定の方向の回折波を生む構造がその範囲内に存在するということであり，コントラストのサイズはその構造（中範囲秩序構造）の相関長を表しているものと考えることができる。また，たとえ第一ハローリング全体から像を再構築しても多くの暗いコントラスト領域が残存することから，厚さ方向にoff-axisの原子クラスターしか存在しない領域も多くあることがわかる。このことからも，これまで議論してきたように，1つのon-axis原子クラスターの観測が可能であることが支持される。さらに，明るいコントラスト領域から

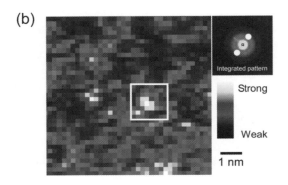

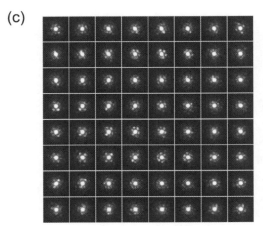

図7 金属ガラスから得た電子回折マッピング
(a)マッピング実験の模式図，(b)第一ハローリングの一部を用いて再構成した電子回折マップ，(c) (b)において四角で示された領域から得られた電子回折生データ。取得ステップは0.2 nmである。

第 2 章　透過型電子顕微鏡（TEM）

得られる回折パターンのセットから，実際に中範囲秩序構造の構造モデリングを行うことも可能である。

7.4　さいごに

　サブナノスケールの電子線を使ってアモルファス材料の極微小領域から電子回折を得ることで，局所構造の詳細を直接的に知ることができるようになってきた。これは，これまで平均構造情報として得られていたX線回折や中性子線回折などのブロードなハローパターンをその構成要素である回折スポットに分解する作業であり，ちょうど多結晶のデバイリングを多くの単結晶パターンに分解する過程とよく似ている。また，STEMの走査機能を使うことで場所の情報を同時に取得することができ，局所構造の空間的な広がりまで議論できるようになった。アモルファスの場合，多結晶のように結晶粒が粒界によって隔てられているような明瞭なものではなく，ある回折波を共有するナノスケールの相関長を持った領域が他の領域となめらかに繋がっているような状況にあると解釈できる。このようなSTEM電子回折などで得られる局所の情報と，X線や中性子線などで得られる大域からの精密な情報（特に元素種別の構造情報）をうまく相補利用することによって，アモルファス材料のより深い理解が得られるものと思われる。特にナノレベルでの構造不均一性を含むようなアモルファス材料の場合には有効な手段となるであろう。

謝辞

本研究は，文部科学省世界トップレベル研究拠点（WPI）プログラム，および文部科学省科学研究補助金・基盤研究（B）および挑戦的萌芽研究の補助を得て実施されたものであり，記して謝意を表します。本研究を全面的にサポートして頂いた東北大学・陳明偉教授に謝意を表します。電子回折の実験およびシミュレーションに関して有益なご助言を頂いた大阪大学・弘津禎彦教授に感謝の意を表します。計算機シミュレーションにおいてご尽力いただいた東北大学・管鵬飛博士および藤田武志博士に感謝致します。また，金属ガラス試料を提供頂いた名古屋大学・長谷川正教授および東北大学・西山信行特任教授に謝意を表します。

文　　献

1) S. R. Elliott, Physics of Amorphous Materials 2nd edn., Longman (1990)
2) Y. Hirotsu, T. Ohkubo, M. Matsushita, *Microsc. Res. Tech.*, **40**, 284 (1998)
3) A. Hirata, Y. Hirotsu, T. G. Nieh, T. Ohkubo, N. Tanaka, *Ultramicroscopy*, **107**, 116 (2007)
4) J. M. Cowley, *Ultramicroscopy*, **90**, 197 (2002)
5) A. Hirata, Y. Hirotsu, E. Matsubara, T. Ohkubo, K. Hono, *Phys. Rev. B*, **74**, 214206 (2006)
6) A. Hirata, T. Morino, Y. Hirotsu, K. Itoh, T. Fukunaga, *Mater. Trans.*, **48**, 1299 (2007)
7) A. Hirata, Y. Hirotsu, K. Amiya, A. Inoue, *Phys. Rev. B*, **78**, 144205 (2008)
8) A. Hirata, S. Kuboya, Y. Hirotsu, T. G. Nieh, *J. Alloy. Compd.*, **483**, 64 (2009)

9) J. C. H. Spence, J. M. Zuo, Electron Microdiffraction, Plenum (1992)
10) J. M. Cowley, J. C. H. Spence, *Ultramicroscopy*, **3**, 433 (1979)
11) J. M. Cowley, *Ultramicroscopy*, **18**, 11 (1985)
12) E. Matsubara, Y. Waseda, *Mater. Trans. JIM.*, **36**, 883 (1995)
13) D. B. Miracle, *Nature Mater.*, **3**, 697 (2004)
14) H. W. Sheng, W. K. Luo, F. M. Alamgir, E. Ma, *Nature*, **439**, 419 (2006)
15) T. Fukunaga, K. Itoh, T. Otomo, K. Mori, M. Sugiyama, H. Kato, M. Hasegawa, A. Hirata, Y. Hirotsu, A. C. Hannon, *Intermetallics*, **14**, 893 (2006)
16) A. Hirata, P. Guan, T. Fujita, Y. Hirotsu, A. Inoue, A. R. Yavari, T. Sakurai, M. Chen, *Nature Mater.*, **10**, 28 (2011)
17) A. Hirata, L. J. Kang, T. Fujita, B. Klumov, K. Matsue, M. Kotani, A. R. Yavari, M. W. Chen, *Science*, **341**, 376 (2013)
18) A. Hirata, M. W. Chen, *J. Non-Cryst. Solids*, **383**, 52 (2014)

第3章　走査型電子顕微鏡（SEM）

1　走査電子顕微鏡による先端材料解析技術

多持隆一郎*

1.1　はじめに

走査電子顕微鏡（Scanning Electron Microscope，以下SEM）は1965年に実用化され，これまで様々な分野で研究・開発や品質管理のツールとして広く利用されてきた。1969年に日立より発売されHSM-2型（図1）の分解能は20 nm程度であったが，高輝度電子銃や低収差レンズの開

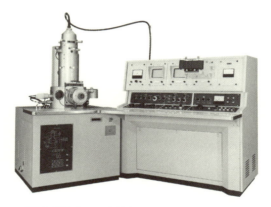

図1　1969年製品化の日立社製HMS-2型（保障分解能20 nm）

図2　日立ハイテクノロジーズ社製SU9000（保障分解能0.4 nm＠30 kV）

---

*　Ryuichiro Tamochi　㈱日立ハイテクノロジーズ　科学・医用システム事業統括本部
　　事業戦略本部　科学システム事業戦略部　部長

発[1,2]により現在では0.4 nm（加速電圧30 kV）の分解能を保障するSEM（日立ハイテクノロジーズ社製SU9000，図2参照）も商品化されている。

一方，先端分野では半導体デバイスの微細化やナノマテリアルの開発が活発に行われており，ナノレベルでの形状観察ニーズが高まってきた。加えて，高分子材料やソフトマテリアルなど，電子ビーム照射により形状が変形する試料なども観察対象となった。これら先端市場のニーズに応えるには，低加速電圧領域の高分解能化が必要不可欠となった。ここでは，SEMによる先端材料解析技術の現状について紹介する。

1.2 SEMの原理

一般的なSEMの装置構成を図3に示す。電子銃から放出された電子は，集束レンズや対物レンズで細く絞られ電子線（電子ビーム）として試料表面に照射される。電子ビームは偏向コイルによりX-Y二次元方向に走査され，その走査エリアで倍率が定義される。電子ビームを固体試料に照射すると電子との相互作用により，二次電子，反射電子などが放出される。二次電子は，試料表面から約10 nmの深さの情報を持って試料外に放出されることから，主に試料表面の微細構造を観察可能である。一方，反射電子は，入射した電子ビームが弾性・非弾性散乱を繰り返し試料外へ放出される。反射電子信号量は，試料構成元素や結晶方位などで異なることから，試料構成元素の組成や結晶によるコントラストが得られる。信号を選択する場合は，観察目的や試料特性に応じて決定することが重要である。また，特性X線をエネルギーや波長で分散することにより試料の構成元素を分析することが可能である。

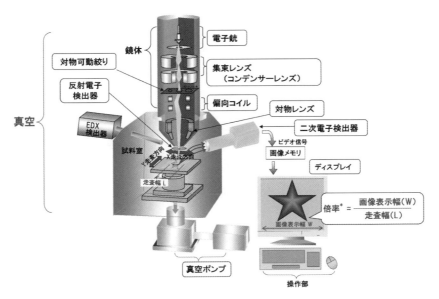

図3　SEMの構造

第3章 走査型電子顕微鏡（SEM）

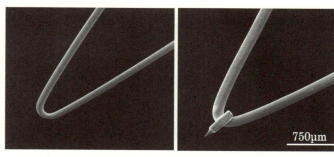

(a) Wフィラメント形　　　(b) 電界放出形

図4　SEMに用いられる電子源の例

1.3　SEMの分解能
1.3.1　高輝度電子銃

　SEMの分解能は試料上の電子スポットの直径（プローブサイズ）で決まり，スポット径が小さいほど高い分解能が得られ，微細な形態を鮮明に観察することができる。スポットサイズを小さくするには，電子源から発生する電子密度（輝度）を高くする必要がある。図4にSEMで利用されている代表的な電子源を示す。W（タングステン）フィラメント形は，タングステンフィラメントを加熱して熱エネルギーにより電子を引き出す方式である。一方，電界放出形（FE：Field Emission）は，W単結晶の針の先端に電圧を印加し，強電界で電子を引き出す方式である。FE電子源では，10^{-8}Paの高真空が必要となるが，Wフィラメントと比較して，約1,000倍の高輝度が得られ，スポットサイズも1nm以下と極めて小さいことから，高分解能観察用SEMに採用されている。また，高分解能で分析を目的としたSEMには，ショットキー（SE：Schottky Emission）が搭載されている。SE電子源は電界と熱エネルギーの作用で電子を引き出すことで，安定で大きなビーム電流を得られるからである。

1.3.2　低収差対物レンズ

　SEMの高分解能化を実現するには，電子源以外に対物レンズの集束性能を向上させる目的で対物レンズの焦点距離を短くする必要がある。電子レンズはコイルと磁路で構成される電磁石で，磁路の切れ目（時局）から発生するレンズ磁界領域が電子線に集束作用（凸レンズ作用）を与える。試料面をレンズ磁界に近づけると焦点距離が短縮される。一般的なSEMでは，試料を対物レンズの下方に配置するアウトレンズ方式が搭載されている。しかし，この方式では，試料面をレンズ磁界内に近づけることに限界がある。この問題を解決するため，小型試料をレンズ磁界内に配置するインレンズ方式が開発され，FE電子源との組み合わせで，0.4nmの高い分解能を保障している。しかしながら，サンプルサイズに制限があることから，大きい試料でも短い焦点距離で観察可能なセミインレンズ方式が開発された。図5にセミインレンズ方式の対物レンズを示す。セミインレンズ方式では磁極が試料側に配置されることで磁路の下方にレンズ磁界が発生することから，大きな試料でもインレンズ方式と同等の短い焦点距離を実現することができる。図6に

産業応用を目指した無機・有機新材料創製のための構造解析技術

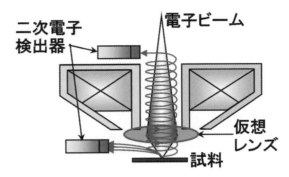

図5　セミインレンズ方式の対物レンズ

(a) アウトレンズ方式　　　　　　　　(b) セミインレンズ方式

図6　FE電子源を搭載したアウトレンズ方式とセミインレンズ方式の画像例（試料：ITO膜）

FE電子源を搭載したアウトレンズ方式とセミインレンズ方式のSEMで撮影した画像の例を示す。加速電圧は2.0kVであるが，焦点距離の違いにより，性能が向上していることがわかる。また，最新のセミインレンズSEMでは，複数の検出器を搭載することで，二次電子信号および反射電子信号を弁別し，同時観察することが可能となり，効率の良い材料解析が実現している。

1.4　低加速電圧観察
1.4.1　低加速電圧観察のメリット

SEMは固体（バルク）の試料表面の微細形状を高い分解能で観察可能である。また，電子の波長（λ）は加速電圧が高くなると短くなることから，低加速電圧領域では分解能が低下する。しかし，SEMのアプリケーションでは，低加速電圧を用いた観察が多く用いられている。これは，観察対象試料が固体（バルク）であることが大きな要因である。図7に加速電圧を変えて撮影した太陽電池の表面観察結果を示す。加速電圧5kVと15kVを比較すると低加速電圧である5kVの方が試料表面構造を明瞭に観察できている。これは，固体試料に電子ビームを照射したとき，電子の内部散乱領域の違いが作用している。図8にカーボン（C）に加速電圧を変えて電子ビームを照射したときのモンテカルロシミュレーションの結果を示す。加速電圧15kVでは，試料内部

第3章　走査型電子顕微鏡（SEM）

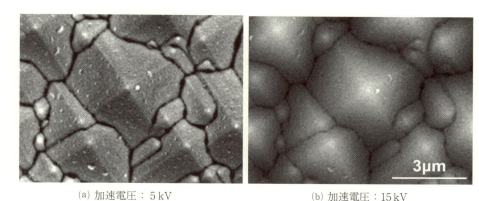

(a) 加速電圧：5 kV　　　　(b) 加速電圧：15 kV

図7　加速電圧の違いによる像の違い（試料：太陽電池）

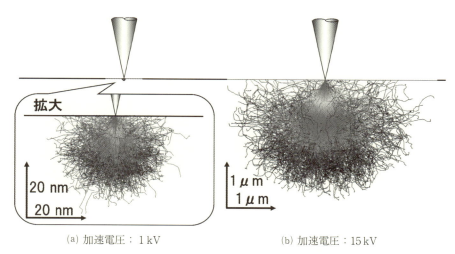

(a) 加速電圧：1 kV　　　　(b) 加速電圧：15 kV

図8　モンテカルロシミュレーションを用いた加速電圧の違いによる照射電子の内部散乱状況の比較

に多くの電子が散乱している。また，深く入射した電子が試料外に放出され，その情報が検出されると表面構造を反映しない信号を検出する。一方，加速電圧1.0kVでは試料内散乱が非常に小さいことから，試料表面の構造を反映したコントラストを得ることが可能となる。

　SEMの観察対象試料がプラスチック，ゴムなど金属材料以外の場合は，試料表面に金属のコーティングを実施するのが一般的である。しかし，試料表面に金属をコーティングすると，微細な試料表面構造が覆われてしまい目的の構造物を観察できない。このような背景から，無処理観察のニーズが高まっている。これらニーズに応えるには，やはり低加速電圧領域の観察が必要である。電気的な導電性のない試料を観察すると，入射した電子が一部試料外に放出されないことから，試料表面が－（マイナス）に帯電する。このような状態で像観察を行うと，観察画面に異常なコントラストが発生することがある。この現象を帯電現象（チャージアップ現象）と言う。一方，

低加速電圧領域では，入射した電子のほとんどが試料外に放出されることから，試料表面の電位が変化することがない。そのため，帯電現象を抑制し観察することができる。ただし，帯電現象を抑制する最適な加速電圧は観察対象試料により異なるので，注意が必要である。また，低加速電圧領域では，電子ビームを照射した際に発生するビームダメージの軽減も期待できる。

ここまで，SEMの低加速電圧領域観察のメリットについて紹介した。このメリットを先端材料試料に適用するため，高輝度電子銃，低収差対物レンズなどを搭載したSEMを開発してきた。しかし，先端材料分野では，さらなる高分解能化と極表面観察，低ダメージ観察のニーズが高まっている。

1.4.2 低加速電圧領域の高分解能化

前述したように，SEMの低加速電圧領域の高分解能化のニーズは高い。このニーズに応えるため，各SEMメーカーでは，新しい技術を採用している。低加速電圧領域では，色収差によるボケが像分解能の低減の要因となる。特に色収差は，対物レンズ内で電子ビームが集束されるときに影響が顕著となる。その問題を解決するために，対物レンズ内を電子ビームが通過した後に減速させる方法が採用されている[3]。電子ビームを減速させる手法の一例として，試料ステージに電圧を印加して減速させる手法を紹介する。図9に電子ビームを減速させる原理を示す。ある加速電圧（Vacc）で加速された電子ビームは，対物レンズを通過するまで（Vacc）のエネルギーを保持した状態で集束される。その後，試料ステージに印加された減速電圧（Vr）により発生した電界により減速される。最終的には試料に照射される電圧（Vi）は，（Vacc）−（Vr）となる。例えば，（Vacc）2.0kVで（Vr）が1.5kVの場合，（Vi）は0.5kVとなる。このとき，色収差の影響は（Vacc）2.0kVと同等であることから，0.5kVでも2.0kVと同等の分解能を保障可能となる。図10にカーボン上に金を蒸着した観察例を示す。（Vi）が1.0kVの場合でも，撮影倍率80万倍で明瞭な観察を実施することが可能となった。また，この手法を用いることで，0.5kV以下の極低加速電圧で観察することも可能となり，極表面観察や低ダメージ観察を実現することが可能

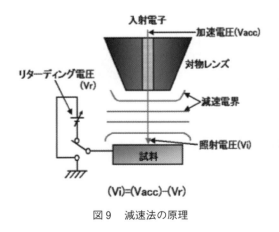

図9　減速法の原理

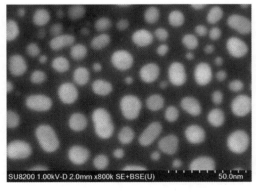

図10　減速法を用いた観察例
加速電圧：1.0kV，試料：カーボン上の金粒子

第3章　走査型電子顕微鏡（SEM）

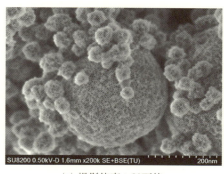
(a) 撮影倍率：20万倍

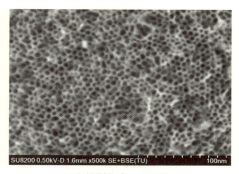
(b) 撮影倍率：50万倍

図11　低加速電圧によるメソポーラスシリカの観察例（加速電圧：0.5kV）
試料提供：東京工業大学　横井俊之先生

となった。図11に触媒などに応用が期待されているメソポーラスシリカの観察例を示す。極低加速電圧領域（500 V）の条件で観察しているが，数nmレベルの孔を明瞭に観察できている。今後もSEMは低加速電圧領域の高分解能化が進み，先端材料の解析に寄与するものと期待される。

1.5　低加速STEM観察

　試料の内部構造を観察するには，透過電子顕微鏡（Transmission Electron Microscope，以下TEM）および走査透過電子顕微鏡（Scanning Transmission Electron Microscope，以下STEM）が利用されている。しかし，これら専用機では，加速電圧が100～300 kVと高いことから，高分子材料やソフトマテリアルなどはコントラストが低下するという課題があり，これを解決するためにTEMやSTEMにおいても低加速電圧による高分解能化が進められている。一方，SEMの加速電圧は30 kVと低く，試料下面に検出器を配置すれば透過電子や透過散乱電子を検出することが可能となり，高分子材料やソフトマテリアルなどのSTEM像を高コントラストで取得可能となる。図12はSEMを用いて鉄（Fe）を内包したカーボンナノチューブの観察例を示す。観察は加

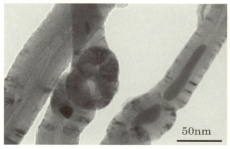
(a) 明視野像（BF-STEM）

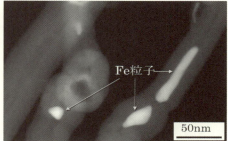
(b) 暗視野像（DF-STEM）

図12　加速電圧30 kVによるSTEM像の観察例（試料：Feを内包したカーボンナノチューブ）

速電圧30 kVで,明視野像(BF-STEM)と暗視野像(DF-STEM)を取得した。明視野像では,カーボンナノチューブの内部構造,暗視野像ではFe粒子の分散状態を白いコントラストで観察できている。

1.6 おわりに

SEMは製品化され約50年となるが,その間性能および機能は飛躍的に向上した。また,様々な付属装置を搭載することで試料表面の観察だけでなく,ミクロの領域での分析も実現している。今後もSEMは,広い分野で利用され社会の発展に貢献することが期待される。

文　　献

1) Nagatani, T., Saito, S., Sato, M., Yamada, M., *Scanning Microsc.*, **1**, 901 (1987)
2) 多持隆一郎,応用物理学会結晶工学分科会第19回結晶工学セミナーテキスト,pp.1-3 (2014)
3) 砂押毅志,生頼義久,日本顕微鏡学会第70回記念学術講演会発表要旨集,pp.106 (2014)

2 SEM試料作製

谷山　明*

　走査電子顕微鏡（SEM）は操作性の簡便さや観察像を直観的に理解しやすいなどの理由から，金属材料や無機・有機材料の解析ツールとして広く用いられている。最近では，数ナノメートルの高分解能を有する装置や数百eV程度の極低加速電圧で観察できる装置が開発されており，試料表面の微細な構造や極表面の観察に用いられている。SEM観察の主な目的は，観察試料の表面の形態や組成に関する情報を得ることである。また，結晶性の材料では電子線後方散乱回折（EBSD, Electron Back Scattered Diffraction）を用いて結晶粒の結晶方位解析を行う目的でもSEMが用いられている。このような目的に対し，SEMが有している機能や性能を最大限に引き出し，正しい情報を得るためには，目的に応じた良好な観察試料が準備されていることが必要かつ重要である。ここでは，試料作製の基本操作と観察目的に応じたそれらの適用法について説明する。

2.1　試料作製の基本操作
2.1.1　試料の固定

　SEM観察を行う場合には，まず観察試料を装置毎に用意された試料台に固定する必要がある。試料台には，接着剤や粘着テープを用いて平板上に試料を固定するタイプ（図1(a)）や試料を挟みこんで固定するタイプ（図1(b)）が一般的に用いられ，ほかにも目的に応じた形状や機能を有する様々な試料台が提供されている。試料台の材料にはアルミニウムや黄銅などの非磁性の金属が用いられる。固定に用いられる接着剤や粘着テープには，(1)試料の表面を汚さずに固定できること，(2)真空を劣化させるような揮発成分が少ないこと，(3)試料台との導電性を妨げないことなどの性能が求められる。

　接着剤を用いて試料を固定する場合は，銀の微粉末を樹脂に練り込んだ「銀ペースト」やカーボン微粉末を樹脂に練り込んだ「カーボンペースト」などの導電ペーストが用いられる。銀ペー

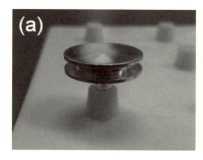 

図1　SEM試料の固定に用いられる試料台

---

*　Akira Taniyama　新日鐵住金㈱　技術開発本部　先端技術研究所　上席主幹研究員

産業応用を目指した無機・有機新材料創製のための構造解析技術

ストに用いられている有機溶剤を十分に揮発させるためには，常温ではかなりの時間（常温乾燥に対応したもので3～4時間程度，その他は10～12時間）を要するが，60～80℃で加熱を行うと30分～1時間程度で十分に揮発し試料がしっかりと固定される。カーボンペーストは，導電性は銀ペーストよりも劣るが密着性に優れており，室温でも比較的短時間で乾燥させることができる。これらの導電ペーストを用いる際には図2に示すように試料の下面だけでなく側面や上面にまでペーストを塗布しておくと，より高い導電性を得ることができる。ただし，塗布する際には観察面を汚染することが無いように細心の注意が必要である。

粘着テープを用いて試料を固定する際には，市販のカーボン両面テープや銅テープなどの導電テープが用いられる。導電テープを適当な大きさに切り取り，試料の下に敷いて試料を圧着することで，試料の固定と導電性が確保される。導電性は前述の銀ペーストやカーボンペーストに比べると劣るが，試料の着脱が容易であるため，簡便な方法である。また，試料の下に敷くだけでなく，細く短冊状に切断したテープで図3のように覆うことで導電性をさらに高めることができる。粉末試料の観察では，テープの上に粉末を振りかけた後，ブロアーで未固定の粉末を吹き飛ばすことにより粉末試料を固定可能である。

繊維状試料や，粉末試料の内部組織や断面組織を観察する場合は，試料を市販のエポキシ樹脂やアクリル樹脂などの「包埋樹脂」に包埋してから包埋樹脂ごと研磨し，上記の導電ペーストや導電テープを用いて試料台に固定すると取り扱いが容易になる。また，バルク試料の断面組織を観察する際にも，包埋してから断面の研磨を行うことで，縁辺の研磨だれを防ぐことができる。樹脂の硬さを変化させることができる場合は，試料と樹脂の硬さができるだけ等しくなるように

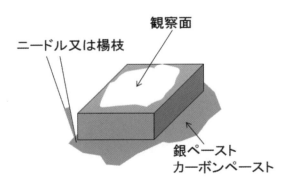

図2　導電性ペーストを塗布して固定された試料の模式図

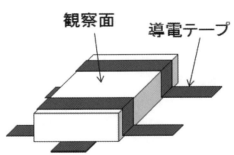

図3　導電テープを用いた試料の固定方法の例

表1　SEM試料作製に用いられる代表的な包埋樹脂[1～3]

種類	材質	製品例
常温硬化性樹脂	エポキシ樹脂，ポリエステル樹脂	Araldite, Technovit
熱硬化性樹脂	フェノール樹脂，エポキシ樹脂，メタクリレート樹脂，アクリル樹脂	EPOK812, EPON812
光硬化性樹脂	スチレン樹脂，アクリル樹脂	D-800, アクリル・ワン

第3章 走査型電子顕微鏡（SEM）

調整した方が良い。包埋樹脂には表1のように用途に応じた材質や硬化温度のものが市販されており，導電性樹脂も販売されている[1〜3]。

2.1.2 導電処理

　試料自体の導電性が低い場合は，試料表面が帯電（チャージアップ）することにより観察像が歪んだり異常なコントラストを生じたりする場合があるため，銀ペーストやカーボンペースト，導電テープなどで試料台に試料を固定した後に，さらにカーボン膜や金属膜などの皮膜を表面に形成（コーティング）させて導電性を確保する必要がある。皮膜の形成には専用のコーティング装置が用いられる。コーティング装置には，カーボンや金属材料を加熱して蒸発させ試料表面に皮膜として堆積させる「真空蒸着装置」やアルゴンガスプラズマなどで金属ターゲットをスパッタし，スパッタされた金属を試料表面に堆積させる「イオンスパッタコーター」，イオンスパッタ装置の金属ターゲット部に磁石を置くことで放電を起こさせ，スパッター速度を向上させた「マグネトロンスパッタコーター」などが市販されており，用途に応じて選択することができる。導電処理に用いる金属材料には，金（Au）や白金（Pt），Au-パラジウム（Pd）合金，Pt-Pd合金などが用いられる。Auコーティングは粒子が比較的大きく，高倍率の観察には向かない。PtやPt-Pd合金のコーティングは粒子が小さく10万倍程度までの高倍率観察にも用いることができる。また，生体試料や繊維試料などで用いられているオスミウム（Os）コーティングは皮膜の粒状性がなく，生体試料や繊維試料以外でも表面形態を高倍率で観察する際に表面の導電性皮膜の粒状性が問題となる場合に有効である。ただし，オスミウムの酸化物は毒性を有するため取り扱いに注意を要する。また，導電処理は試料表面の帯電防止に効果があるが，試料表面を異物で覆っていることになるので，表面の組成や結晶構造を反映したSEM像を取得したい場合には適切なコーティング材料を選択する必要がある。

2.1.3 試料表面・断面の研磨

　試料の内部組織や断面構造の観察を行う場合には，試料が脆性的で破壊しやすい場合や，逆に非常に軟らかい場合を除き，研磨によって試料表面を平滑にする。試料表面の平滑化の工程は粗研磨と仕上げ研磨の2つに大別される。研磨には図4，5のような平行研磨機やラップ盤（回転研磨機）が用いられる。粗研磨では試料の厚さ調整と表面の平滑化を目的とする。試料を研磨用ジグに接着剤を用いて保持し，縁辺の研磨だれを防ぐためにその周辺を試料と同じ種類もしくは同程度の硬度の物質で囲んで研磨を行う。また，樹脂中に包埋して，研磨面積を広くすることも研磨だれを防ぐのに効果的である。粗研磨では，最初は粗い砥粒の研磨材を用い，順次細かい砥粒を用いて研磨を行う。硬度が低く柔らかい試料の場合には初期段階ではカーボランダム（SiC）を用い，仕上げ研磨を行う前段階の研磨ではコランダム（α-Al_2O_3）を用いると比較的キズの少ない表面に仕上がる。また，硬い試料の場合には初期段階からダイヤモンドペーストを用い，研磨の段階が進むに従って細かい粒子のものを用いるようにすると良い。粗研磨では，光学顕微鏡観察で表面に深い傷が見えなくなるまで研磨を行う。粗研磨が完了したら，引き続き仕上げ研磨を行う。仕上げ研磨では，琢磨材と呼ばれる細粒を塗布したラップ盤や研磨布（バフ）を用いて，

産業応用を目指した無機・有機新材料創製のための構造解析技術

図4　粗研磨に用いる平行研磨機

図5　仕上げ研磨に用いるラップ盤

つやのある鏡面を得る。仕上げ研磨においても粗研磨と同様に，大きい粒子の琢磨材から順次小さい粒子へと変化させて，試料表面が鏡面になるまで研磨を行う。琢磨材には0.3〜1 μmのAl_2O_3微粒子の懸濁液や0.2〜0.5 μmのダイヤモンド微粒子の懸濁液もしくはペーストが一般的に用いられている。表面が平滑になった試料をSEM観察に供するためには，試料の内部組織や断面構造に対応した凹凸を表面に露出させる必要がある。それには，以下に述べる化学エッチングや電解エッチング，イオンエッチング，プラズマエッチングが用いられる。

2.1.4　化学エッチング・電解エッチング

化学エッチングは試料を酸やアルカリの溶液を用いて腐食（エッチング）する方法である。SEM観察試料作製では，試料組織の腐食能の違いにより凹凸を形成させることで結晶組織や多層構造の特徴的な構造を表面に露出させる。化学エッチングに用いられる溶液は，光学顕微鏡観察で用いられるものとほとんど同じである。表2に金属試料の化学エッチングに用いられる代表的なエッチング液を示す。化学エッチングされた表面には酸化被膜や残渣が付着しているため，数万倍以上の高倍率観察には向かない。

電解エッチングは試料を電解液中に浸漬し，通電することにより試料を溶解する方法である。図6に電解エッチング装置の概略図を，表3に電解エッチングに用いられる電解溶液と電解条件を示す[4]。この方法でも，化学エッチングと同様に組織の構造を反映した表面を露出させることができる。電解エッチングは，化学エッチングと比較して表面を比較的平滑に仕上げることができ，表面の酸化被膜や残渣も比較的少ないため，加工歪みや損傷の無い平滑な表面を必要とするEBSD測定用試料の仕上げ処理として用いられることが多い。また，金属材料中に含まれる介在物や析出物と呼ばれる非金属粒子を試料表面に露出させて観察することも可能である。

第3章 走査型電子顕微鏡(SEM)

表2 金属材料のSEM観察用試料作製に用いられる代表的なエッチング液

材料	エッチング液成分	備考
鉄鋼	硝酸2%, エタノール98% ピクリン酸4g, エタノール100ml	フェライト結晶粒の現出 オーステナイト結晶粒の現出
ステンレス鋼	塩酸40%, 硝酸20%, グリセリン40%	—
銅, 銅合金	2%塩化第二鉄, 98%蒸留水	—
Al, Al合金	0.5%HF, 99.5%蒸留水 1.1%NaOH, 98.9%蒸留水	—

表3 電解エッチングに用いられる電解溶液と電解条件[4]

材料	電解溶液	電解条件
炭素鋼	5%過塩素酸, 95%酢酸	電圧:35～45V, 電流:0.7A, 液温:<30℃
ステンレス鋼	60%リン酸, 40%硫酸	電圧:9V, 電流:1.5～3.5A, 液温:60℃
アルミニウム	600mlリン酸, 130ml硫酸, 240ml蒸留水, 150gクロム酸	電圧:9～12V, 電流:0.05A, 液温:70℃
	20%過塩素酸, 80%エタノール	電圧:15～20V, 電流:0.2A, 液温:<30℃
銅, 銅合金	50%リン酸, 50%蒸留水	電圧:10～15V, 電流:1.5A, 液温:<20℃
	30%硝酸, 70%メタノール	電圧:3～5V, 電流:2A, 液温:<0℃
チタン, チタン合金	5～10%過塩素酸, 90～95%酢酸	電圧:10V, 電流:2A, 液温:20℃

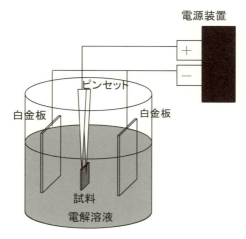

図6 電解エッチング装置の概略図

2.1.5 イオンエッチング

　イオンエッチングは,Ar$^+$などのイオンビームにより試料表面の原子をはじき出し,イオンビームが照射されている表面を平滑化する方法である。SEM観察試料作製用のイオンエッチング装置は顕微鏡メーカーやその周辺機器メーカーから販売されており,また,試料表面のエッチングに加えて,試料断面をエッチングして断面構造観察用の試料を作製することができる装置も販売

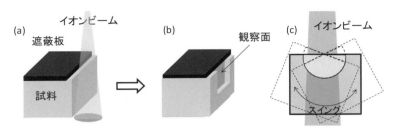

図7 イオンエッチングを用いた断面試料作製法の摸式図

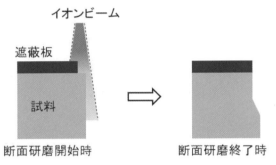

図8 イオンエッチングにおける試料形状の変化の摸式図

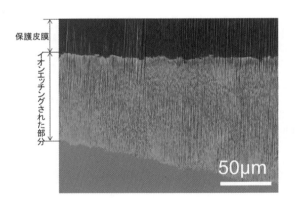

図9 長時間のイオンエッチングによって生じた筋状の凹凸

されている。図7に断面観察用試料加工法の模式図を示す。図7(a)のように試料表面に遮蔽板を設置し、試料の一部を遮蔽板からはみ出させた状態でイオンビームを照射する。遮蔽板で覆われていない部分は削り取られ、図7(b)のように試料の断面が観察面として露出する。図8にはエッチング前後の試料断面の模式図を示した。イオンビームは試料断面に対しほぼ平行に照射されるため、試料の選択的なエッチングは生じにくい。イオンビームの加速電圧は2～6 kVと比較的低い電圧を用いることができる。イオンエッチングされる表面や断面はあらかじめ鏡面研磨しておくことが望ましい。また、試料の材質によってイオンビームの加速電圧、イオン電流量、加工時間などを最適化することが重要である。エッチング中にイオンビームを同じ入射方向から長時間照射し続けると、エッチング面に図9のような筋状の凹凸が生じ、それがひどくなると試料本来のものとは全く異なる表面形態を呈するようになってしまう。最近の装置では、図7(c)のように試料を数十度の角度範囲で揺動(スイング)させて、イオンビームが照射される方向を変化させ、筋状の凹凸を生じさせない工夫が行われている。

2.1.6 プラズマエッチング

プラズマエッチングは、高周波グロー放電を用いて発生させたアルゴンプラズマ中の50 eV未満のエネルギーを有するアルゴンイオンを、100 mA/cm^{2}程度の高いイオン電流で試料表面に照射

第3章　走査型電子顕微鏡（SEM）

して，試料表面へのダメージを最小限に抑えながら高速に表面をスパッタリングできる方法である[5]。例として，図10に高周波グロー放電プラズマを用いたエッチングの模式図を示す。高周波グロー放電プラズマを用いると，機械研磨によって生じた試料表面のダメージ層を数十秒以内という非常に短時間で除去することができる。また，表面へのイオンダメージも非常に少なく，試料本来の構造を表面に露出させることができる。図11(a)に鋼の表面を鏡面研磨した後に，高周波グロー放電プラズマで表層の研磨ダメージ層を取り除いてSEM観察した結果を示す。図11(b)には比較のために鏡面研磨した試料表面を硝酸アルコール溶液で化学エッチングすることにより結晶組織を露出させて光学顕微鏡観察した結果を示している[6]。高周波グロー放電プラズマを用いた方法で得られた結晶粒の形態は従来から用いられてきている化学エッチングによる結晶粒の形態とほぼ同様であり，金属結晶の形態を十分に反映した結果が得られることがわかる。また，高周波グロー放電プラズマを用いて得られた表面のコントラストが結晶毎に異なって見えているが，これはSEM像で観察されるチャンネリングコントラストによるものであり，試料表面の汚染や機械的ダメージが少ないことを示している。最近，結晶方位解析手法として広く用いられているEBSD測定を行う場合，表面汚染や機械的ダメージの少ない試料を準備する必要があるが，このプラズマエッチングを用いれば，イオンミリングと比較して短時間でEBSD測定に適した表面を

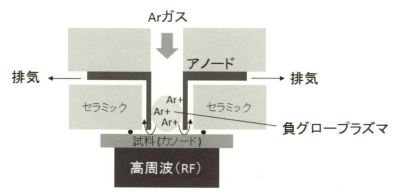

図10　高周波グロー放電プラズマを用いたエッチングの模式図

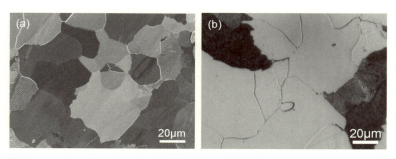

図11　アルゴンプラズマによる試料前処理と化学研磨による試料前処理の比較[6]

有する試料を供することが可能である。
2.1.7 試料の割断・へき開
　硬質で脆性的な材料やへき開を生じるような材料では，試料を研磨して内部組織や断面構造を観察することが難しい。このような材料には割断法やへき開法を用いると比較的良好な観察試料を作製することができる。割断法では，観察部の近傍にガラス切りや切削により切欠を入れ，そこに先の尖った工具を添えて木槌や金槌で叩いて割断する。板ガラスのような薄い材料の場合は，ガラス切りで小さな切り溝を入れた後に試料の下に楊枝のような丸棒を置き，両端に力を加えて破断する。また，切り溝を入れた後，ガラス切断用の「ランニングプライヤー」を用いると比較的簡便に割断することができる。割断された断面を観察に供することで，試料の積層構造や結晶粒形状を観察できる。へき開法では，岩塩単結晶などのへき開性を有する基材の上に薄膜を形成させ，基材を鋭利な刃物でへき開することにより，その表面の薄膜も一緒に破断し，薄膜の断面を観察することができる。

2.2　観察目的に応じた試料作製
2.2.1　金属・半導体材料の観察
　金属や半導体など導電性を有する材料の表面や破面の形態を観察する場合は，試料台に固定することができればそのままの状態で観察が可能である。一方，試料の内部組織や断面構造の観察を行う場合には，結晶粒や組成，多層構造を反映した凹凸を有する良好な表面を作製する必要がある。表面の作製には，機械研磨による平滑化と，表2に示すような酸やアルカリ溶液への浸漬による化学エッチングが一般に用いられ，イオンエッチングも用いられる。良好な試料を得るためには，表面処理の前段階で平坦かつ鏡面を有する表面を作製しておく必要がある。
2.2.2　無機材料の観察
　鉱物やセラミックスなどの無機材料は硬質で脆性的な性質を示すものが多く，内部構造や断面構造観察する際には，金属材料や半導体材料で用いられるような，研磨やエッチングによる試料作製法のほかに，割断法やへき開法が用いられる。なお，無機材料は一般的に耐化学薬品性が高いため，エッチング法で結晶組織を露出する場合にはイオンエッチングが適している。
2.2.3　有機材料の観察
　バルク試料の場合は取り扱いが容易であるが，繊維上の試料や粉末試料の内部組織や断面組織を観察する場合は包埋樹脂に包埋すると取り扱いが容易になる。試料と包埋樹脂の密着性が低いと，その後の処理中に試料と包埋樹脂が剥がれる場合があるので，あらかじめ試料表面をイオンエッチングしておくと，密着性が向上する。また，試料と樹脂の硬さができるだけ等しくなるように調整する方が包埋樹脂の剥がれが少なくなる。
　有機材料のバルク試料や包埋試料は，ウルトラミクロトームと呼ばれる精密切削装置を用いて表面を平滑に切削して，その断面や内部構造を観察することが可能である。切削が容易でない場合は，金属・半導体材料や無機材料と同様に研磨装置を用いて平滑な表面を得る。高分子材料で

第3章 走査型電子顕微鏡（SEM）

は研磨中の摩擦熱で試料が変形する場合があるため，その場合は冷却を行う必要がある。平滑化された試料表面はイオンエッチングや化学エッチングを用いて，ミクロ・マクロ構造に対応した凹凸を付与し，SEM観察に供する。

また，無機材料と同様に割断することで断面や内部構造の観察が可能となる場合がある。ただし，高分子の場合は室温では軟らかくて割断しにくいため，冷凍庫や液体窒素を用いて試料を冷却してから割断を行う。

2.2.4 低加速電圧SEMを用いた表面観察，EBSDを用いた結晶方位解析

最近では低加速電圧による極表層の観察が一般的に行われるようになってきている。このような場合は，化学エッチングや電解エッチングを用いると，表面処理によりエッチピットや過剰な凹凸が生じて観察に支障をきたす。さらに，試料表面に酸化被膜や腐食残渣が付着したりすると結晶粒や組成構造を反映した像が得られなくなるため，それらを防ぐための対策としてイオンエッチングやプラズマエッチングが有効である。また，EBSD測定を目的とする場合は，電解エッチングのほかにコロイダルシリカ溶液（0.01～0.02 μmのSiO_2コロイド溶液）を用いたメカノケミカルポリシングにより，測定に適した加工歪みが少ない試料表面を得ることができる。ただし，コロイダルシリカ溶液は，シリカ粒子が凝集することを防ぐために，弱アルカリ性もしくは弱酸性の溶媒にシリカ粒子を分散させているため，試料表面にごく薄い酸化被膜や腐食残渣を形成させる。EBSD測定後に低加速電圧による極表層の観察を行う場合は，イオンエッチングやプラズマエッチングを併用して試料表面に生成した酸化被膜や腐食残渣を除去することが必要となる。

文　献

1) 応研商㈱ホームページ：http://www.okenshoji.co.jp/
2) 日新EM社ホームページ：http://nisshin-em.co.jp/
3) ㈱マルトーホームページ：http://www.maruto.com/
4) P. B. Hirsch, A. Howie, R. Nicholson, D. W. Pashley, M. J. Whelan, Electron Microscopy of Thin Crystals, Krieger Publishing Co., Inc. (1965)
5) 清水健一，谷山明，立花繁明，三谷智明，幅崎浩樹，工業材料, **54**(5), 82 (2006)
6) 谷山明，顕微鏡, **44**(1), 16 (2009)

3　収束イオンビーム-SEM装置を用いたメゾスケール三次元解析

太田啓介*

3.1　はじめに

　数μm〜数百μmの領域の三次元構造は解析が難しく，時として技術的な中間スケールとしてメゾスケール（mesoscale），もしくはメゾスコピックスケール（mesoscopic scale）と呼ばれることがある。この領域は物質の性質を決める重要な構造を含むと考えられているが，光学顕微鏡では小さすぎ，また，電子顕微鏡には大きすぎるため解析は困難な場合が多い。ここで紹介する収束イオンビーム-SEM装置（FIB-SEM）を用いた三次元解析法は，まさにこのようなスケールを解析する数少ない技術である。FIB-SEM装置はその名の通り走査型電子顕微鏡（SEM）に収束イオンビーム（Focused-ion beam；FIB）を搭載した試料加工・計測装置で，そのアプリケーションの一つとして，連続断面観察による試料の三次元解析を行うことができる。この解析法の特徴は，数μm〜百μm角の領域をnmオーダーの高い空間分解能で三次元的に可視化できる点であり，複合材料や生体材料の微細な内部構築，材料内の特定の物質の分散状態などを視覚的に確認することが可能になる。試料は固体であれば，硬質なものからソフトマテリアルまで，さらに両者が混ざったものでも対応でき，その応用範囲は非常に広い。クライオ技術と併用すると溶液中に分散した重元素の分散などを解析することもできる。また近年では生物分野に応用されるようになり[1]，FIB-SEMトモグラフィー法（以降本手法をこの名称で表記する）と呼ばれている。

　本節ではこのFIB-SEMトモグラフィー法の特徴と，他の三次元解析技術との関係性について説明し，どのような対象物を解析するときにこの方法が有効であるのかについて解説する。次いで，解析のベースとなる画像データの取得原理を理解することで，観察対象となる試料の作製法と得られる結果の解釈についていくつかの参考データを元に解説を試みる。

3.2　FIB-SEMトモグラフィー法の特徴と観察対象：メゾスケール構造

　本手法はFIBによる試料の断面加工と，それによって作られた断面をSEMで観察するプロセスを繰り返すことで，観察対象の連続断面像を取得し，三次元再構築およびその解析を行う技術である（図1）。FIBはガリウムイオンを静電レンズによってnm単位に細く絞ったもので，固体状のサンプルであればそのスパッタリング効果で照射領域を数nmの分解能で微細に加工することができる。FIBは1979年に発表されて以来成熟してきた技術であり[2]，今日，半導体や材料分野ではTEM用薄片標本の作製などに日常的に用いられている技術である。断面加工においては，試料の表面を数nmずつ切削することが可能であるため，SEMにFIB装置が組み込まれたFIB-SEM装置では，微量切削ごとに試料表面を観察することが可能となる。この機能はメーカーにより「Cut & See」，「Slice & View」などの名称で呼ばれており，試料内部の構造を詳細に可視化できる（図1）。これ自体はそれほど新しい方法ではないが，近年，装置の性能が急速に改良され，

＊　Keisuke Ohta　久留米大学　医学部　解剖学講座（顕微解剖・生体形成部門）　准教授

第3章 走査型電子顕微鏡（SEM）

FIBの切削面から高精細な連続断面画像が得られるようになり，また試料作製法が工夫されたことにより，材料系だけでなく様々な分野において応用できる技術となっている。特に2006年には生物組織の観察に応用されFIB-SEMトモグラフィーとして知られるようになった。この手法が生物分野で注目された理由は，その観察領域のサイズである。この方法で観察できる領域は前述のように数〜100μm角の領域で，細胞がすっぽり入る大きさである。

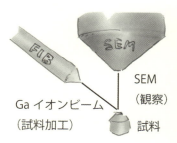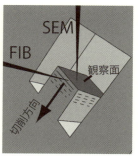

図1　FIB-SEMにおけるカラム（左）と連続加工撮影時におけるビームと試料の配置（右）

この領域を三次元的に可視化することで，細胞間の構造や細胞内のオルガネラ（細胞内小器官）の空間的関係性など，生命現象に直接関わる高次構造を正確に解析することができるようになった。実は，このようなスケールの三次元構造は従来の顕微鏡法では可視化することが極めて困難な領域であり，これまであまり理解が進んでいなかった。冒頭で示したように，数μmオーダーの三次元空間は光学顕微鏡技術（共焦点顕微鏡など）と電子顕微鏡技術の境界領域に位置し，技術の狭間のスケールということからメゾスケールと呼ばれることがある。生物でいえば，タンパク分子と形態の間を橋渡しするスケールである。FIB-SEMトモグラフィー法はこのメゾスケールの三次元構造を解析することができるユニークな技術であり，顕微鏡法における1つのブレイクスルーと言える技術である。

得られるデータの空間分解能は，様々な条件が関わるため単純に規定することは難しいが，観察条件をうまく設定することで全ての方向に5nm程度の空間分解能をもつ再構築データを得ることが可能である[3]。分解能だけに注目すると電子線トモグラフィー法というもう一つの電顕三次元再構築法（第2章3参照）の方がFIB/SEMトモグラフィー法にくらべより高い分解能が得られる。一方，FIB-SEMでは，試料サイズに制限がなく，特に厚さ方向に広い領域を解析することができる。ここで，近い領域を解析できる他の三次元解析手法の計測可能範囲（表1）を比べて

表1　各種三次元再構築技術の計測範囲とその特徴

三次元再構築法	観察範囲（m）	分解能	特徴
X線顕微鏡/μCT	10^{-2}〜10^{-4}	〜100 nm[*1]	非破壊
共焦点顕微鏡	10^{-5}	〜1 μm[*2]	標識したもののみ可視化
FIB/SEMトモグラフィー法[*3]	10^{-4}〜10^{-6}	〜5 nm	破壊検査，広い測定レンジ
電子線トモグラフィー法	10^{-6}〜10^{-7}	〜1 nm	高空間分解能

[*1] 近年急速に進歩しておりプロトタイプ機では30 nmに達すると言われている。
[*2] 超解像技術を用いると数十nm程度を解析可能。
[*3] 類似の連続断面SEM方法として，SBF-SEM，Array Tomographyなどの方法もある。

みると，100 μmよりも大きな構造を解析する場合はμCTを，また，観察範囲が100 μm以下で，分解能も10 nm程度の分解能で十分ならFIB-SEMトモグラフィー法を，一方，試料の大きさは1 μm以下と制限はあるものの，10 nm以下の高い分解能が必要であれば，電子線トモグラフィー法を用いることが望ましいと言える。場合によっては複数の手法を組み合わせることでより正確なデータが得られるので，自らの観察対象がどの範囲にあるのかを考えて計測技術を選択することが重要である。

　ここで，FIB-SEMトモグラフィー法が最も有効な典型的なメゾスケール構造の解析例として，ミトコンドリアの内部構造を解析した例を図2に示す[4]。ミトコンドリアは我々の細胞内でエネルギーの大部分を作り出す細胞内小器官で，その大きさは1～4 μm程度である。ミトコンドリア自身は光学顕微鏡でも観察できるが，その内部には無数のクリステと呼ばれる微細な突起が存在している。この構造は細胞の生理状態で大きく変化することが知られているものの，その全体像を把握することはできなかった。これを明らかにするには空間分解能20 nm程度が必要であり，

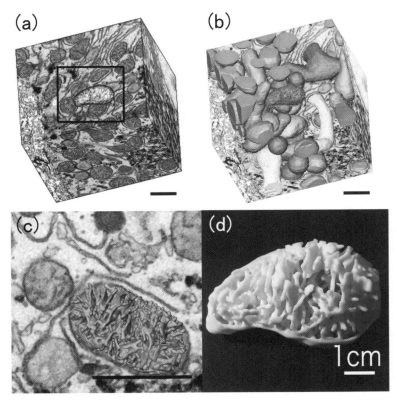

図2　ラット肝臓のミトコンドリアの再構築解析
6 μm角の細胞質をFIB-SEMを用いて可視化した(a)。再構築データ内には数十個のミトコンドリアが観察される(b)。1つのミトコンドリアに注目し((a)四角部分)，クリステを可視化した(c)。得られたデータを用いて50,000倍に拡大されたミトコンドリアモデルを3Dプリンタで出力した。Bar = 1 μm ((a)～(c))。

第3章 走査型電子顕微鏡（SEM）

従来は電子線トモグラフィー法による解析が行われてきた。しかし，電子線トモグラフィー法は前述のように試料の厚さに制限があるため，ミトコンドリア全体のクリステ構築を把握することはできなかった。図2の例は6μm角の細胞領域を再構築しており，数十個のミトコンドリアの詳細な構造情報と空間的な分布を同時に取得できているのがお分かりいただけると思う。本手法の主要な観察対象がどのような大きさかをイメージできれば幸いである。

3.3 FIB-SEM三次元再構築法に用いる取得画像の取得条件と像の解釈

　FIB-SEMで再構築を行う試料は隙間のない固体状の組織である必要がある。中に隙間がある場合は樹脂などで隙間を埋め，断面を作製して観察する。FIB-SEMトモグラフィー法の画像は，FIB加工により作製した平滑な試料面から直接取得される。本手法の目的は試料の内部の組織構造を知ることであるため，EDS元素マッピングや，EBSDによる結晶解析，また，試料の原子組成を反映した組成コントラストに基づく画像をもとに解析を行う。ここで，形態解析に用いる組成コントラスト像では分解能を求めることが多いので，少し詳細に解説する。SEMからの電子線が試料に照射されると，電子と試料との相互作用の結果，試料表面から反射電子や二次電子が放出される。一般的に二次電子は表面の形状に影響されやすく凹凸コントラストをもたらすため形状観察に用いられ，一方で，反射電子は試料内の平均的な原子組成を反映し，組成コントラストが得られると解釈される。しかし，いずれにしろ観察面に凹凸があると，純粋な組成コントラストを得ることはできないので，できるだけ平滑な面からデータを得ることが重要になる。そのため，試料内に空胞がある場合は，試料を樹脂に包埋し，FIB加工面が平滑になるようにしなければならない。逆に，完全に平滑な面を作ることができれば，反射電子だけでなく，二次電子にもほとんど凹凸コントラストが含まれないため，両者はほぼ同等の組織像をもたらす。ブロック表面から直接組織像を得るため，このような画像はBlock Face Image（BFI）と呼ばれる。本稿では以降，BFIで統一する。FIB-SEMを用いた三次元解析はこのようなBFIを連続断面から取得することで，元の構造を再構築することになる。

　BFIで良い画像（コントラストが高く，分解能が高い画像）を得るためには，できるだけ低加速電圧で，シグナルノイズ比が高いデータを得なければならない。両者は相反する性質であるので，良い画像を得るためには試料・SEM・検出器などの最適化，いわゆる落としどころを見つける必要がある。この値は用いる装置より異なるため，一定の値を記載することはできないが，いくつか原理的な注意点があるので以下に述べる。

一次電子の条件：

　BFIで高い分解能を得るには一次電子の条件が重要になる。一般的に低加速電圧（1.5〜2kV）が望ましいが，観察する倍率によっては7kV程度までは用いることができる。BFIでは画像を試料表面から取得すると述べたが，これは正確ではない。一次電子ビームが試料に照射された後，電子は試料内で一定の広がりを持って散乱する。この領域は電子散乱領域とよばれ（図3），これが画像を得るためのプローブとなる。電子散乱領域は加速電圧に依存して大きくなるため，加速

産業応用を目指した無機・有機新材料創製のための構造解析技術

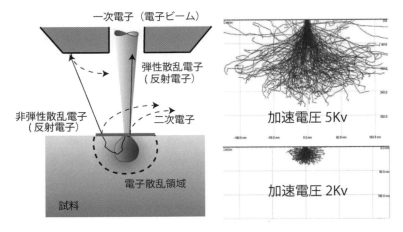

図3　入射した電子と試料との相互作用の模式図（左）とモンテカルロシミュレーションによる一次電子の加速電圧による電子散乱領域の広がりの違い（右）

電圧を高くすると分解能の低下をもたらす。一方，加速電圧を下げることで表面近くの情報が得られるようになるものの，ビームを絞ることが急激に難しくなるため分解能は低下し，また反射電子の検出効率も低下しコントラストも下がる。どの辺りで一番良い像を得られるのか使用している装置の特性を良く理解し，その落としどころを見つけておくと良い。

二次電子と反射電子：

BFIでは情報としてどちらも用いることができるが，どちらを用いたほうがより望ましいのだろうか？組成像であるので，できるなら反射電子を用いることが望ましい。しかしその場合は低加速対応の検出器が必要である。反射電子では十分なシグナルが得られない観察条件の場合に二次電子を試す。ただし，両者はとてもよく似ているもののわずかにコントラストの違いがあるので，精密な計測を必要とする場合は注意が必要である。コントラストの違いが生じる原因は両者の発生原理に違いがあるためであると考えられる。反射電子は入射した一次電子が，試料内に広がりながら試料と相互作用し，試料から脱出したものである。従って，比較的試料の組成情報に依存したコントラスト，すなわちZコントラストが得られる。特に弾性散乱電子のみを取得する機構を持つSEMを用いると試料の原子組成により忠実なデータが得られることになる。これが反射電子を用いた方が望ましい理由である。一方，二次電子は，一次電子が試料に入射した直後もしくは脱出する直前に相互作用した原子から放出されるので，試料が平らであれば，シグナルとなる二次電子の広がりは反射電子とほぼ同等である。しかし，一次電子により誘導される二次電子の放出効率は物質の種類によって反射電子のそれとは異なるため，最終的なコントラストは，反射電子よりもやや複雑になり，両者に差が生じることになる。つまり，反射電子は比較的原子番号に一致したコントラストをもたらすのに対し，二次電子の場合は一概に重い原子が明るいコントラストを示すとは限らないことだけ注意が必要である。ただ，前述のようにシグナルとなる

第3章 走査型電子顕微鏡(SEM)

電子の放出領域はどちらも同じであるので,形態を確認するだけであればどちらを用いても問題は無い。特に低加速電圧での観察では反射電子の検出が難しくなるのに対し,二次電子の放出量は逆に多くなるため良い像を得られることも多い。ところで,試料自身が軽元素のみで構成されている場合,試料が持つ組成分布だけで十分な形態像を得ることは難しい。例えば生物組織や有機物からなる材料の場合,通常のSEMで観察しても明瞭なコントラストは得られない。このような場合は,事前に試料を重金属などで*en bloc*染色することで,その組織構造を観察することができる(後述)。

BFIは組織像・形態解析という点では有効であるが,そのコントラストは用いる情報,機器,観察条件により一定の値を取らないためその解釈は難しい。もし,原子組成などに言及する必要がある場合は,一断面でいいのでEDSでの元素マッピングなどを行うことを勧める。

3.4 無機・有機材料の試料調製とその解析例

無機材料,有機材料は様々な重元素や密度の違いを持っているものが多く,そのままでもコントラストを得ることができる場合が多い。ここでは2つの例を挙げる。一つは担持触媒であり,もう一つはコピー機の廃トナー粒子である。今回用いた試料は両者とも粉末状のサンプルであり,染色などの前処理をすること無く重合直前の樹脂に混和分散し,ナイフや研磨により平滑面を作製し,FIB-SEMで観察した。

無機材料の例として示すのは,パラジウムが担持されたアルミナ粒子である(図4)。前述のように,FIBが入射する面はできるだけ平滑なことが望ましいが,このような試料の場合,機械研磨ではFIB切削に耐えうる程の平滑な面を作製することは困難である。そこで,通常はイオンミリング装置などを用いて最初の平滑面を作製しておくことが望ましい。平滑断面が得られた試料はSEM試料台に乗せ,帯電防止にカーボンをコートする。以降の試料も同様であるが,樹脂は導電性が無いため,表面に導電コーティングを施す。この場合,金属コーティングよりもカーボンコーティングが望ましい。それは,加工部位を決める際,カーボンであればコート層越しに試料位置を確認することができるためである。コートが終わった試料は装置に入れ観察に供する。装

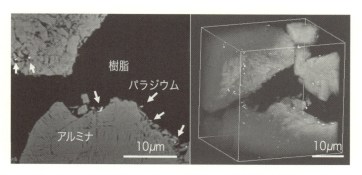

図4　FIB-SEMトモグラフィー法で可視化したパラジウム担持アルミナの例

161

置内での試料の取り扱いについても，良い連続断面観察を行う上でいくつかのノウハウがあるのは事実であるが，近年は手順の自動化ソフトが発達しているので，はじめはその指示に従うところから行うと良い。

この試料では，樹脂が最も暗く，次いでアルミナ，パラジウムが最も高い輝度を示している。アルミナには細かな亀裂が入り，多くの細孔が形成されている。一方，試料表面には粒塊状のパラジウム粒子が観察される。しかし，このサンプルにおいてパラジウムの粒塊は細孔の中にはほとんど入っていないことが確認できた。

図5　FIB-SEMトモグラフィー法で可視化した廃カラートナー粒子

断面におけるBFI（左）。素材自身の組成コントラストが観察される。画像の輝度を元に再構築したトナー（右）

次に示すのは，コピー機の廃トナー粒子である（図5）。トナー粒子は一般的にポリエステルとワックスを主に構成される直径5 μm程度の球状の複合素材で，その表面などに着色剤や機能性成分が付着している。今回の観察でも，これに相当する像を得ることができた。樹脂に包埋されたソフトマテリアルの場合は，直接ウルトラミクロトームで切削を行う。超薄切片が作れるほど平滑な面が得られたら，試料台に載せ，カーボンを蒸着後，装置に入れ観察を行う。トナー粒子をよく観察すると，数種類の粒子が混ざっていること，また粒子により，表面の機能分子の分布，ワックスの分布などが異なっていることが確認できる。新規開発において，このような分布を直接確認できることは，設計上極めて有効である。

3.5　生物材料・コントラストが得られない試料の調製（en bloc染色）とその解析例

軽元素で構成されたサンプルをそのままSEMで観察しても，組成コントラストで明瞭な像を得ることは難しい。このようなサンプルの場合は重金属でen bloc染色を施す。典型的なプロトコルを図6に示す。生物試料を透過型電子顕微鏡用の試料として作製する場合，一般に液中でアルデヒドなどを用いて固定した後，オスミウム酸や過マンガン酸で後固定する。後固定は一種の重金属染色であるため，それだけでもある程度のコントラストを得ることができる（液中に入れられないものは，オスミウム蒸気固定を行う方法もある）[3]。しかし，これだけでは不十分なことが多いため，さらにウランと鉛でen bloc染色をすることが多い。この方法では比較的TEM像に近いコントラストが得られる。方法は様々なバリエーションがあるので，それぞれ検討することが望ましいが，我々は組織サンプルを4％酢酸ウラン水溶液に浸漬し（2 h〜一晩），水洗の後，Waltonのアスパラギン酸鉛染色で60℃1〜2時間染色を行っている（図6の9〜12）。ウランを用いることが難しい部署では，塩酸ガドリニウムなどを用いる方法で代用することができるが[5]，十分なコントラストが得られるかは試料によって異なるので試していただきたい。オスミウムのコントラストをさらに高めるのであれば，上記en bloc染色の前に還元オスミウム酸—チオカルボヒドラ

第3章　走査型電子顕微鏡（SEM）

```
1.  前固定：     4℃, 1~4時間
               2.5%グルタールアルデヒド＋2%パラフォルムアルデヒド/0.1Mカコジル酸緩衝液*1
2.  緩衝液での洗滌      3分 x 5回
3.  1.5%フェロシアン化カリ＋2% OsO₄/0.1Mカコジル酸緩衝   4℃, 1時間
4.  蒸留水で洗滌       3分 x 5回
5.  1%チオカルボヒドラジド水溶液 60℃, 1時間
         60℃で溶解、使用前にmillipore 0.22μmフィルタを通す
6.  蒸留水で洗滌       3分 x 5回         膜コントラスト増強, rOTO染色
7.  後固定：2%オスミウム酸水溶液　1時間
8.  蒸留水で洗滌       3分 x 5回
9.  4% 酢酸ウラン水溶液       2h ~ 一晩
10. 蒸留水で洗滌       3分 x 5回          en bloc 染色
11. アスパラギン酸鉛液 60℃, 1-2時間
         0.4%アスパラギン酸水溶液（ストック）染色液は直前に調整
         染色液：0.66%硝酸鉛/0.4%アスパラギン酸水溶液(KOHでpH5.5に調整)
12. 蒸留水で洗滌       3分 x 5回
13. 定法により脱水後、樹脂に包埋
  ＊1緩衝液はリン酸バッファー系,HEPES系でも可
```

図6　生体組織用 en bloc 染色法

ジドーオスミウム酸処理法（rOTO法）を施すことで，コントラストが劇的に向上し，生物材料では形質膜の視認性が極めて高くなる（図6の3～8）。このような染色を行った試料を，脱水後樹脂に包埋して観察試料とする。これ以降は上記トナー粒子と同じ方法で観察する。

　ここで示す例は，腱と骨の接着構造，「腱骨付着部」の構造である。正常な腱と骨は極めて強固な結合をしているが，なぜこのような強度が得られるのかは現在でも正確には分かっていない。そこで，ラットの腱骨付着部をFIB-SEMで解析したのが図7である。正常な肩の腱付着部は，光学顕微鏡的観察では骨層→石灰化軟骨層→非石灰化軟骨層→腱の4層構造からなり，特に腱と軟骨の移行部は，両者がくさび形にかみ合った構造をとるといわれてきた。つまり，この移行部は腱と軟骨という全く異なる組織が作るコンポジット構造を持つと考えられてきた。我々はその真の三次元構造を把握するために，FIB-SEMを用いてラット腱板付着部全体が入った5 mm角の試料を作製し，軟骨―腱移行部に注目して解析を行った。詳細は省くが，両者の移行部領域では軟骨組織と腱組織が独立して存在するのではなく，両方の特徴を備えた中間的な細胞が多数存在することが初めて明らかになった（図7右中）。つまり，軟骨―腱移行部は，軟骨と腱という別々の組織が癒合して形成されたという従来の考え方とは異なり，細胞レベルで中間的な構造を介して徐々に変化していくものであることを示唆するものであった[6]。この解析では直径数十nmのコラーゲン細線維1本1本の走行を捕らえることができ，組織が徐々に変化していくことで，腱にかかる力を分散し骨に伝えること，また，界面を作らない構造であることが明らかとなり，その特徴が強度に大きく寄与していることが予想された。バイオミメティクスと呼ばれる生物模倣による新規素材の開発が盛んに行われる昨今，このような生物の作り出す正確な構造の把握がますます重要になってくるものと思われる。

産業応用を目指した無機・有機新材料創製のための構造解析技術

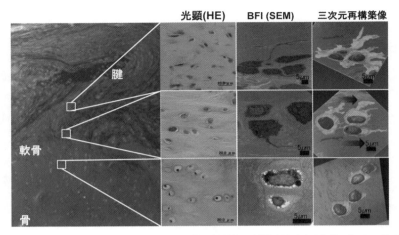

図7　FIB-SEMトモグラフィー法による腱骨付着部の構造解析例（文献5）より改変）
ラット腱骨付着部SEM低倍像（左）より軟骨—骨の移行部を3カ所選択し，一断面（BFI）および三次元再構築像を示す。この位置に相当する光学顕微鏡像を合わせて示す（光顕（HE））。腱に近い側では長い突起を持った細胞が（上段），一方軟骨側では丸い細胞が確認できる（下段）。その中間部には，両方の特徴を持った新しいタイプの細胞が発見された（中段）。中段右の矢印は膠原線維の走行を示す。

3.6　おわりに

　メゾスケールレベルでの構築は材料自身の物性とは独立して新しい機能を発揮することがある。このようなメゾスケール構造を持つ新規材料を開発するには，材料自身の自己組織化によって作られる構築を正確に評価することが重要になる。また，材料が生物に対してどのような影響を示すのかを評価する上でも形態情報は重要である。
　FIB-SEMトモグラフィー法は，試料における制限が少なく，柔らかい細胞と堅い材料が共存するような試料も観察することが可能であるため，他の方法では観察が困難と思われる試料でも観察できることがある。ただ，ここまで言及してこなかったが，この方法にも弱点はある。一つは破壊的検査であるため，再観察ができないことであり，もう一つは，再構築データを得るための時間である。今回例に示したデータはいずれもデータ取得に10時間程度，その後の解析にそれ以上の時間がかかっている。従って，この手法だけで全て解決しようとすると困難にぶつかるであろう。
　一方で，FIB-SEMトモグラフィー法を用いると，他の手法では得ることのできないインパクトのあるデータを得られる。特に様々な方法で得られる傍証と組み合わせることで，このデータの有効性は飛躍的に高まると考えられる。
　FIB-SEMトモグラフィー法が得意とするメゾスケールの構造は，これまでオミットされることが多い部分であったが，反応効率や，生態への効果において重要な影響を及ぼす領域である。また，例えばバイオミメティックス的な考えからこのスケールの構造を材料工学的に再現可能であったとしても，生物側・材料開発側双方で，その構造を正確に把握しなければ，本来の機能が発

第3章　走査型電子顕微鏡（SEM）

揮されているのか否かを評価することができないであろう。したがって，FIB-SEMを用いたメゾスケールの三次元解析技術は，最新の新規材料開発における構造解析技術としてその応用が期待されるものである。

文　　献

1) G. Knott *et al., J. Neurosci.,* **28**, 2959-2964（2008）
2) R. L. Seliger *et al., Appl. Phys. Lett.,* **34**, 310-312（1979）
3) 太田啓介ほか，顕微鏡，**49**, 161-165（2014）
4) K. Ohta *et al., Micron,* **43**, 612-620（2012）
5) M. Nakakoshi *et al., J. Electron Microsc.*（*Tokyo*），**60**, 401-407（2011）
6) T. Kanazawa *et al., Muscles Ligaments Tendons J.,* **4**, 182-187（2014）

4 大気圧走査電子顕微鏡による大気圧条件下のナノスケール構造観察

須賀三雄[*1]，西山英利[*2]

4.1 はじめに

電子顕微鏡（電顕）に用いられる電子線の波長は，光の波長よりも3桁以上短い。このため，電顕の空間分解能は，通常の光学顕微鏡（光顕）よりもはるかに高い。しかしながら，通常の電顕で観察をする際には，電子線の散乱を防止するために試料を真空中に配置する必要がある。このため，液体や気体の中で起こる物理・化学的な現象を通常の電顕で観察することは困難であった。

大気圧下に置いた試料を電顕で観察するために，様々な工夫がなされてきた[1,2]。しかしながら，試料はほぼ閉鎖された空間に配置される場合がほとんどであった。

これに対し，近年大気に開放された試料室を有する大気圧走査電子顕微鏡（大気圧SEM）が開発された[3]。試料室が大気に開放されているために，蒸発に伴う形態変化の観察，あるいは，観察中に試料を外部から操作することなどが可能になった[4]。ここでは，大気圧SEMの原理と応用例について記載する。

4.2 大気圧SEMの原理

図1に，大気圧SEMと試料ホルダーである薄膜ディッシュの構成を示す。大気圧SEMでは，倒立SEMの上部に，窒化シリコン（SiN）の薄膜を底面に備えた直径35 mmのペトリディッシュである薄膜ディッシュを配置する（図1(a),(b)）[3]。SiN薄膜の直上に，試料を置く（図1(b)）。SiN薄膜の膜厚は100 nmであり，電子線を透過するとともに1気圧の圧力差に耐えることができる。真空であるSiN薄膜の下側から倒立SEMで薄膜を通して電子線を試料に照射し，試料からの反射電子を再び薄膜を通して真空側に配置した反射電子検出器で検出する（図1(a)）。これにより，大気圧下の試料を観察する。薄膜ディッシュの上部にSEMと同軸上に配置した光顕（蛍光顕微鏡）で試料の観察位置を特定し，同じ位置を電顕で観察できる（図1(a)）。

図1(c)に，試料の温度依存性を観察するための温度制御薄膜ディッシュの構成を示す。温度制御薄膜ディッシュの本体は熱に耐えられるようにチタンで構成し，温度を制御できるようにヒーターと熱電対を組み込んである。これにより，大気圧下の試料の加熱に伴う形態変化をリアルタイムでSEM観察することができる。

図1(d)に，電気化学反応を観察するための電気化学薄膜ディッシュの構成を示す。SiN薄膜の上部に，厚さが30 nmのチタンと厚さが100 nmの金の2層膜を堆積した。次に，フォトリソグラフィーとウェットエッチングを用いて，2層の薄膜を2つの対向する電極に加工した。電極間の距離は，100 μmである。この電極間に電流を流すことにより，電気化学反応をリアルタイムで

[*1] Mitsuo Suga　日本電子㈱　経営戦略室　アプリケーション統括室　副室長
[*2] Hidetoshi Nishiyama　日本電子㈱　SM事業ユニット　SM技術開発部　部長

第3章 走査型電子顕微鏡（SEM）

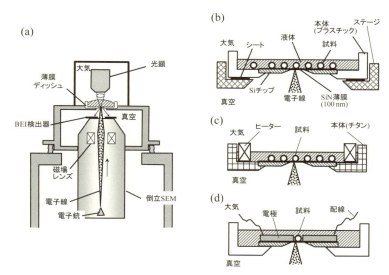

図1 大気圧SEMと薄膜ディッシュの構成
(a)大気圧SEMの断面図，(b)薄膜ディッシュの断面図，(c)温度制御薄膜ディッシュの断面図，(d)電気化学薄膜ディッシュの断面図。図は許可を得た上で，参考文献3）と5）より修正して転載（copyright 2010, 2011 Elsevier）。

SEM観察することができる。

4.3 溶媒蒸発過程の観察

大気圧SEMを，蒸発に伴うポリマーの相分離構造形成の*in situ*観察に適用した例を説明する。Polystyren（PS）とpoly dimethyl ferrocenyl silane（PFS）のトルエン混合溶液について，溶媒が蒸発する際の光顕像と大気圧SEM像を取得した（図2）[6]。

溶媒蒸発の初期には大気圧SEM像は一様であったが，30分を過ぎると図2(e)のように画像の強度は徐々に増加した。t＝43.5分では，相分離構造がかすかに観察され（図2(f)），大きな円形のドメインが大気圧SEM像の中央に現れて，小さな円形の明るいPSFのドメインが大きなドメインの周辺に観察された。さらに，図2(g)と(h)に示すように，小さな円形のドメインが急速に成長して，1.5分の間に画像のコントラストが高くなった。最後に，ドメインの成長が停止した。大気圧SEMの試料室は大気に開放されているため，体積が急速に変化する蒸発に伴う相分離過程をリアルタイムで観察することができた。

溶媒蒸発に伴う相分離の反応についてはさらに検証が必要であるが，これらの大気圧SEM像は，溶媒蒸発の最終段階において，PFS分子が溶液の中で急速に沈殿することを示唆する。

蒸発に伴う現象のリアルタイム観察例として，本現象のほかに，塩溶液の溶媒蒸発に伴う結晶化過程の観察，および，溶媒蒸発に伴う硫酸銅の再結晶化などが報告されている[5,7]。

産業応用を目指した無機・有機新材料創製のための構造解析技術

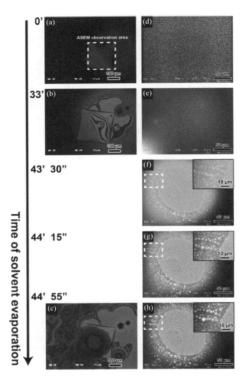

図2　溶媒蒸発に伴うPS/PFS相分離構造形成過程の大気圧SEMを用いた in situ 観察
(a)〜(c)光学顕微鏡像。(d)〜(h)異なる時間で測定したPS/PFS相分離構造形成過程の大気圧SEM像。(a)の破線部分が大気圧SEMで観察している領域。図は許可を得た上で、参考文献6) より転載（copyright 2014 The electrochemical society of Japan）。

4.4　液中ナノ粒子のシンタリング過程

　温度変化に伴う現象を大気圧SEMで in situ 観察した例を示す。温度制御ディッシュを用いて、SiN膜上に滴下した20 μlの銀ペーストを室温から240℃まで16分間で加熱した際の変化を大気圧SEMで観察した（図3）。図3(a)の輝点は、SiN薄膜上の直径が100 nm程度の粒子からの反射電子に起因している。試料に含まれる大多数の直径が10〜30 nm程度の粒子は溶液の中を運動しており、そのランダム運動のスピードが大気圧SEMの画像取得スピードよりも早いために観察できない。

　温度が100℃に達するとディッシュが大気に開放されているために水分は蒸発し、多くの粒子がSiN薄膜に付着する。大気圧SEMの画像は、銀粒子からの反射電子が増えるために急速に明るくなる（図3(b)）。大気圧SEMの薄膜ディッシュは大気に開放されているために、ポリマーのトルエン溶液の場合と同様に、このような蒸発に伴う現象を観察できる。

　さらに温度が120℃（図3(c)）から240℃に上昇するにつれて、シンタリングに伴う粒子形態の変化を動的に観察できた（図3(d)〜(f)）。粒子は融合し、顕著にそのサイズが大きくなった。

第3章 走査型電子顕微鏡（SEM）

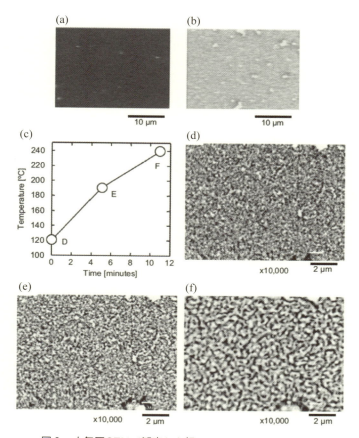

図3 大気圧SEMで観察した銀ペーストのシンタリング
(a)SiN薄膜の上に銀ペーストを滴下した直後の大気圧SEM像，(b)温度が100℃以上になった際の大気圧SEM像，(c)溶媒が蒸発した後の温度変化，(d)～(f)溶媒が蒸発した後の大気圧SEM像。同じ領域を大気圧SEMで，0分・120℃(d)，5分・190℃(e)，および，11分・240℃(f)で観察した。図は許可を得た上で参考文献4)より修正して転載（copyright 2014 Elsevier）。

温度変化に伴う現象のほかの観察例として，大気圧下におけるはんだの融解や凝固に伴う相変化についても報告されている[5]。

4.5 液中マイクロ粒子の塩溶液に対する反応

液中における試料の動きの観察，および，それに対する外部操作の効果を観察した例を示す。試料には，液中に分散した直径1μmのシリカ粒子を用いた。

1 mlの液中のシリカ粒子の動きを大気圧SEMで観察した[5]。図4(a)と(b)に，2秒間隔で撮影した液中シリカ粒子の大気圧SEM像を示す。多くの直径1μmのシリカ粒子を観察することが可能であり，全ての粒子はランダムに運動していた。例えば，図4(a)と(b)の矢印で示す粒子を2秒間追跡した結果を図4(c)に示すが，運動はランダムであった。ここに数十μlの飽和NaCl溶液を追加

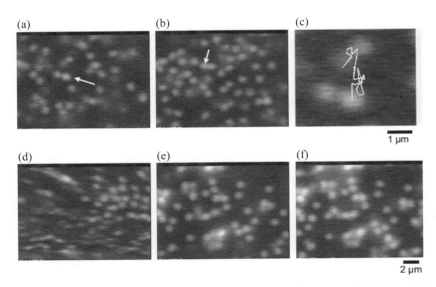

図4 大気圧SEMで観察した液中シリカ粒子の動きとこれに対するNaCl溶液添加の影響
(a), (b) 2秒間隔で撮像したシリカ粒子の大気圧SEM像。(c)は(a), (b)の矢印の粒子の軌跡，(d)NaCl溶液を添加した直後，(e)NaClを添加した15秒後，(f)は(e)の10秒後の大気圧SEM像。図は許可を得た上で参考文献4）より修正して転載（copyright 2014 Elsevier）。

したところ（図4(d)），粒子の動くスピードは徐々に遅くなった。塩を追加してから15秒後，粒子は凝集や基板への付着によりほぼ停止した（図4(e)）。これらの粒子は，10秒以上同じ位置にとどまっていた（図4(e)と(f)を比較のこと）。

薬液を投入することにより，様々な物理・化学現象が引き起こされる。大気圧SEMでは，試料室が大気に開放されているため，このように薬液投入に伴う現象をリアルタイムに観察することができる。

4.6 電気化学反応のリアルタイム観察

大気圧SEMで，電気化学反応を in situ 観察した例を示す。電気化学薄膜ディッシュ内に飽和NaCl溶液を入れた後，2つの電極間に2.1Vの電圧を印加し，カソード付近を大気圧SEMで連続観察した（図5）。電圧印加直後の図5(a)には明確なコントラストは見えないが，その後(b)で樹枝状の析出物が現れ，(c)～(f)でこの析出物が成長した。

カソード付近の樹枝状のものは金であることが確認されており，電気化学的マイグレーションによりアノードの金が電解液の中に溶解しこれが析出したものと考えられている[5]。

これまで，SEMで電気化学反応を観察する際には，真空中での観察が必要だったために，電解液はイオン液体など真空中であっても非常に蒸気圧が低いものに限定されていた。大気圧SEMの開発により，電解液中における電気化学反応を，SEMを用いてリアルタイム観察できるようになった。

第3章 走査型電子顕微鏡（SEM）

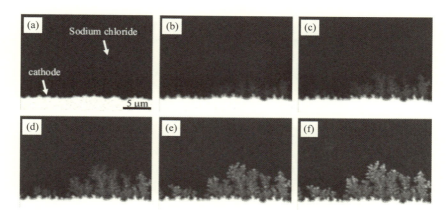

図5　大気圧SEMによる電気化学反応の観察
カソード電極付近を大気圧SEMで連続的に観察した。(a)電圧印加直後に取得した画像，(b)〜(f)その後に取得した画像。各画像間の間隔はそれぞれ2.4, 0.6, 1.0, 2.0, 2.0秒である。図は許可を得た上で参考文献5）より修正して転載（copyright 2011 Elsevier）。

4.7　まとめ

　大気圧SEMの開発により，様々な試料を気体や液体中で簡単に観察できるようになった。大気圧SEMは，バイオ分野にも広く応用され始めている[3,8,9]。また，観察だけでなく，電子ビーム照射による加工の可能性についても検討され始めた[10]。今後，様々な分野で用いられると期待される。

謝辞

　大気圧SEMの開発にご尽力いただいた，国立研究開発法人産業技術総合研究所の佐藤主税博士，小椋俊彦博士，山形県工業技術センターの渡部善幸博士，岩松新之輔氏，および日本電子㈱と日本電子テクニクス㈱の皆様方に感謝する。また，ポリマー相分離の研究では，九州大学（現東北大学多元研）の陣内浩司博士，および樋口剛志博士に感謝する。

文　　献

1) E. P. Butler, K. F. Hale, Dynamic Experiments in the Electron Microscope, Practical methods in Electron Microscopy, Vol. 9 (1981)
2) De Jonge, N., F. M. Ross, *Nature Nanotechnology*, **6**(11), 695-704 (2011)
3) Nishiyama, H. et al., *Journal of Structural Biology*, **169**(3), 438-449 (2010)
4) Nishiyama, H. et al., *Ultramicroscopy*, **147**, 86-97 (2014)
5) Suga, M. et al., *Ultramicroscopy*, **111**(12), 1650-1658 (2011)

6) Higuchi, T. *et al.*, *Electrochemistry*, **82**(5), 359-363 (2014)
7) Maruyama, Y. *et al.*, *International Journal of molecular sciences*, **13**(8), 10553-10567 (2012)
8) Maruyama, Y. *et al.*, *Journal of structural biology*, **180**(2), 259-270 (2012)
9) Kinoshita, T. *et al.*, *Microscopy and Microanalysis*, **20**(02), 469-483 (2014)
10) Higuchi, T. *et al.*, *Microscopy*, **64**(3), 205-212 (2015)

第4章 走査型プローブ顕微鏡(SPM)

1 走査型プローブ顕微鏡による高分子表面解析

岩佐真行*

1.1 はじめに

プラスチックが使われているものを探すと枚挙にいとまがない。生活用品,衣料,住居,自動車,医療用具から宇宙開発に至るまで,広範な分野にわたって利用されている。フィルム,ファイバー,パーティクル,コーティング,コンポジットなど多彩に姿を変えた高分子材料が,強度などの力学的,光学的,熱的,電気的などに重要な機能を担いながら我々の快適な生活環境を支えている。昨今の"省エネ","低燃費","ウェアラブル"などをキーワードとする製品にも,軽量でフレキシブルな高分子系材料が果たす役割は極めて大きい。産業材料として高分子を利用するとき,構造や形態を知ることは重要である。同じ物質を利用しても,構造が異なれば材料全体の特性が大きく違ってくる。図1に高分子がつくる構造とその大きさを示した。ナノメートルレベルのラメラ結晶やミクロ相分離構造からマイクロ,ミリメートルレベルの構造まで,高分子が関連する材料の形態は幅広い。

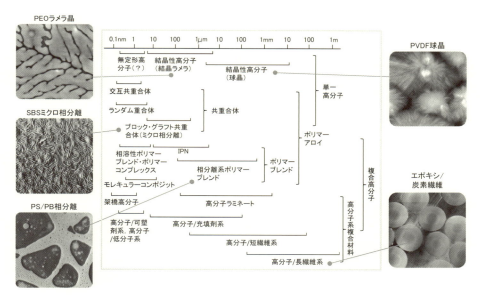

図1 高分子がつくる構造の大きさ[1]とSPM像

* Masayuki Iwasa ㈱日立ハイテクサイエンス 分析応用技術部 大阪応用技術課 課長

産業応用を目指した無機・有機新材料創製のための構造解析技術

本稿では構造観察の手段として，走査型プローブ顕微鏡（SPM）を用いて観察する高分子の様々な構造について述べる。SPMはよく光学顕微鏡や走査電子顕微鏡と比較されるが，分解能が高いこと（特に高さ分解能はサブナノメートル），機械的や電気的などの物性情報を可視化すること，様々な測定雰囲気で観察できることから，高分子の観察には強力なツールである。次項でSPMの基本原理を述べたあと，光学顕微鏡でよく知られる高分子球晶についてラメラ晶レベルのミクロな形態，結晶形態の違いが及ぼす相転移挙動への影響，高分子系複合材料のモルフォロジーについて述べる。さらにこれまでSPMでは測定が難しかった凹凸が激しい試料や粘着性の高い試料の事例も示す。

1.2　走査型プローブ顕微鏡（SPM）とは

SPM（Scanning Probe Microscope）は，鋭利な探針で試料表面をなぞることで表面の凹凸を観察したり，機械的あるいは電気的な諸物性などを観測する顕微鏡をいう。SPMの基本となるコンタクトモードに基づいて装置構成とカンチレバーのSEM像を図2に示した。カンチレバー（片持ちばね）の先端にある探針はおよそ10 nm以下に先鋭化されている。カンチレバーは画像の分解能や像質を決定する重要な要素である。原子間力顕微鏡（AFM：Atomic Force Microscope）は探針先端と試料表面との間に働く相互作用力をカンチレバーの変位から検出し，探針を試料表面に沿って走査することで凹凸を画像化する。図2に示したのはカンチレバーに対して試料をスキャンする方式であり，試料は圧電素子からなるスキャナに載置されている。一般的なスキャナは面内XY方向に数10 μm，垂直Z方向に数 μm 程度駆動し，可能な観察範囲はこれに限られる。探針と試料が接近すると，両者間に生じる相互作用力によってカンチレバーが変位する。変位量はカンチレバー背面にレーザーを照射し，反射光をフォトセンサーへ導く"光てこ光学系"によって検出される。しかし単純に探針を試料表面でラスター走査（一次元走査の繰り返しで二次元画像を得る走査法）すると問題が生じる。表面の凸部では強く探針が衝突し，凹部では探針が表

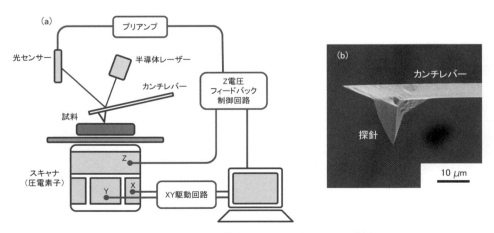

図2　SPMの装置構成(a)とカンチレバーSEM写真(b)

第4章 走査型プローブ顕微鏡(SPM)

面から離れてしまうので,画像の劣化だけでなく,探針や試料の破損の恐れがある。そこで図示したフィードバック制御回路が組み込まれている。表面の凹凸に応じて変動するカンチレバーの変位を常に一定の目標量に保持するようZ方向のスキャナを伸縮させて試料を上下する。スキャナのZ電極へ印加された電圧値が試料表面の凹凸情報であり,スキャナへのラスター走査駆動回路によるXY方向の座標信号とあわせて取り込むことによって三次元の表面形状像を構築する。高分子材料などのソフトマテリアルを観察する場合,カンチレバーを振動させる共振モード(DFM, タッピング,共振AFMなどの呼称)が有利である。試料へ与える相互作用力が極めて小さいため(一般的に0.1〜10nNと言われる)[2],試料の変形や破壊が生じ難く,分解能が高い。

1.3 ポリ乳酸球晶の観察

　高分子材料は多くの高分子鎖が凝集したものであるが,それらは系全体の自由エネルギーを極小化するため高次構造をつくる。例えば高分子がつくる球晶は折りたたみ鎖からなる板状のラメラ晶が結晶核を中心に放射状に成長した階層構造である(図3)。ラメラ結晶が捻じれて成長した球晶を偏光顕微鏡で観察すると,図4(a)のような同心円状のリングパターンが現れることが知られている。光学顕微鏡で観察された高次構造とラメラ晶オーダーの微細構造を関連づけるため,ポリ乳酸の球晶をSPMによって観察した。

　SPMに設置された偏光顕微鏡で球晶を観察し,SPMの観察エリアを白枠で示した(図4(a))。図4(b)はSPM形状像をX方向に微分した像である。微分像は凹凸のエッジが強調されるため微細構造をより鮮明に観察することができる。横幅36μmで観察した球晶表面には重なり合うラメラ晶の境界が密な部分と疎な部分が観られた。それぞれ特徴的な領域Ⅰ(密部)と領域Ⅱ(疎部)の拡大像を図4((c), (d))に示す。領域Ⅰではエッジの間隔が短く,ラメラ晶は垂直方向に配向していた。一方,領域Ⅱでは板状のラメラ晶がつくるテラス構造が観察され水平方向に配向している。テラスの段差すなわちラメラ晶の厚みはおよそ7nmであった。領域Ⅰ,領域Ⅱはそれぞれ図3の捻じれたラメラ晶の側面ならびに平面を観察したと考えられる。またらせん構造をもつ特徴的な結晶形態も観察された(図4(d)の矢印)。

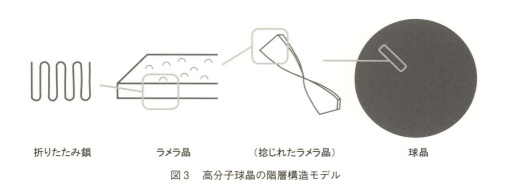

図3　高分子球晶の階層構造モデル

産業応用を目指した無機・有機新材料創製のための構造解析技術

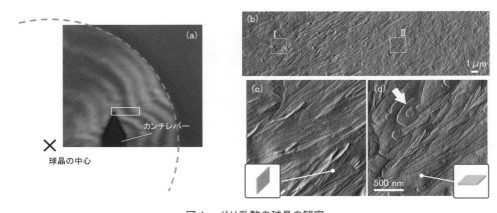

図4　ポリ乳酸の球晶の観察
(a)偏光顕微鏡像（白枠はSPMの観察視野），(b)SPM形状微分像
（広域観察），(c)領域Ⅰの拡大像，(d)領域Ⅱの拡大像

1.4　結晶形態と融解挙動の相関

　結晶形態の違いは材料全体の諸特性を変える。処理条件の異なるポリエチレンオキシドの薄膜に対して，結晶形態と熱特性の相関を調べた。試料としてポリエチレンオキシド（Polyethylene oxide：PEO，重合度272，分子量分布Mw/Mn＝1.02）を用いた。PEOをトルエンに希釈し基板にキャストして室温で減圧乾燥させた"キャスト試料"と，それをPEOの融点以上に加熱したあと5 K/minの速度で室温まで冷却した"冷却結晶化試料"を作成した。キャスト試料にはラメラ晶が幾重にも積層した構造が観察された（図5(a)）。結晶ラメラの積層方向には異方性があり，基板に対して垂直に積層した結晶や平行に積層した結晶が混在した。SPM像のラインプロファイルから算出した結晶ラメラの厚さはおよそ10 nmであった。キャスト試料には，溶媒蒸発と結晶析出の過程で配向の異なる結晶ラメラが形成されたことが示唆された。続いて冷却結晶化試料の表面モルフォロジーを図5(b)に示す。冷却結晶化試料には基板に平行に成長する樹枝状構造が観察された。結晶の幅は400 nm～1 μm程度，厚さは均一でおよそ12 nmであった。それぞれの試料について示差走査熱量計（DSC：Differential Scanning Calorimeter）によって融解を観測した（図5(c), (d)）。試料は質量が0.025 mgの薄膜状態である。わずかな熱流の変化を観測するため高感度型DSCを用いた。両者ともに335 K近辺にピークトップをもつ融解吸熱が観測されたが，その形状は大きく異なった。キャスト試料にはメインピーク以外に複数のショルダーピークが観測された。高分子結晶の融点は折りたたみ面の表面自由エネルギーを考慮したTomson-Gibbs方程式で示され，結晶ラメラが厚くなると融点が高くなる。DSCの融解ピークで観測された複数のピークは，厚さの異なるラメラ晶が存在していることを示唆しており，図5(a)のSPM像とよく相関した。一方，冷却結晶化試料のDSC融解曲線はシャープで単一あった。これは冷却結晶化試料の大きく厚さの均一な樹枝状結晶が一気に融解したことを示唆している[3]。

第4章 走査型プローブ顕微鏡（SPM）

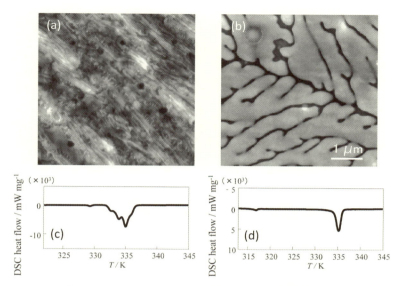

図5　ポリエチレンオキシド薄膜の結晶形態と融解挙動
SPM形状像／(a)キャスト試料，(b)冷却結晶化試料
DSC曲線／(c)キャスト試料，(d)冷却結晶化試料

1.5　高分子系複合材料の相分離

　複数のポリマーあるいはポリマーと無機物を，ミクロ／ナノメートルレベルで複合化した機能性材料の開発と応用が盛んである。ブロックやグラフト重合のミクロ相分離構造，非相溶性ポリマーアロイの海島構造，粒子や繊維を含有するナノコンポジットの分散構造などの微細構造がバルクの特性を支配するため，これらの形態や物理的な特性を解明し，最適に構造を制御することが要求されている。ここでは高分子系複合材料がつくる微細構造をSPM観察した事例を述べる。

1.5.1　両親媒性ブロック共重合体のミクロ相分離観察

　分子内に斥力相互作用をもたらす性質を持った両親媒性ブロック共重合体は，分子内および分子間に働く相互作用によりミクロ相分離構造を形成する[4,5]。簡単な処理工程で，規則正しく配列したナノドメインを自己組織的に大量に作製できるため，新たなリソグラフィ技術としてやパターンドメディア，触媒微粒子のテンプレートなどへの応用研究が進められている。ここで紹介するブロック共重合体（$PEO_m\text{-}b\text{-}PMA(Az)_n$）は親水性のポリエチレンオキサイドとアゾベンゼンを液晶メソゲンとして有する疎水性のポリメタクリレートの誘導体で構成される。（$PEO_{272}\text{-}b\text{-}PMA(Az)_{40}$）のトルエン溶液を単分子膜が調整されたシリコン基板上にスピンコートして薄膜化し，140℃で24hrs熱処理したあと除冷すると，PEOシリンダがシリコン基板に対して垂直に配向した規則構造を形成する。SPM形状像にヘキサゴナルなナノドメイン構造が確認できた（図6）。隣り合うシリンダの間隔はおよそ30nmである。ピッチ間隔やドメインサイズは高分子鎖の長さによって制御ができる。ここで示した試料はPEOの結晶化温度（-15℃）以下まで冷却した

産業応用を目指した無機・有機新材料創製のための構造解析技術

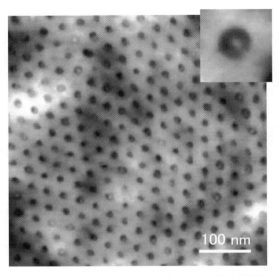

図6　両親媒性ブロック共重合体のミクロ相分離構造

ものであるため，PEOの結晶がシリンダ内の中心から進行し，シリンダ中央の結晶が目玉焼き状に見える構造（図6挿入図）を形成した様子も観察される。

1.5.2　ブレンドゴムのモルフォロジー観察

　ゴム工業製品は免震ゴムやタイヤ，ホース，シーリング材など用途は幅広い。例えばタイヤへの応用を考えると，タイヤに求められる基本性能（制動・駆動，緩衝，進路保持，耐久）を満たすために，カーボンブラックやシリカの添加，架橋剤の配合，異なるポリマー同士のブレンドが行われている。ポリマーの相分離のサイズや添加剤の分散状態は，ゴムの物性を大きく変える。ここでは2成分のゴムがつくる相分離構造をSPM観察した事例を示す。試料は天然ゴム（NR）とブタジエンゴム（BR）を60：40で配合したもので，その他に酸化亜鉛やステアリン酸などの添加剤を含む。切削した試料の断面の形状像を図7(a)に示す。酸化亜鉛などの添加剤と思われる凹凸が観られるが，ゴムのモルフォロジーは識別できなかった。同じ視野での位相測定の結果を図7(b)に示す。位相測定はカンチレバーを振動させる共振モードを基盤技術とし，カンチレバーを振動させるための入力信号とカンチレバーの変位信号との位相差を画像化する手法である。位相差は試料と探針間のエネルギー散逸に関係し，試料の粘弾性や吸着性などの情報を含んでいる[6,7]。図7(b)のように位相像には明瞭な相分離が観察された。相分離構造のドメインサイズは200〜500 nmであった。ミクロ相分離構造はNR相とBR相の弾性率の差によって可視化されたと考えられる。図7(b)は-10 ℃冷却下での結果である。この温度環境ではBR相はゴム状態，NR相はガラス状態であったために両者間には大きな弾性率差が生じる。比較のため，-70 ℃および30 ℃での位相像を図7((c), (d))に示す。ゴムの相分離構造はみられない。-70 ℃はNR相，BR相共にガラス状態，30 ℃では共にゴム状態であり弾性率に差がなかったことが要因である。30 ℃の位相

第4章 走査型プローブ顕微鏡（SPM）

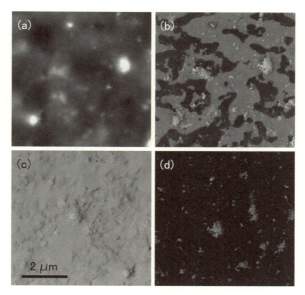

図7　NR/BR系ブレンドゴムのモルフォロジー観察
SPM形状像(a)と位相像（(b)-10 ℃，(c)-70 ℃，(d)30 ℃）

像には軟らかいゴム中に硬い酸化亜鉛が分散している様子が確認できる。このようにゴム成分のガラス転移前後の弾性率の差（動的粘弾性測定によると10^3Pa異なる）と，2成分ゴムのガラス転移温度の違い（動的粘弾性測定によるとBR相のガラス転移温度はNR相よりも40 ℃低い）を利用して位相像に強いコントラストを生じさせることができる。位相測定で観測されたガラス転移と動的粘弾性測定装置（DMA）や誘電緩和測定（DES）で得られたガラス転移温度には乖離があったのは，試料の変形周波数に因る。DMAでは周波数5 Hzで-60 ℃であったNR相のガラス転移温度は，SPMでは周波数370 kHz（カンチレバーの共振周波数）でおよそ70 ℃高温へシフトした[8,9]。

1.6 その他の産業材料の観察

SPMは探針で試料表面をなぞるという原理上，凹凸の大きなものや表面吸着が大きい試料の測定を得意としなかった。近年では試料に対してカンチレバーを接近させて表面情報を取得し，その後，一旦離して次のデータ取得点に移動させる，といった補助的な上下運動を付与した手法も開発され[10]，応用範囲が広がっている。その一例がフィルタなどの繊維構造である。図8は液体や気体の配管接合部のシーリングなどに使用されるポリテトラフルオロエチレン（PTFE）フィルムの延伸前後の形状像である。延伸前には一方向に配列した繊維は，横方向に延伸することで配列が崩れ，幅が100 nm程度の繊維から成る網目構造を形成した。その他の応用として表面吸着が大きい試料の例を図9に挙げた。機械の摺動部分などに使用されるグリースである。グリース

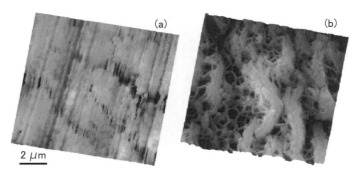

図8　ポリテトラフルオロエチレンシートの繊維構造
(a)延伸前，(b)延伸後

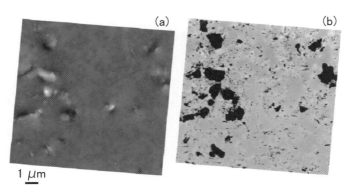

図9　グリース中の増ちょう剤の分散評価
(a)形状像，(b)位相像

は用途に合わせて最適な硬さに調整されて潤滑効果を発揮する。グリースの硬さは"ちょう度（稠度）"として数値化される。グリースの硬さの制御には"増ちょう剤"が添加され，増ちょう剤の量が多いほどちょう度は大きくなる。ちょう度2号のグリースについてSPM観察を行った（図9）。形状像ではわからない添加剤の分散の様子が位相像で観察された。暗い領域（硬い，吸着が小さい）が増ちょう剤と考えられ，その含有率は18％であった。濡れた表面の観察は難しいものの，ゲルや半硬化した接着剤，食品ではマーガリンやチョコレートなど応用分野が増えている。

1.7　おわりに

　本稿では高分子が関連する材料の様々なスケールの構造をSPMで観察した事例を紹介した。昨今の産業材料は機能・性能のみならず，リサイクル性や省エネ性，コストなどトータルデザインされ，複雑で高いパフォーマンスが要求される。強度と光透過率さらには電気絶縁性を併せ持つ接着剤，といったように複数の要求を満たさなければならない場合も少なくない。バルク特性の向上を探求すると結晶レベルの微細構造やナノメートルレベルのモルフォロジー，表面・界面の

第4章 走査型プローブ顕微鏡(SPM)

影響をよく考慮して材料を制御しなければならないことがあり,評価法の一つとして今回述べたSPMが多くの情報を与えてくれると確信する。またカンチレバーが試料に与えた荷重による試料の変形からヤング率を算出する手法やヒーターを内蔵したカンチレバーを用いる局所熱分析[11],SPMと分光技術を組み合わせて局所の定性分析を行う手法なども開発され,ますます,マクロからミクロへ視点を移した材料評価が広がりを見せている。

謝辞

図1のPVDF試料は㈱日東分析センター國年弘二様よりご提供いただきました。図4のポリ乳酸試料は東京工業大学森川淳子教授よりご提供いただきました。1.4項「結晶形態と融解挙動の相関」ならびに1.5項「高分子系複合材料の相分離」に関しては首都大学東京吉田博久教授に試料をご提供いただくとともに本稿をまとめるにあたってご指導頂きました。ここに付記して感謝申し上げます。

文　　献

1) 西敏夫,酒井忠基,高分子学会編,高分子加工　One Point-8,マイクロコンポジットをつくる,共立出版(1995)
2) 森田清三,原子分子のナノ力学,p.19,丸善(2003)
3) 岩佐真行,江本奏,若色龍太,西村晋哉,吉田博久,熱物性,**26**, 203-208 (2012)
4) 吉田博久,熱測定,**31**(5), 234-240 (2004)
5) 山田武,吉田博久,彌田智一,液晶,**13**(4), 250-257 (2009)
6) S. N. Magonov, V. Elings, M. H. Whangbo, *Surf. Sci.*, **375**, 385 (1997)
7) R. Garcia, J. Tamayo, A. Paolo, *Surf. Interface Anal.*, **27**, 312 (1999)
8) Y. Inoue, M. Iwasa, H. Yoshida, *Netsu Sokutei*, **39**, 41-46 (2012)
9) 張埈赫,吉田博久,*Hitachi Scientific Instrument News*, **58**(1) (2015)
10) M. Yasutake, K. Watanabe, S. Wakiyama, T. Yamaoka, *Jpn. J. Appl. Phys.*, **45**, 1970-1973 (2006)
11) ㈱日立ハイテクサイエンスホームページ:https://members.hht-net.com/sinavi/Menu/Products/Spm/Spm/sp_nano-TA/Pages/default.aspx

2 走査型プローブ顕微鏡による炭素物質・材料の解析

髙井和之*

2.1 炭素材料と走査プローブ顕微鏡

次世代に続く持続可能性社会の実現に向けて，蓄電池電極材や軽量高強度構造材，環境浄化吸着材，電子デバイス材料などとして炭素材料の重要性は増すばかりであるが，その機能性においては欠陥や結晶界面である端・不純物などの存在が大きな影響を与えている。例えば，電子デバイス材料について見ると，従来型のデバイスにおいても問題であった欠陥・不純物などに加えて極微細化の進展による表面積の増大に伴い，端や表面吸着物の存在が設計された特性を大きく変調してしまう問題がある。一方，電池電極やキャパシタ，吸着剤および触媒などの材料では，むしろ欠陥や置換不純物など理想的な基本構造から外れた局所構造およびこれらと異種物質との界面が本質的な役割を果たしている。実際の機能性炭素材料において，これらの非理想的な構造は単純に原子数換算した評価においても数100 ppm，時には数ppmオーダーのマイナー構造であり，材料の平均構造の評価ではその本質を捉えることが難しい。つまり，究極的には原子レベルの空間分解能で材料の局所構造を評価できる走査プローブ顕微鏡（SPM）は炭素材料において必要不可欠な評価手段であると言える。

2.2 炭素材料の構造・電子構造

炭素原子は $(1s)^2(2s)^2(2p)^2$ の電子配置をもっており，化学結合の観点からは最外殻に4つの価電子をもつことが炭素物質の多様性につながっている。実際の炭素物質中で炭素原子は，s軌道とp軌道の混成軌道によって化学結合を形成しており，関与するp軌道の数により sp^3，sp^2 などの混成軌道が形成する。sp^3 混成軌道を持つ4配位の炭素（sp^3 炭素）はダイヤモンドとして知られるが，熱力学的には不安定な構造であり，人工的な合成法が確立したのが1950年代以降ということもあって，特殊な用途向けの材料として一部で使用されるに留まってきた。

一方，sp^2 混成軌道を有する3配位の炭素（sp^2 炭素）は平面的に蜂の巣格子を組んだシート構造を形成し，この1枚のシートを「グラフェン」と呼ぶ（図1）。例えばグラファイト（黒鉛）はこのグラフェンが多数積層したものであり，図1にも示すようにグラフェンは sp^2 炭素からなる炭素物質の基本構造であり，まさに炭素材料の母物質となっている。sp^2 炭素は混成に寄与しない p_z 軌道を1つ持ち，この p_z 軌道が蜂の巣格子上に隣接して並ぶ炭素原子の p_z 軌道と相互作用することにより（相互作用の大きさを表す共鳴積分は $\gamma_0 \sim 3$ eV 程度の大きさ），平面的に広がった電子系（π共役系）を形成し，フェルミエネルギー（E_F）付近に価電子帯（πバンド）と伝導帯（π^* バンド）を形成する[1]。中性のグラフェンでは E_F は π，π^* バンドが接する位置にあり，E_F での状態密度はゼロである。π，π^* バンドに属する電子を特にπ電子と呼び，これらは外界からのわずかな揺動によって鋭敏に反応するため導電性，磁性，化学反応性など多彩な機能性を発現す

---

* Kazuyuki Takai　法政大学　生命科学部　准教授

第4章　走査型プローブ顕微鏡（SPM）

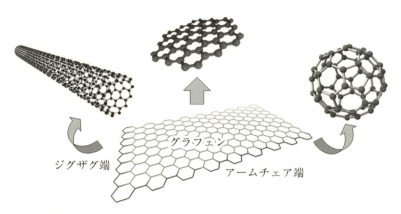

図1　炭素材料の母物質であるグラフェンの蜂の巣格子とジグザグ端，アームチェア端

る。このためsp^{2}炭素からなる炭素材料は現在，多くの産業分野において広く使用されており，本解説でもsp^{2}炭素系の物質・材料に焦点を置く。

　一般に物質・材料の多くの機能性はE_F付近の電子状態によって決まり，グラフェンではE_F近傍の電子構造の詳細はsp^{2}炭素の持つp$_z$軌道の並び方に大きく依存する。つまり，sp^{2}炭素からなる炭素物質の機能性においては物質中でsp^{2}炭素がどのような配列構造を持っているかが重要である。実際，グラフェンは蜂の巣格子で交互に結合している2種類のsp^{2}炭素原子（便宜上A原子，B原子などと区別する）に分けることができるという位相幾何学的な特徴を持っており，半整数量子ホール効果などグラフェンの特異な電子物性が発現する起源となっている[2]。このことはグラフェンにおいてはsp^{2}炭素の配列の仕方（互いの繋がり方）が重要であり，これが保たれていれば，一般的には電子構造に対して影響を及ぼすと考えられるようなさまざまな構造的変調を加えた条件下においても，依然として際立った特徴を持つ電子物性を示すことが担保されることを示している。例えばカーボンナノチューブにおいては図1に示すようにグラフェンを円筒状に包むことにより，構造に対して異方的なひずみを加えられているものの，グラフェンが持つ特異な電子物性の多くがそのままカーボンナノチューブにおいても引き継がれていることが理論的に示されている[3]。

　このように局所的なsp^{2}炭素の配列の仕方に電子構造が大きく作用される炭素材料は，まさに原子レベルの構造が機能性において重要であり，電子構造の観点からもSPMを用いた構造評価が必須であることがわかる。また，sp^{2}炭素物質からなる物質はπ電子による導電性を有することから，SPMの中でも特にSTMを用いた構造評価がこれまで中心的に行われてきた。

2.3　STMの動作原理

　SPMでは試料に近接させたプローブと試料の間の相互作用を検出して，プローブの高さにフィードバックをかけながら表面上をプローブで走査することにより，試料表面の構造を解析してい

るが，その中でも特にSTMでは導電性の試料とプローブの間にバイアス電圧を印加した際に流れるトンネル電流を検出している。典型的な条件での測定ではトンネル電流 I はフェルミエネルギーを基準にとったエネルギーを E として

$$I \propto \frac{2\pi e}{\hbar} \int_0^{eV} \rho(E) \exp(-2\kappa z) dE \tag{1}$$

$$\kappa = \frac{1}{\hbar} \sqrt{2m\left(\phi - E + \frac{e|V|}{2}\right)} \tag{2}$$

と近似的に表される[4]。ただし，V, m, z, ϕ, ρ はバイアス電圧，電子質量，プローブ先端原子—試料表面原子間の距離，プローブと試料表面の局所仕事関数の平均，および試料表面の局所状態密度である。このことからトンネル電流の大きい場所を輝点としたコントラストで表現することにより得られるSTM像は試料—プローブ間距離に対応する試料表面の構造だけではなく，試料表面の電子状態にもあらわに影響を受けることがわかる。特にバイアス電圧が小さく，フィードバックが弱い条件下での測定で得られる像は試料の空間的構造よりもむしろ試料の E_F 付近の電子状態（≒局所状態密度）を見ているものとなる。一方，走査速度を落とし，高バイアス電圧および十分なフィードバックをかけた条件では比較的，表面の空間的構造を反映した像が得られやすい。しかし，このような条件では装置の機械・電気的ドリフトや外部からの振動の影響を受けやすいだけでなく，フィードバックループが発振しやすく，むしろ試料の構造とは関係のない，測定上のエラーを反映した像になってしまうこともあることに注意しなければならない。

2.4　グラファイトのSTM解析

2層以上にグラフェンが積層した物質においては層間の相互作用の影響が現れ，単層のグラフェンとは異なる電子構造が現れる。多数のグラフェンシートが積層したグラファイトの最安定構造では各層がBernal積層と呼ばれる積層様式で重なっており，図2(a)に示すように1層目の α 原子の直下に2層目の α 原子が来るように，さらにその直下に3層目の α 原子が来るように重なる。一方，1層目の β 原子の直下には2層目の6員環の中心が来るように，さらにその直下に3層目の β 原子が来るようになっている[5]。このグラファイトにおける α, β という区別は1つのグラフェンシート内におけるA，Bという炭素原子の区別とも関連はしているものの，あくまで上下層との関係により決まるものであり，別の概念であることに注意する。隣接層間の上下に並んだ最近接炭素原子間（α 原子間）の相互作用の大きさを表す共鳴積分は γ_1 で表わされ，グラフェン面内の炭素原子間の相互作用の1/10程度の値（~0.4eV）となっている。このように面内と面間で相互作用に大きな異方性を持つ層状物質であるグラファイトはへき開性があり，表層をテープなどで剥離することにより比較的清浄な表面が容易に得られることから，SPMだけでなくHRTEMなど多くの表面分析手法の標準試料として古くから使用されている。

グラファイトの表面構造解析では当然，図1に示したような蜂の巣格子上に炭素原子が並んでいる表面構造が観察されることを期待する訳であるが，グラファイトのSTM観察で実際に得られ

第4章 走査型プローブ顕微鏡（SPM）

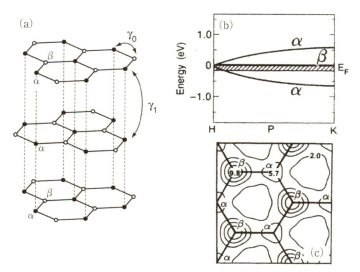

図2 (a)グラファイトの積層構造，(b)α炭素とβ炭素に関する電子状態のエネルギーの波数依存性，(c)バイアス電圧 $V=0.4$ V における局所状態密度の空間依存性

る像は図3(a)のような三角格子構造となっている。これはグラファイトを構成するグラフェン層間の相互作用の影響により，蜂の巣格子上に並んだ表面炭素原子について，直下の2層目において炭素原子が存在するα原子と直下に原子が存在しないβ原子との間で非対称性が生じていることに由来する。つまり，蜂の巣格子を形成するグラファイトの表面炭素原子のうち，半分だけがSTM像として得られるため，一見して三角格子状の原子像が得られる訳である。ここで初心者講習などにおいて，STMがトンネル電流を用いて表面構造を検出していることとの類推からか，下層に炭素原子が存在しているα原子の方が電流が流れやすいためにα原子のみが強調されて観察されるというような説明がなされる場合が散見されるが，これは誤りである。実際には通常のSTM観察条件においてトンネル電流が多く流れる輝点として観察されるのは，下層に炭素原子が存在しないβ原子の方である。これはグラファイトの電子構造とSTMの動作原理を考えること

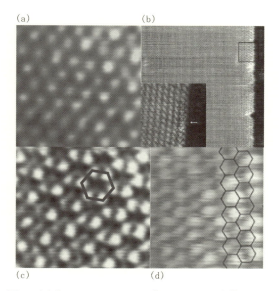

図3 (a)グラファイトのSTM像における三角格子，(b)グラファイトのステップ端におけるアームチェア端とジグザグ端（矢印部位），(c)アームチェア端近傍の蜂の巣型超周期構造，(d)ジグザグ端近傍の三角格子とエッジ状態

により理解できる[6]。α原子は下層の炭素原子と相互作用により下層の原子の状態と混ざりあってエネルギー分裂を起こし，新たにエネルギーの低い状態と高い状態の2つの電子状態を生じる。これは水素のような2原子分子において，孤立原子の電子状態が相互作用により混ざり合って，エネルギーの低い結合状態とエネルギーの高い反結合状態を新たに形成することにより化学結合が構成されていることから類推すれば理解しやすい。一方，グラファイト表面上のβ炭素原子の場合は下層との相互作用は弱いため，積層していない単層のグラフェンの場合とほぼ同じエネルギーを持つ状態を取る。結果として図2(b)に示すようにグラファイトのE_F付近の電子状態はβ炭素原子に関わる状態が主であり，α原子に関わる状態はほとんどないことがわかる。STMで観測しているトンネル電流は(1)式のように$E = 0 \sim eV$間において試料の局所状態密度$\rho(E)$を積分したもので表されるため，バイアス電圧Vが低い条件ではほぼβ原子上のみでトンネル電流が流れて（図2(c)），STMから見て突起した構造として認識され，三角格子像が得られる。しかしながら，Vが大きくなると(1)式の積分において徐々にα原子の寄与が大きくなっていくため，α，β原子のSTM像でのコントラストの差は小さくなっていき，α原子の状態のエネルギー分裂幅（γ_1程度）に対応するバイアス電圧を超える測定条件では両者の寄与はほぼ等しくなる。

2.5　グラファイト基板上における炭素材料のモデル構造

　実際の炭素材料ではグラファイトのように広範囲にわたってグラフェンシートが広がった構造を持つことはほとんどなく，数～数100 nm程度の微細なグラファイト様構造が乱雑に集積した構造を持つことが多い。また，このとき局所的なグラファイト様構造においては理想的なグラファイトとは異なり，空孔や格子不整合が含まれるほか，積層間隔が広がっておりグラフェン層間の相互作用が非常に弱くなっている[7,8]。つまり，空孔などの欠陥を持ち比較的孤立した微細なグラフェンを実際の炭素材料のモデル構造として考えることができる[9]。

　グラフェンに空孔が導入された場合における電子構造への影響はA，B原子の対称性に大きく依存する。空孔が存在するとグラフェンシート内のA原子とB原子の数の差が生じるため，空孔の周辺に局在した電子状態がE_F付近に現れるためSTM像の輝点として表れる。また，微細なグラフェン構造は電子構造としてはグラフェンに端が導入されたものとして表されるが，グラフェンの端構造はジグザグ，アームチェアという2つ構造に分けられ（図1），任意の端構造はこれらの足し合わせで表現できる。アームチェア端ではA，B原子が等価に含まれているのに対して，ジグザグ端の最突端ではAまたはB原子のみで構成され，局所的にA，B原子の対称性が破れており，空孔の場合と同様に端部位に局在した状態（エッジ状態）がE_F付近に現れる[10]。

　このような炭素材料における端構造に由来するSTM像への変調はグラファイト表面上のステップ端の観察により系統的に調べることができる。これはグラファイトの層間の相互作用に比べてグラフェンシート面内の炭素原子間の相互作用が1桁以上大きいため，空孔や端の存在が与える電子構造への大きな影響に対して，層間相互作用は摂動としてわずかに変調を与えるものとして区別できるからである。実際，グラファイト表面上のステップ端をSTMで観察すると図3(b)のよ

第4章　走査型プローブ顕微鏡（SPM）

うにアームチェア端がほとんどであり，ジグザグ端はアームチェア端中の欠陥部位としてわずかに存在し，長さも炭素原子数で2～5個程度の短い端として現れる[11]。これはE_F付近に大きな状態密度を与えるジグザグ端がアームチェア端に比べてエネルギー的に不安定であるためである[12]。つまり，実際の炭素材料中に存在する端構造はほとんどがアームチェア端であることがわかる。

　ジグザグ端とは異なりアームチェア端の局所的な電子構造は端の無いグラフェンの電子構造を単純に射影したものとなっているが，端の存在は原子の結晶ポテンシャルに重畳する巨視的な障壁ポテンシャルとして作用するため，電子の波動関数の干渉効果が生じ，STM像における超周期パターンとして影響が現れる。実際，アームチェア端近傍のグラフェン表面をSTM観察すると蜂の巣型の輝点パターンが観測される（図3(c)）[13]。これはグラフェンの炭素原子の配列を表す蜂の巣格子ではなく，その3倍の周期を持つ超周期構造であることに注意する必要がある。一方，端から十分に遠い表面では通常のグラファイトで観測される層間相互作用による三角格子が見られる（図3(a)）。これはアームチェア端では，電子が入射電子の波動関数の波数とは異なる方向の波数を持つ波動関数で表される状態として反射されるため，波数の異なる2つの波動関数の干渉によって定在波が生じて，原子配列の周期より大きな周期の局所状態密度の変調が現れるものとして理解される。一方，入射電子波と同じ方向の波数を持つ状態として電子が反射されるジグザグ端では，端部位の最突端においてE_F付近の電子状態（エッジ状態）の存在によるトンネル電流の増大が見られるものの，通常のグラファイトと同様な層間相互作用による三角格子が端近傍まで観測される（図3(d)）[11]。

　これまで見たように，グラファイト表面のステップ端の観察においてはエネルギースケールで比較すると小さいとは言え，得られたSTM像においては層間相互作用による影響も同時に現れている。一方，グラファイト基板上において，より層間相互作用が小さく，単離されたグラフェンに近い試料を用いた実験も可能である。このような試料はグラファイト上において最上層のグラフェンシートが部分的にへき開して，めくれ上がった部位として得られる（図4(a)）[14,15]。実際の炭素材料ではこのような構造は比較的多く存在して材料の機能性に影響を及ぼしており，Raman分光などにより盛んに研究が行われている[16]。図4(a)に示すように部分的にへき開した試料は巨視的にはグラフェンシートが湾曲した部位を持つが，グラフェンの蜂の巣格子状の原子配列の周期に比べると極めて大きいスケールでの構造の変調であることから電子構造への影響はほとんど現れない。実際には数nm程度まで小さな曲率半径を持ったグラフェンシートの折れ曲がりにおいてさえも電子構造への影響は現れない。これは先に述べたように曲率半径の小さい極限であるカーボンナノチューブにおいてもグラフェンに特徴的な電子構造が現れることが理論的に示されていることと一致している。このように層間相互作用の影響がなく，ほぼ孤立したグラフェンシートと考えられる試料においても，先に述べた端の存在による電子波の干渉の効果がさらに巨視的なスケールに渡って明瞭に観測されていることからも（図4(b)），グラフェンの端構造のほとんどの部分が反射による電子波の干渉を引き起こすアームチェア端で構成されていることがわかる。しかし，巨視的なスケールに渡る端構造の中には，同じアームチェア端でも方向の異なる端が多

数含まれていることと，欠陥部位としてジグザグ端も含まれているため，波動関数の干渉パターンは微視的な部分を拡大した上述の場合に比べて非常に複雑なものとなっている。余談ではあるが，このSTM観察の結果はグラフェンに関する研究で2010年にノーベル賞の授賞対象となった論文においても，グラフェンの電子物性に関する先行研究として引用されている[17]。

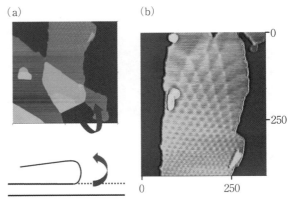

図4 (a)グラファイト上の部分的へき開に伴う構造，(b)巨視的に現れる端の存在による波動関数の干渉

これまで見てきたようにSPMを用いた物質・材料の構造解析においては，測定により得られる像と試料の実際の空間的構造との対応について，測定者が知識と経験にもとづいて解釈を行う必要があり，これは原子・分子スケールの空間分解能を持つ顕微鏡手法による構造解析に共通した特徴である。特にSTMは試料の原子配列による空間的構造に加えて電子構造の影響が得られる像に現れやすい手法である。金属材料などではE_F付近の状態密度は非常に大きいため，多少E_Fの位置が変化したり，外部からの揺動が加わっても状態密度がほぼ一定と見なせることが多いのに対し，炭素材料の基本構造であるグラフェンの電子構造は理想的な状態においてはE_Fの状態密度がゼロであるため，わずかなE_Fのシフトや外界からの揺動によって状態密度が大きく変化する。また，原子レベルのわずかな構造の変調によってもE_F付近の状態密度は顕著に変化する。このことからE_F付近の状態密度に鋭敏に影響を受けるSTMによる炭素材料の評価においては，測定法の動作原理および物質の電子構造に関する十分な知見が必要となる。これは逆にSTMを用いた炭素材料の評価においては，単なる空間的な構造の情報のみならず，材料の実際の機能性に関わる情報を豊富に引き出すことができるという大きな利点となっている。

2.6 SPM測定における炭素材料の試料処理

SPMは高い空間分解能を持つ評価手段であるが，同時に試料の状態の影響が観測結果に顕著に現れやすく，試料の処理が非常に重要である。一般に炭素材料は吸着剤としての性質を持っており，結晶性の高いグラファイトにおいてさえも層間や結晶粒界などに多くの物質が吸着されている。分子性物質や高分子などのいわゆるソフトマターと比較すると炭素材料は比較的耐熱性を持っているため，真空下における加熱が吸着物や不純物を取り除く手法として有効であり，一般的には200〜800℃程度までの温度域で真空加熱処理が施される。圧力に関してはできるだけ低圧条件が望ましく，10^{-8}Pa以下の超高真空条件が理想的である。このような加熱処理は大気中でのSPM測定においてもある程度効果的である。しかしながら，材料の結晶性によっては300℃程度から炭

第4章 走査型プローブ顕微鏡（SPM）

素骨格自体の構造変化が生じるため，加熱温度の選定には材料の特性に応じた考慮が必要である。

また，炭素材料は実験室環境にある外界の化学種に対して，金属材料よりは不活性であり，半導体材料，酸化物・分子性の物質からなる材料よりはやや活性である。さらに基本構造となるグラフェンの異方的な電子構造に対応して，グラフェンシートの面内に対して端部位（空孔により生じる端部も含む）の反応活性は極めて高いものとなっているのが特徴であり，材料に含まれる端部位の割合などを考慮する必要がある。実際，グラフェン端部位は大気中においては外界物質との反応物で覆われており，高い空間分解能でのSPM観察は困難であるため，超高真空条件で，吸着物の除去よりもさらに高温である1000℃付近までの加熱を行うことにより観察が行われている。加えて，高温処理後のグラフェン端部は未結合部位（ダングリングボンド）となっているため，原子状水素への曝露などを引き続いて行うなど，端部の化学終端処理が必要になる[11]。また当然，外界物質の種類に依存して反応性は大きく異なり，炭素材料においては酸素との反応の影響が極めて顕著であり，場合によっては金属材料よりも深刻な問題となる。これは炭素と酸素との反応においては炭酸ガスの形で反応物の大部分が放出されるため，不働態化などの効果が期待できず，最悪の場合は材料そのものが全て消失するまで反応が進行するためである。実際，20%もの酸素濃度を持つ大気中においては炭素材料は室温においても常に酸化が進行しつづけており，これは結晶性の高いグラファイトにおいても例外ではない。このことは加熱による試料処理における雰囲気条件にも関わっており，1Paを超える大気圧下での加熱はほとんどの場合はかえって有害である。一方，純度の高いAr雰囲気など酸素分圧が十分低い条件では，炭素骨格構造の構造変化の影響を無視できるのであれば，1000℃を超えるような加熱処理も可能である。実際，Ar雰囲気下で高品質なグラフェン試料が2000℃近い温度により合成されており，SPMによる構造解析が多数行われている[18]。

一方，これらの処理によりSPM観察に適した炭素材料のモデル構造となる試料を作製することも可能である。例えば数100 ppm程度の酸素分圧を持つAr雰囲気下でグラファイトを加熱することにより，酸素との穏やかな反応を伴うエッチングにより表面に空孔あるいは高密度な端構造を形成することができる（図5(a)）。しかもこの方法では適切な加熱条件を選ぶことによりグラフェンの結晶方位を反映して比較的方向の揃ったグラフェン端が多数得られる（図5(b)）[13]。また，同様なAr雰囲気での1000～2000℃程度の加熱からの急冷により，グラファイトに酸素エッチングと同時に膨張収縮ストレスを与えると，先に紹介した部分的なへき開による，孤立した状態に近いグラフェン試料を得ることができる[14]。さらに，最近ではグラファイトへの

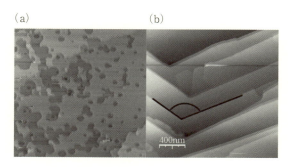

図5 (a)希薄酸素分圧下における加熱エッチングによりグラファイト上に高密度に形成した端構造，(b)結晶方位を反映した端構造の成長

産業応用を目指した無機・有機新材料創製のための構造解析技術

100 eV 程度の低速な Ar ビームの照射と真空加熱を組み合わせることにより，単原子空孔から数 nm 程度の大きさの空孔が得られている[19]。これらの手法はいずれも巨視的には平坦な表面上に目的の局所構造が比較的高密度で形成されることから，炭素材料中のさまざまな局所構造のモデルを SPM で評価するのに非常に適した試料が得られる方法である。

2.7　おわりに

本解説では蓄電などのエネルギー関連や軽量高強度構造材など次世代社会を担う材料として注目集める炭素材料の構造を SPM により解析するために，最も広く行われている sp^2 炭素材料の STM による評価を中心に取り上げた。今回，紙面スペースの都合上とりあげることができなかったが，最近ではフラーレン，ナノチューブなどのナノカーボンも炭素材料として存在感を増しつつある。しかし，これらのナノカーボンにおいても構造，電子構造はグラフェンを基本としており，SPM 観察における特徴は一般の炭素材料と共通する部分が多い。最後に，SPM による炭素材料の構造解析においては，試料処理や装置の機能といったような技術的な観点以上に SPM 手法の測定原理および炭素材料の電子構造の理解が重要であることを再び強調して本解説の締めくくりとしたい。

謝辞

本解説は東京工業大学の榎敏明名誉教授のグループにて，福井賢一先生，小林陽介氏，酒井謙一氏らと行った研究における経験にもとづくものであります。実験装置の導入から始めた手探りの中，ご一緒に SPM 手法を用いた実験や議論を重ねていただいた関係者の皆様に厚く御礼を申し上げます。

文　　献

1) P. R. Wallace, *Phys. Rev.*, **71**, 622-634 (1947)
2) A. H. Castro Neto, F. Guinea, N. M. R. Peres, K. S. Novoselov, A. K. Geim, *Rev. Mod. Phys.*, **81**, 109-162 (2009)
3) T. Ando, T. Nakanishi, R. Saito, *J. Phys. Soc. Jpn.*, **67**, 2857-2862 (1998)
4) 富取正彦, 顕微鏡, **43**, 46-49 (2008)
5) B. T. Kelly, Physics of Graphite, Chapman & Hall (1981)
6) D. Tomanek, S. G. Louie, *Phys. Rev. B*, **37**, 8327-8336 (1998)
7) R. E. Franklin, *Acta Cryst.*, **4**, 253-261 (1951)
8) T. Suzuki, K. Kaneko, Carbon, **26**, 743 (1988)
9) M. S. Dresselhaus, G. Dresselhaus, P. C. Eklund, Science of Fullerenes and Carbon Nanotubes, Academic Press (1996)
10) M. Fujita, K. Wakabayashi, K. Nakada, K. Kusakabe, *J. Phys. Soc. Jpn.*, **65**, 1920-1923 (1996)

第4章 走査型プローブ顕微鏡（SPM）

11) Y. Kobayashi, K. I. Fukui, T. Enoki, K. Kusakabe, *Phys. Rev. B*, **73**, 125415（2006）
12) S. Okada, *Phys. Rev. B*, **77**, 41408（2008）
13) K. Sakai, K. Takai, K. Fukui, T. Enoki, *Phys. Rev. B*, **81**, 235417（1-7）（2010）
14) Y. Kobayashi, K. Takai, K. Fukui, T. Enoki, K. Harigaya, Y. Kaburagi, Y. Hishiyama, *J. Phys. Chem. Solid*, **65**, 199-203（2004）
15) K. Harigaya, Y. Kobayashi, K. Takai, J. Ravier, T. Enoki, *J. Phys.: Condensed Matters*, **14**, L605-L611（2002）
16) Z. Ni, Y. Wang, T. Yu, Y. You, Z. Shen *et al.*, *Phys. Rev. B*, **77**, 235403（2008）
17) K. Novoselov, A. Geim, S. Morozov, D. Jiang, Y. Zhang, S. Dubonos, I. Grigorieva, A. Firsov *et al.*, *Science*, **306**, 666（2004）
18) K. V. Emtsev, A. Bostwick, K. Hor, J. Jobst, G. L. Kellogg, L. Ley1, J. L. McChesney, T. Ohta, S. A. Reshanov, J. Röhrl, E. Rotenberg, A. K. Schmid, D. Waldmann, H. B. Weber, T. Seyller, *Nature Materials*, **8**, 203-207（2009）
19) M. Ziatdinov, S. Fujii, K. Kusakabe, M. Kiguchi, T. Mori, T. Enoki, *Phys. Rev. B*, **87**, 115427（2013）

3 走査型プローブ顕微鏡による有機薄膜トランジスタの評価

小林 圭*

3.1 はじめに

有機薄膜をチャネル層に用いた有機薄膜トランジスタ（Organic Thin Film Transistor：OTFT）は，1980年代の終わりごろに初めて作製され[1~3]，1990年代に性能が飛躍的に向上し，2000年代にはアモルファスシリコンに匹敵する移動度（〜1 cm^2/Vs）を示すようになった[4,5]。最近では，インクジェット方式によりフレキシブル基板上に作製した高結晶性OTFTアレイが10 cm^2/Vsを超える移動度を示すことが報告されており[6]，着実に実用化に近づいてきている。一方，OTFTのデバイス性能を律速する要因として，OTFTのチャネル領域における有機薄膜の構造（結晶性およびモフォロジー），電極／有機薄膜界面における有機薄膜構造の乱れやキャリア注入障壁などがしばしば指摘されている。

走査型プローブ顕微鏡（Scanning Probe Microscopy：SPM）は，鋭く尖った探針（プローブ）を試料表面に近接させ，探針と試料との間にはたらく相互作用を検出し，相互作用が一定となるように探針—試料間距離を制御しながら探針を2次元的に走査することで表面形状を観察する顕微鏡である。SPMでは，相互作用が探針—試料間距離に強く依存するほど高い空間分解能が得られる。探針—試料間に流れるトンネル電流を検出する走査型トンネル顕微鏡（Scanning Tunneling Microscopy：STM）と探針—試料間にはたらく相互作用力を検出する原子間力顕微鏡（Atomic Force Microscopy：AFM）が有名であるが，いずれも原子・分子レベルの空間分解能を有している。このうち，絶縁性の高い有機系試料の観察にはAFMがよく用いられるが，このAFMは，表面形状だけでなく機械的特性や電磁気的特性など，実にさまざまな表面物性をマッピングすることが可能である。したがって，OTFTにおいて局所領域での物性，とくに電位分布や局所電気特性を測定すれば，上に述べたデバイス性能を律速する要因に関わる情報を得ることができ，デバイスを開発する上で非常に有用である。ここでは，AFMの派生技術であり，ナノスケールで試料表面の電位分布を測定することが可能なケルビンプローブフォース顕微鏡（Kelvin-Probe Force Microscopy：KPFM）を中心に，AFMによるOTFTの評価方法，またその評価事例について概説する。

3.2 ケルビンプローブフォース顕微鏡（KPFM）

3.2.1 KPFMの原理

KPFMは，AFMにおいて力センサーとして用いられるカンチレバー探針を共振周波数近傍で振動させ，振幅や共振周波数の変化から探針—試料間相互作用力を検出するダイナミックモードAFMをベースとしている。KPFMでは，ダイナミックモードAFMによる表面形状観察と同時に，（導電性）探針と試料表面との間にはたらく静電気力を検出し，試料表面の表面電位像を観察す

---

* Kei Kobayashi　京都大学　白眉センター　工学研究科　特定准教授

第4章　走査型プローブ顕微鏡（SPM）

る[7,8]）。

　ここでは，フェルミ準位が異なる導電性探針と平坦な導電性試料を例にとり，KPFMの動作原理を説明する。図1(a)に示すように，両者を電気的に接続するとフェルミ準位が揃い，両者の間に仕事関数の差に相当する接触電位差（$\Delta\phi$）が生じる。このとき，両者の間には電界が発生し，次式であらわされる静電気力がはたらく。

$$F^{\mathrm{el}} = \frac{1}{2}\frac{\partial C_{\mathrm{ts}}}{\partial z}\left(\frac{\Delta\phi}{e}\right)^2 \tag{1}$$

ただし，C_{ts}は両者の間の静電容量であり，zは探針—試料間距離である。一般に静電気力は，原子間や分子間にはたらく相互作用力と比べると距離依存性が弱いため，相互作用力一定のもと表面形状を観察する際に空間分解能の低下を招く。したがって，高分解能での表面形状像取得のためには，図1(b)に示すように探針側にバイアス電圧（$V_{\mathrm{t}} = -\Delta\phi/e$）を印加し，静電気力を打ち消すことが望ましい。この性質を利用し，表面形状取得時に常に静電気力を打ち消すようバイアス電圧を制御し，これを画像化すれば，表面電位像が得られる。具体的には，図1(c)に示すように，探針に周波数f_{m}，振幅V_{ac}の交流電圧と，オフセット電圧V_{dc}を印加する（$V_{\mathrm{t}} = V_{\mathrm{dc}} + V_{\mathrm{ac}}\cos 2\pi f_{\mathrm{m}}t$）。このとき，探針—試料間静電気力は

$$F^{\mathrm{el}} = \frac{1}{2}\frac{\partial C_{\mathrm{ts}}}{\partial z}\left(\frac{\Delta\phi}{e} + V_{\mathrm{dc}} + V_{\mathrm{ac}}\cos 2\pi f_{\mathrm{m}}t\right)^2 \tag{2}$$

となる。このうち，変調周波数f_{m}成分の静電気力は

$$F^{\mathrm{el}(\omega_{\mathrm{m}})} = \frac{\partial C_{\mathrm{ts}}}{\partial z}\left(\frac{\Delta\phi}{e} + V_{\mathrm{dc}}\right)V_{\mathrm{ac}}\cos 2\pi f_{\mathrm{m}}t \tag{3}$$

となり，これをロックインアンプにより検出して，フィードバック回路を用いてこの成分の大きさがゼロとなるようV_{dc}を制御する。この測定原理が，電極を振動させて誘起される変位電流を打ち消して表面電位を測定するケルビン法[9,10]の原理とよく似ているため，この手法はKPFMと呼ばれている。

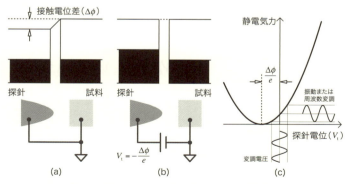

図1　(a)接触電位差が補償されていない状態および(b)補償された状態での探針—試料系のエネルギーダイアグラム，(c)KPFMの動作原理図

先に述べたように，KPFMでは探針と試料との接触電位差を測定しているため，試料の表面電位の絶対値を知ることは困難であるが，試料表面内の電位差は定量的に測定可能であり，動作中のOTFTの電位分布評価などに有効である。OTFTの電気特性計測がしばしば真空中で行われるように，KPFMによるOTFTの評価もしばしば真空中で行われる。KPFMで測定される表面電位は試料の表面状態に強く依存し，とくに試料表面に水分子が吸着するとKPFMで測定される表面電位像のコントラストが弱まることが報告されており[11]，真空中でのKPFM測定が望ましい。真空中では，カンチレバーの機械的Q値が非常に高くなるため，カンチレバーの振幅変化が非常に遅くなる。このため，大気中でのダイナミックモードAFMに広く利用されている探針―試料間相距離制御方法である振幅変調（Amplitude Modulation：AM）検出方式またはタッピングモードは適さないため，真空中でのダイナミックモードAFMには，周波数変調（Frequency Modulation：FM）検出方式が使用される[12]。

3.2.2 KPFMのセットアップ

真空中でダイナミックモードAFMを用いてKPFM測定を行う場合，カンチレバーの1次共振周波数（f_0）の周波数シフト（Δf）を一定に保つように表面形状像を取得する（FM-AFM）。このとき，KPFM測定のため，探針―試料間に印加した交流電圧に誘起される静電気力を検出する方法として，f_mをカンチレバーの2次共振周波数に合わせ，静電気力によって誘起されるカンチレバーの振動を検出する方法（AM-KPFM）と[13]，f_mを周波数検出器の帯域以下（通常1 kHz程

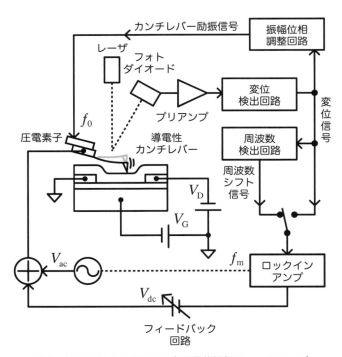

図2　KPFMによるOTFTの表面電位評価のセットアップ

第4章 走査型プローブ顕微鏡(SPM)

度)に設定し,Δf信号に含まれるカンチレバーの共振周波数の振動(変調)成分を検出する方法(FM-KPFM)がある[14]。図2に,FM-AFMを用いて動作中のOTFTの表面電位分布をKPFMによって測定する際のセットアップを示す。

KPFMの測定原理上は,V_{dc}やV_{ac}の印加は探針と試料のどちらに印加しても同様の測定を行うことができるが,OTFTを動作させた状態でKPFM評価を行うには,図2に示すようにV_{dc}やV_{ac}を探針側に接続すると,試料側にデバイス動作用の電圧源や電流計を自由に接続できて便利である。

3.2.3 AM-KPFMとFM-KPFM

ここでは,カンチレバー探針と試料との間にはたらく静電気力を考慮し,AM-KPFMとFM-KPFMの違いについて説明する。探針を球とみなすと,探針—試料間にはたらく静電気力は次式で表される[15]。

$$F^{el}_{sphere}=\frac{1}{2}\frac{\partial C_{sphere}}{\partial z}V_t^2=\frac{\pi\varepsilon_0 r_{tip}^2}{z(z+r_{tip})}V_t^2 \tag{4}$$

ただし,r_{tip}は探針の先端の曲率半径,ε_0は真空の誘電率であり,$\Delta\phi=0$とした。図3に,$r_{tip}=20\,\mathrm{nm}$としたときの静電気力の距離依存性を示す。実際には,カンチレバーの先端にある探針は,高さ$10\,\mu\mathrm{m}$程度のコーン(円錐)状やピラミッド状の形状を有しており,探針先端だけでなく,探針全体やカンチレバーと試料表面との間にも静電気力がはたらく。図3に,探針先端として半径$20\,\mathrm{nm}$の半球,探針全体としてコーン角10度,高さ$10\,\mu\mathrm{m}$のコーン,カンチレバーとして長さ$240\,\mu\mathrm{m}$および幅$30\,\mu\mathrm{m}$の平行板でそれぞれモデル化して計算した静電気力の距離依存性を示す。探針先端が試料表面から1〜2 nmに近接するまでは,探針先端にはたらく静電気力よりも,カンチレバーにはたらく静電気力が大きいことが分かる。

AM-KPFMではカンチレバーの機械的振動の一周期にわたって平均された静電気力を検出するのに対し,FM-KPFMでは探針が試料表面に最も近接した点ではたらく静電気力を選択的に検出することができる[16]。つまり,AM-KPFMでは,カンチレバーと試料表面との間にはたらく静電気力の影響を大きく受けるのに対し,FM-KPFMでは,探針先端—試料間にはたらく静電気力を選択的に検出できる。OTFTなどのデバイス表面には,電極や絶縁体などのさまざまな領域があるため,AM-KPFMを用いると,探針直下の部分の表面電位だけでなく,周囲の表面電位も平均した表面電位を測定してしまう。つまり空間分解能が低下するため,注意が必要である[17]。したがって,FM-KPFMを使うことが望ましい。

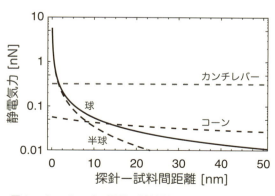

図3 カンチレバー探針—試料間にはたらく静電気力

産業応用を目指した無機・有機新材料創製のための構造解析技術

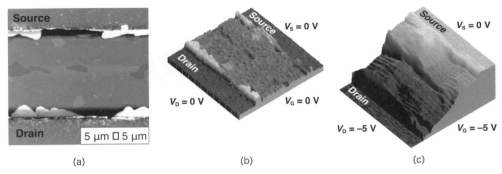

図4　動作中のM5T単層膜OTFTの表面形状像(a)および表面電位像(b),(c)

3.3　OTFTにおけるチャネル電位分布評価

　ここでは，KPFMを用いた動作中のOTFTにおけるチャネル内電位分布の測定例を紹介する[18〜21]。図4は，Si基板上に形成したAu/Cr電極上にメチル終端チオフェン5量体（ジメチルキンケチオフェン：M5T）分子を真空蒸着して作製した，ボトムコンタクト型OTFTの表面形状像およびFM-KPFMによる表面電位像である。Au/Cr櫛形電極の電極間距離は3 μmであり，図4(a)の表面形状から，電極端を核として成長した単分子膜が電極間のほぼ中央付近で接し，チャネルを形成していることが分かり，実際にこのOTFTの電流—電圧特性はp型半導体特性を示した。図4(b)および(c)はそれぞれデバイスのオフ状態およびオン状態の表面電位像であり，図4(b)からは単分子膜の表面電位がAu/Cr電極表面と比較して若干高いことが分かり，図4(c)ではこの電位差がほぼ維持されたままチャネル部分に電位勾配が形成されていることが分かる。とくに，両電極から成長した分子膜が接合している部分において，大きな電位勾配つまり電界集中が生じている様子が分かる。電位分布測定と同時に，ドレイン電流値を測定しておくと，各部位の抵抗を定量的に見積もることも可能である。このようにKPFMを用いると電極／有機薄膜界面やグレイン境界など，電流律速箇所を特定し，その部分の抵抗を見積もることができ，チャネル材料や電極材料を最適化する上で重要な知見が得られる。

　ここではKPFMによる電位分布計測例を紹介したが，AFMの探針を試料表面に接触または間欠接触させ，探針に接続した電圧計によって直接表面電位を計測する，AFMポテンショメトリーを用いて同様の計測を行うことも可能である[22]。

3.4　OTFTにおけるトラップ電荷密度評価

　次に，アルキル基修飾により有機溶媒に可溶で，高い結晶性薄膜が容易に得られる，ジオクチルベンゾチエノベンゾチオフェン（C_8-BTBT）分子[6]を用いたOTFTにおけるチャネル内電位分布測定例を示す[23]。Si基板上に形成したAu/Cr電極上（電極間距離：20 μm）にC_8-BTBT分子のクロロホルム溶液をドロップキャストすると，分子1層に相当する高さ約3 nmの分子ステップ構造を有する高結晶性C_8-BTBT薄膜が得られた。図5(a)〜(c)はそれぞれデバイス動作前，動作中，

第4章　走査型プローブ顕微鏡（SPM）

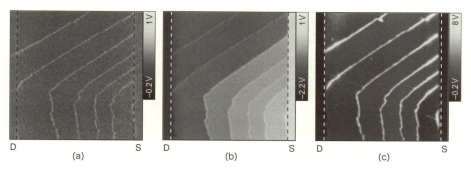

図5　(a)動作前，(b)動作中，(c)動作後のC$_8$-BTBTチャネルOTFTの表面電位像

動作後のFM-KPFMによる表面電位像である。図5(a)では，分子ステップに沿って筋状に電位が周囲より数百mV程度高くなっているが，これは分子ステップに吸着した残留溶媒の影響と思われる。図5(b)からは，デバイス動作中にはソース電極端およびドレイン電極端に大きな電位勾配が存在し，ソース電極にのみ接触している分子層は，層毎に異なるが層内では均一な電位に保たれていることが分かった。これは，C$_8$-BTBTのアルキル鎖部分が高い絶縁性を有しているため，層間の絶縁性が高いと考えられる。また，図5(c)のデバイス動作後の表面電位像は，図5(a)と比べて，分子ステップ端の電位が顕著に高くなっていることが分かる。これは，分子ステップ端にホールがトラップされたためであり，電位差からトラップ電荷密度を計算すると，3×10^{-11} cm^{-2}程度と見積もることができた。このように，デバイスのオフ状態でのチャネル内の電位分布をKPFMにより評価すれば，トラップ電荷密度を測定することも可能である。最近では，ゲート電圧として交流電圧を印加し，トラップに電荷を出し入れしながらトラップ電荷を可視化する試みも報告されている[24]。

3.5　AFMによるOTFTの局所電気特性評価

AFMの導電性探針をOTFTの電極として用いることで，OTFTの局所的な電気特性を評価することができる。例えば，Si基板上に形成した電極の端に接した有機分子グレインに対し，AFMの導電性探針を接触させることで，OTFTを構成することができる[25～27]。これによって，OTFTの基本的な電気特性を測定して移動度を算出するだけでなく，導電性探針の位置を変えれば，電極間距離依存性を調べて，接触抵抗を見積もることも可能である。

また，2本のカンチレバー探針の位置を自在に制御できるマルチプローブAFMを用いれば，有機薄膜上の任意の場所でOTFTを構成し，微視的構造と電気特性の相関を調べることができる[28]。

図6(a)に示すように，膜厚100 nmの熱酸化膜を有するSi基板上に，電子線リソグラフィおよびウェットエッチングにより400 nm周期で幅200 nm，深さ10 nmの溝を作製し，オリゴチオフェン（α-6T）分子を真空蒸着して高結晶性グレインを成長させた。図6(b)は，FM-AFMによる高結晶性グレインの表面形状像である。2本の導電性カンチレバー探針をそれぞれソースプローブ，

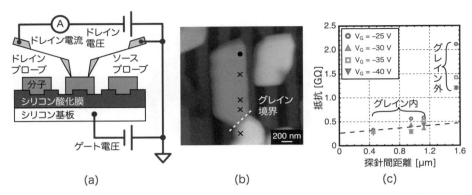

図6 (a)デュアルプローブAFMによる局所電気特性測定，(b)高結晶性α-6T膜の表面形状像，(c)デュアルプローブAFMによるチャネル抵抗測定結果

ドレインプローブとし，●印の位置にソースプローブを接触させ（ソース電極），直線状に並んだ複数の×印の位置にドレインプローブを接触させた（ドレイン電極）。それぞれのドレインプローブ接触位置で，p型半導体特性が得られ，探針間の抵抗値は図6(c)に示すような探針間距離依存性を示した。この結果から，接触抵抗を見積もり，正確な単一グレインOTFTの移動度を見積もることができた。また，グレイン境界が含まれる伝導経路では，単一グレイン内での計測と比べて抵抗値が非常に高くなることが分かり，高結晶性薄膜では，結晶グレイン境界における電荷移動が主な律速要因となっていることが示唆された[29]。

3.6 まとめ

以上のように，AFMおよびKPFMをはじめとする応用測定手法を用いることで，OTFTのチャネル領域における有機薄膜構造評価，局所領域での電位分布計測や電流計測を行うことができ，OTFTのデバイス性能を律速する電極／有機薄膜界面における有機薄膜構造の乱れやキャリア注入障壁，またそれらの相関を明らかにすることができる。今後，OTFTの研究の進展とともに，SPMによるナノスケール物性評価がますます重要視されることが予想される。

文　　献

1) A. Tsumura *et al.*, *Appl. Phys. Lett.*, **49**, 1210（1986）
2) J. H. Burroughes *et al.*, *Nature*, **335**, 137（1998）
3) G. Horowitz *et al.*, *Solid. State. Commun.*, **72**, 381（1989）
4) C. Reese *et al.*, *Mater. Today*, **7**, 20（2004）

第4章 走査型プローブ顕微鏡（SPM）

5) H. Klauk, *Chem. Soc. Rev.*, **39**, 2643 (2010)
6) H. Minemawari *et al.*, *Nature*, **475**, 364 (2011)
7) J. M. R. Weaver *et al.*, *J. Vac. Sci. Technol.* B, **9**, 1559 (1991)
8) M. Nonnenmacher *et al.*, *Appl. Phys. Lett.*, **58**, 1921 (1991)
9) Lord Kelvin, *Philos. Mag.*, **46**, 82 (1898)
10) W. A. Zisman, *Rev. Sci. Instrum.*, **3**, 367 (1932)
11) H. Sugimura *et al.*, *Appl. Phys. Lett.*, **80**, 1459 (2002)
12) T. R. Albrecht *et al.*, *J. Appl. Phys.*, **69**, 668 (1991)
13) A. Kikukawa *et al.*, *Appl. Phys. Lett.*, **66**, 3510 (1995)
14) S. Kitamura *et al.*, *Appl. Phys. Lett.*, **72**, 3154 (1998)
15) S. Hudlet *et al.*, *Eur. Phys. J. B*, **2**, 5 (1998)
16) F. J. Giessibl, *Phys. Rev. B*, **56**, 16010 (1997)
17) U. Zerweck *et al.*, *Phys. Rev. B*, **71**, 125424 (2005)
18) L. Bürgi *et al.*, *Appl. Phys. Lett.*, **80**, 2913 (2001)
19) K. P. Puntambekar *et al.*, *Appl. Phys. Lett.*, **83**, 5539 (2003)
20) T. Miyazaki *et al.*, *J. Appl. Phys.*, **97**, 124503 (2005)
21) V. Palermo *et al.*, *Adv. Mater.*, **18**, 145 (2006)
22) M. Nakamura *et al.*, *Appl. Phys. Lett.*, **86**, 122112 (2005)
23) Y. Yamagishi *et al.*, *J. Phys. Chem. C*, **119**, 3006 (2015)
24) M. Ando *et al.*, *Appl. Phys. Lett.*, **105**, 193303 (2014)
25) T. W. Kelly *et al.*, *J. Phys. Chem. B*, **105**, 4538 (2001)
26) T. Kimura *et al.*, *Jpn. J. Appl. Phys.*, **51**, 08KB05 (2012)
27) M. Nakamura *et al.*, *Thin Solid Films*, **438**, 360 (2003)
28) E. Tsunemi *et al.*, *Rev. Sci. Instrum.*, **84**, 083701 (2013)
29) M. Hirose *et al.*, *Appl. Phys. Lett.*, **103**, 173109 (2013)

4 原子間力顕微鏡によるナノコンポジット材料の表面力学測定

藤波 想[*1], 中嶋 健[*2]

4.1 はじめに

走査型プローブ顕微鏡（SPM）のファミリーの一つである原子間力顕微鏡（AFM）は，カンチレバー（片持ち梁）とその自由端に取り付けられた試料をなぞる探針から構成される。探針—試料表面間に働く相互作用によってカンチレバーに変位が生じるため，その変位を検出することで相互作用力を計測する。この点に注目した材料のミクロな力学物性を測定しようとする試みが多数行われている。市販装置で最も一般的な位相イメージングからもある程度の定性的情報が得られるが[1]，力学物性取得により特化した測定手法としてフォースディスタンスカーブ測定（以下，フォース測定と呼ぶ）[2]のほか，摩擦力顕微鏡（FFM）法[3]，フォースモジュレーション法[4,5]，コンタクト共振法[6]などが挙げられる。

本節で取り扱うフォースマッピング測定は，フォース測定を試料表面の複数点で行うもので，フォース測定の高い定量性を保ったままナノメートルスケールで構造と力学物性を同時に測定できる[7〜9]。近年では従来よりも高速で測定が行えるようになってきており[10]，市販装置でも比較的容易に弾性率の分布画像を得られるようになってきている。しかしながら，データの背景にある理論や仮定の理解なくしては，誤った解釈を行ってしまう危険性がある。そこで本節では，はじめにAFM探針と試料表面間に働く相互作用力に関する理論を示し，次にいくつかの応用例からどのような情報が得られるかを紹介する。

4.2 AFM探針と試料表面の接触問題

AFM探針と試料表面とを接触させ，さらに荷重をかけると弾性反発が生じる。またそれらが近接している場合には（そして接触している際も）van der Waals力などに起因する引力相互作用が生じる。これらの相互作用力やそれに伴う接触面積や押し込み深さなどを考える際は，その理論的背景の理解が欠かせない。とくにフォース測定では，実験から得られた力と押し込み深さの関係から弾性率などの力学物性を抽出するため，接触力学が与える式を直接用いる。AFMフォース測定の解析に用いられるモデルを中心に，以下で簡単に紹介する。

4.2.1 Hertzモデル

接触力学とは，2つの固体が接触している際の荷重や圧力，変形などを興味とする学問であり，一般にはHertzをその始祖とみなす。彼の理論によれば球と平面の弾性体同士を垂直方向に押し付けたときの圧力p_1は

[*1] So Fujinami 国立研究開発法人 理化学研究所 放射光科学総合研究センター
可視化物質科学研究グループ 研究員
[*2] Ken Nakajima 東京工業大学 大学院理工学研究科 有機・高分子物質専攻 教授

第4章 走査型プローブ顕微鏡（SPM）

$$p_1(r) = \frac{3P_1}{2\pi a^2}\sqrt{1-\frac{r^2}{a^2}} \tag{1}$$

で与えられる[11]。ここでrは接触中心から水平方向の距離，aは接触半径，P_1は弾性変形による反発力である。HertzモデルではP_1と押し込み深さδ_1，接触半径aは以下で関連づけられる。

$$P_1 = \frac{4E^* a^3}{3R}, \quad \delta_1 = \frac{a^2}{R} = \left(\frac{9P_1^2}{16RE^{*2}}\right)^{1/3} \tag{2}$$

ここでは球と平面それぞれの弾性率をE_1，E_2，ポアソン比をν_1，ν_2として換算弾性率E^*を以下のとおり導入している。

$$E^* \equiv \left(\frac{1-\nu_1^2}{E_1} + \frac{1-\nu_2^2}{E_2}\right)^{-1} \tag{3}$$

ただしAFMの実験では探針は試料よりはるかに硬いとみなし，材料のヤング率とポアソン比を用いて$E^* = E/(1-\nu^2)$と表すことが多い。弾性変形した表面のプロファイルも同様に解析解を求めることができる。図1(a)にその例を示す。

4.2.2 Bradley-Derjaguinモデル

弾性反発を記述する上記Hertzモデルでは引力相互作用を考慮していない。van der Waals力に代表される分子間力に起因する2物体間の引力相互作用についての理解も必要である。分子間ポテンシャルとしてLennard-Jones型の式を考える場合，表面同士が距離zだけ離れた剛体球間に働く相互作用力Pは

$$P(z) = 2\pi wR\left[-\frac{4}{3}\left(\frac{z}{z_0}\right)^{-2} + \frac{1}{3}\left(\frac{z}{z_0}\right)^{-8}\right] \tag{4}$$

と書け，Bradleyの式ないしBradley-Derjaguinの式と呼ばれる[12,13]。ここでRは有効半径で$(1/R_1 + 1/R_2)^{-1}$で与えられ（R_iはそれぞれの球の半径），wはDupré凝着エネルギー，z_0は分子同士の平衡距離である。

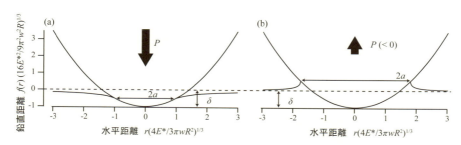

図1　弾性表面を剛体の圧子で押し込んだ場合の側面図
(a)Hertz/DMTモデル，$\bar{a}=1$，$\bar{\delta}_1=1$，$\bar{P}_1=1$（Hertz）または$\bar{P}=-1$（DMT）の場合。(b) JKRモデルで$\bar{a}=1.78$，$\bar{\delta}=1$，$\bar{P}=-0.16$の場合。各物理量は(13)式に示されているMaugisの無次元化を施してある。

4.2.3 Johnson-Kendall-Roberts（JKR）モデル

　Hertzモデルは表面エネルギーを考慮に入れておらず，20世紀中頃には実験的にも特に低荷重条件での弾性体接触がHertz理論に一致しないことが認識されるようになっていた。Johnsonらは接触面で働く表面エネルギーと貯蔵弾性エネルギーとの釣り合いから理論を組み立て，以下の式を提唱した[14]。

$$P = \frac{4E^*}{3R}a^3 - \sqrt{8\pi E^* w a^3} \tag{5}$$

このモデルは著者の頭文字からJKRモデルと呼ばれ，現在広く知られている。右辺第1項がHertz弾性反発，第2項が接触面間の凝着力を示している。上記の式から2物体を引き離すのに必要な引き抜き力P_Eが

$$P_E = -\frac{3}{2}\pi w R \tag{6}$$

で与えられる。押し込み深さδと接触半径aの関係は

$$\delta = \frac{a^2}{R} - \sqrt{\frac{2\pi w a}{E^*}} \tag{7}$$

で与えられる。JKRモデルによる表面プロファイルを図1(b)に示す。

4.2.4 Derjaguin-Muller-Toporov（DMT）モデル

　JKRモデルと並びよく利用されているのがDerjaguinらによって提唱されたモデルで，こちらも論文著者の頭文字を冠してDMTモデルと呼ばれる[15]。このモデルでは引力相互作用は表面の変形を引き起こすほどには大きくないと仮定し，正味の荷重Pは，(2)式のHertz弾性反発項P_1と分子間引力相互作用の積算項であるP_a（<0）との和$P = P_1 + P_a$で与えている。点接触（$a = 0$；$\delta = 0$）の際に引き抜き力が生じ，この場合弾性変形はないのでBradleyのモデルと同じく

$$P_E = -2\pi w R \tag{8}$$

となる。この場合，総荷重Pはδを用いて（$\delta = a^2/R$），

$$P = \frac{4}{3}E^* R^{1/2} \delta^{3/2} - 2\pi w R \tag{9}$$

と表すことができる。仮定から明らかなように，DMTモデルの表面形状はHertzのものと同様であるが，総荷重は少なくなる。

4.2.5 JKR-DMT遷移とMaugis-Dugdale（MD）モデル

　JKR，DMT両モデルは引力相互作用の取り入れ方が全く異なっており，これらの理論が提唱された当初は両グループ間で激しい論争があった。後にTaborが下記の遷移パラメータμの両極限として両モデルを記述できることを示した[16]。

$$\mu \equiv \left(\frac{Rw^2}{E^{*2}z_0^3}\right)^{1/3} \tag{10}$$

第4章　走査型プローブ顕微鏡（SPM）

$\mu \to 0$ では接触面内の凝着力が無視できるようになるためDMTモデルが適切になり，$\mu \to \infty$ では接触面外の引力相互作用が接触面内の凝着力に比べて無視できるほどに小さくなるためJKRモデルが適切になる。

$0.1 < \mu < 3$ の中間的な範囲では両効果とも無視できない。この状況における接触問題は通常は解析的な解を持たず数値解析を行う必要がある。しかしMaugisは長距離力として井戸型のDugdaleポテンシャルと呼ばれる引力場を仮定した場合には閉じた解をとることを示した[17]。Dugdale型引力場とは，表面間距離 z が $z_0 \leq z \leq (z_0 + h_0)$ を満たすときに単位面積当たり σ_0 の力が働くとみなすものである[18]。この長距離力が働く円環状領域の外周の半径 c に対して $m \equiv c/a$ とおくと，荷重 P と押し込み深さ δ は，それぞれHertz弾性反発項（下付き文字1）と引力相互作用（下付き文字 a）の和として以下の関係で与えられる。

$$\bar{P} = \bar{P}_1 + \bar{P}_a = \bar{a}^3 - \lambda \bar{a}^2 \left[\sqrt{m^2 - 1} + m^2 \sec^{-1} m \right] \tag{11}$$

$$\bar{\delta} = \bar{\delta}_1 + \bar{\delta}_a = \bar{a}^2 - \frac{4}{3} \lambda \bar{a} \sqrt{m^2 - 1} \tag{12}$$

ここで式の複雑さを避けるため，パラメータは次の無次元量化が施されている。

$$\bar{a} = a \left(\frac{4E^*}{3\pi w R^2} \right)^{1/3} ; \bar{\delta} = \delta \left(\frac{16 E^{*2}}{9 \pi^2 w^2 R} \right)^{1/3} ; \bar{P} = \frac{P}{\pi w R} \tag{13}$$

$$\lambda \equiv \sigma_0 \left(\frac{9R}{2\pi w E^{*2}} \right)^{1/3} \tag{14}$$

λ はMaugisパラメータと呼ばれ，Taborパラメータと $\lambda = 1.16\mu$ の関係をもつ。このモデルはMaugisとDugdaleの頭文字をとってMDモデルとも呼ばれる。長距離力をDugdale型とみなすのはいささか乱暴な近似に思えるかもしれないが，Lennard-Jones型を想定した数値計算の結果からも大きくずれていないことが報告されている[19]。

図2にいくつかの λ に対するMDモデルが与える $\bar{P} - \bar{\delta}$ 曲線をHertz，JKR，DMTモデルが与える曲線とともに示した。λ の減少とともに引き抜き力 $\bar{P}_E$ が -1.5 から -2 へと変化している。$\lambda = 3$ のMD曲線はJKR曲線に非常に近くなり，より小さい λ では特に引き抜き点近傍ではDMT曲線に近づく。

JKR-DMT遷移理論に基づいて，Johnsonらは弾性体接触においてどのモデルを用いるべきかを指し示す図を描いた[20]。凝着地図と名付けられたこの図では，横軸に遷移パラメータの λ ないし μ，縦軸に無次元量化した荷重 $\bar{P}$ を取る。Johnsonらが描いたオリジナルの図では

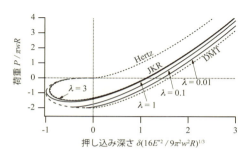

図2　荷重 $\bar{P}$ と押し込み深さ $\bar{\delta}$ の関係式
Hertz，DMT-M，JKRモデルを破線で，いくつかの λ に対するMDモデルを実線で示す。

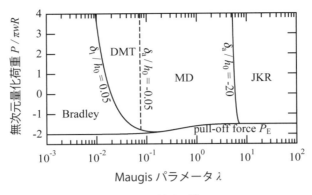

図3 凝着地図[20]
AFM測定は引力領域で行われることもあるので，それに合わせて縦軸を線形スケールで描いている。

$0.1 < P/\pi w R < 10^4$の範囲で荷重に対数軸を用いているが，AFM測定荷重領域はしばしば引力領域ないしその近傍におよぶため，図3では縦軸を線形軸で表記した。

4.3 接触力学モデルの実験データへの適用方法
4.3.1 接触力学モデルの選択

引力相互作用が無視できない条件でのAFMフォース測定を用いた無機・有機材料のナノスケール接触に対する過去の研究では，DMTモデルやJKRモデルがその理論的背景とは無関係に用いられているが，図3の凝着地図を用いて適切な理論モデルを選択すべきである。軽元素が主体の高分子材料の場合，z_0は概ね0.1～0.2nmとみなせるので，ここでは$z_0 = 0.2$nmとおく。MDモデルの仮定では$\sigma_0 = 1.03 w/z_0$なので遷移パラメータλは材料のヤング率E，ポアソン比ν，表面エネルギーw，探針の先端半径Rを(14)式に代入することで得られる。一例としてイソプレンゴムのような軟らかい材料の場合を考えると，$E^* = 2$MPa，$w = 0.15$N/m，$R = 15$nmとすると$\lambda = 250$（$\gg 1$）となりJKRモデルが妥当であることがわかる。材料がより硬いポリスチレンの場合には，$E^* = 3$GPa，$w = 0.07$N/m，$R = 15$nmとして$\lambda = 1.2$となり，MD領域になる。

また，塑性変形はここで紹介したモデルには含まれていないことにも留意が必要である。弾性変形と塑性変形が同時に起こる場合のモデルとしては，Oliver-Pharrモデルが有名である[21]。しかしながら，このモデルは凝着を考慮していない。凝着地図からわかるように荷重を高くすれば相対的に凝着は無視できるが，その場合，試料やプローブの損傷が大きくなり，また接触面積の増大に伴い空間分解能も失われる。

4.3.2 フォースディスタンスカーブの変換

フォースディスタンスカーブ測定では，探針を試料表面に対して垂直方向に動かし，その移動距離Zに対してカンチレバーの反りdを記録する。図4(a)と(c)はそれぞれDMT，JKR接触の場合のdとZの関係を模式的に描いたものである。DMTモデルでは長距離力で表面は変形しないので，

第4章 走査型プローブ顕微鏡 (SPM)

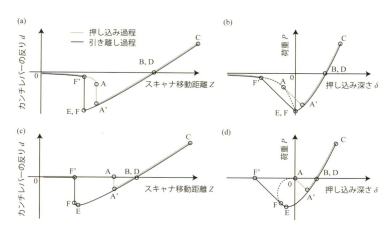

図4 DMT, JKR両モデルそれぞれの理想的な場合のカンチレバーの反りとスキャナ変位の関係(a), (c)およびそれから得られる荷重と押し込み深さの関係式(b)(d)

非接触状態では単純に(4)式のBradleyモデルで描画される。

フォース測定は通常以下のようなサイクルで行われる。探針が試料に近づくと引力を感じ、カンチレバーが曲がり、相互作用ポテンシャルがカンチレバーのバネ定数kを超えると(あるいはJKRモデルのように長距離力が完全に無視できる場合では$\delta = 0$で接触すると)探針は大きく試料に引き込まれ試料に接触する(点AからA')。最初は引力相互作用が支配的だが、押し込むにつれ弾性反発がそれより大きくなり(点B)、斥力領域に入ったのち、ユーザが指定したスキャナの位置Zないしカンチレバーの反りdに達した時点で押し込み過程は終わる(点C)。引き離し過程では、最初は弾性反発が支配的で斥力領域だったのが、引力領域に変化する(点D)。引力は最大値を示したのち(点E)、探針試料間の引力が急速に減少し、接触面が剥がれる(点FからF')。点Eでの力は引き抜き力ともよばれる。

この実験データから荷重Pと押し込み深さδの関係を得ることが、接触力学モデルを当てはめるために必要である。荷重PはHookeの法則$P = kd$を用いることで、カンチレバーの反りdから簡単に変換できる。市販のカンチレバーではそのバネ定数kは公称値として代表的な値を与えられている場合も多いが、個体差が大きいので、個別に校正することが望ましい。カンチレバーは変形することで力を検出するので、押し込み深さδはスキャナの移動距離Zからカンチレバーの変位dを引くことで$\delta = Z - Z_0 - d$として求めることができる。Z_0は(仮想的に)変形していない試料表面に点接触した場合のスキャナの位置である。これによって荷重Pと押し込み深さδの関係を得ることができる。図4(b), (d)はそれぞれ図4(a), (c)から上述の方法で変換したものである。

4.3.3 荷重―押し込み深さの関係の解析

P-δの関係に選択した接触力学モデルを当てはめることで、弾性体表面の力学物性を得ることができる。凝着エネルギーwは、JKR, DMT両モデルにおいて、それぞれ(6), (8)式で求めることができる。AFMでは接触半径aを直接観測することはできないので、$P = P(\delta)$の形で陽にあらわ

わせないJKRモデルの使用は忌避される傾向がある。AFMにおけるもう一つの問題点として，押し込み深さδの基準となる，変形していない状態の表面の位置Z_0を正確に求められないことが挙げられる。理論的には，DMTモデルでは図4の点E，JKRモデルでは点Aがその点であると類推されるが，実際の測定条件ではDMTモデルのように接触面内の凝着力を無視できないし，JKRモデルのように長距離力を無視できることもない。そこで多くの場合，弾性率E^*もZ_0も直接的あるいは間接的にカーブフィッティングから求めてしまう手法がとられる[22]。

JKRモデルを用いる例として，2点法とよばれる手法を紹介する[23]。この手法では，荷重がゼロになる点Dと，引き抜き力の点Eの2点を用いる。そうするとJKRモデルより

$$\delta_E = -\frac{1}{3}\left(\frac{9P_E^2}{16E^{*2}R}\right)^{1/3} ; \delta_D = \frac{1}{3}\left(\frac{9P_E^2}{E^{*2}R}\right)^{1/3} \tag{15}$$

となるので，弾性率は下記のとおり求めることができる。

$$E^* = -\frac{3}{4}\left(\frac{1+\sqrt[3]{16}}{3}\right)^{3/2}\frac{P_E}{\sqrt{R(\delta_D - \delta_E)^3}} \tag{16}$$

押し込み深さδの差を用いるので，Z_0の取り方によらず弾性率E^*を求めることができることが本手法の利点である。

4.3.4 ナノ力学物性マッピング

単一のフォース測定では，接触面近傍の，典型的には数～数十ナノメートルの領域の力学物性を得ることができる。この測定を，試料表面の異なる複数の場所で連続的に行い，それぞれの場所で得られた力学物性を画像化することで，微視的に力学物性の分布を持つ材料の機械的性能を直接的に評価することができる[7~9]。本手法をナノ力学物性マッピングと呼ぶ。この測定では，それぞれのフォース測定の最大荷重P_Cを一定になるように制御し，その荷重のときのZスキャナの位置Z_Cを記録しているため，力学物性の分布だけでなく高さ像を得ることができる。ただし，この高さ像は，あくまで一定荷重下での像であり，試料の弾性率が均一でない場合，場所によって押し込み量の差が生じる。力学物性マッピングでは，それぞれの場所でどれだけ押し込まれたか求めることができるので，荷重がかかっていない状態の表面形状を再現することもできる[8,9]。

4.4 応用例
4.4.1 イソプレンゴム

最初の実例としてMPa程度の弾性率をもつ加硫イソプレンゴム（IR）に対して行った単一フォース測定の結果を図5に示す[24]。試料を小片にし，ウルトラミクロトームを用いダイヤモンドナイフで切片を切り出した後の小片の平坦面を観察に供する。100 nm程度の厚みの切片が切り出せる条件で切削を行うことで，残された小片の平坦面には同程度の平滑さが保証されている。押し込み過程（黒丸）のジャンプインの地点をδの原点として，$\delta = Z - Z_0 - d$の関係を用いてP-δ曲線を描いた。引き離し過程（白丸）に対してJKR 2点法で求めた弾性率Eと凝着エネルギーwはそれぞれ$E = 2.5$ MPa，$w = 0.22$ J/m^{2}であった。これらの値を用いて計算したJKRモデルに基づく

第4章　走査型プローブ顕微鏡（SPM）

理論曲線も図に示した。実験と理論の一致は非常によい。

現実的な状況では図4(d)のF点で凝着が剥がれF'点にジャンプアウトするが，JKR理論ではF点の接触半径aは0ではなく，仮想的に接触半径$a = 0$となる点まで曲線を延長することができる（F点から原点までの曲線部分）。この曲線の終点は$\delta = 0$となる点であるが，それは(15)式に基づき，δ_Eとδ_Dを$(1/16)^{1/3}：1$に内分する点である。図5では便宜上押し込み過程でδの原点を決めたが，JKR 2点法で求まるδの原点も一致していることが図から読み取れる。このような理想的な状況は必ずしもいつも生じる

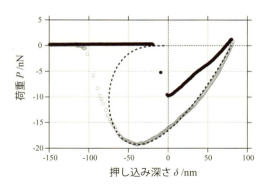

図5　イソプレンゴムに対して得られた荷重と押し込み深さの関係
●が押し込み過程，○が引き離し過程。JKRモデルに基づく理論曲線も破線として示している。

わけではなく，例えば試料表面にコンタミ層や極薄の表面層があるような場合にはずれが生じる。

4.4.2　カーボンブラック充填イソプレンゴム

ナノコンポジット材料の代表格としてカーボンブラック（CB）で補強したIRに対して行ったナノ力学物性マッピングの結果を次に紹介する。

試料としてCBの充填量30部のIRを用いた。測定は高速フォースマッピング法として知られるPeakForce QNMモードで行い，取得したフォースディスタンスカーブをJKR 2点法を用いて解析した。図6(a)にヤング率E像（ログスケール）を示す。IRマトリックス領域は図6(c)のヒストグラムにも見られるように単峰性のピークをもち，弾性率の平均値も3.9 MPaと妥当な値である一方，図中に挿入した断面プロファイルからも分かるようにCB領域の弾性率はその平均値が数十MPaしかなく，CBの真の弾性率を表してはいない。これはゴム領域を観察するのに適したカンチレバーバネ定数を選定したことに起因しているが，より本質的には軟らかいゴムに「浮かんでいる」硬い粒子の弾性率は決して計測できないことを意味している。また中間の弾性率をもつ界面領域もその弾性率値はなだらかに変化しており境界を定めることは難しい。

一方，この試料の場合には図6(b)に示した引き抜き力P_E像ではっきりと3つの領域に分離することが可能であった。図6(d)のヒストグラムに対して多重ガウス曲線でフィッティングを行うと，それぞれの領域の面積比率がマトリックス：界面：CB＝56％：30％：13％となった。CB充填量30部は体積分率にすると13.3％なので一致はよい。実際10〜50部の間でCBを変量して同様の測定を行った場合，すべてのCB充填量でこの一致が見られた。そこで引き抜き力像でマスク処理を行い，弾性率像を3領域にわけた。この結果，界面領域の弾性率の平均値は12 MPa（マトリックスの約4倍）となった。このように界面の力学物性を取得できるのが本手法の強みであり，ナノコンポジット材料の研究開発のさまざまな場面で利用できると思われる。

ゴムの補強メカニズムについて少し議論を進めよう。歴史的にも古い，最も単純なモデルとし

てはEinsteinの粘度式に起源をもつGuth-Gold式がある[25]。しかしこの式にはフィラー体積分率ϕ以外の変数が存在せず，必ずしも実験結果を再現できないことが知られている。その後Guth-Gold式の修正式が多数提出されているが，その一例が以下の式である（$f=1$がGuth-Gold式に対応）。

$$\frac{E_C}{E_M} = 1 + 2.5f\phi + 14.1f^2\phi^2 \quad (17)$$

ここでE_CとE_Mがそれぞれコンポジット材料，マトリックス材料のヤング率である。fは一種のパラメータであり$f\phi$を有効体積分率と見なすことにすると，この式はフィラー粒子に拘束されて動けないゴム部分をフィラー粒子と同等に取り扱うと仮定していることが分かる。このような領域をバウンドラバー相あるいは界面相などと呼び，過去においてはパルス法NMRなどでその存在が確認されている[26]。しかしながら図6からも明らかなように界面の弾性率は決してフィラーの弾性率とは等しくないし，一定の値でもない。$f\phi$では単純すぎるのである。実際，上述した面積比率から求めたfの値はCB充填量にあまり寄らずに$f\sim4$の値を得たが，マクロな引張試験結果に(17)式を当てはめて求めたfは1.45と看過できない違いがある。

さらに興味深いのは，この手法ではゴムマトリックス領域の弾性率E_Mを直接知ることができるが，その値はCB充填量を増大していくに従って高くなっていった。さらにその値は引張試験から求めたヤング率と常にほぼ同程度であった。(17)式の利用時，あるいは一般的にゴムの補強を考

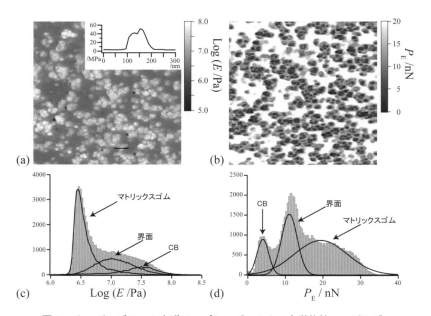

図6　カーボンブラック充填イソプレンゴムのナノ力学物性マッピング
走査範囲は3.0 μm。(a)ヤング率像（ログスケール），挿入は図中実線部の断面プロファイル，(b)引き抜き力像。(c)と(d)はそれぞれ(a)と(b)のヒストグラム。

第4章 走査型プローブ顕微鏡（SPM）

える際にはマトリックスゴムの弾性率が変化するとは考えない。しかし局所的な弾性率が測定できるこの手法ではむしろゴム領域の弾性率がマクロな弾性率を支配しているという新しい考え方を導く。

4.4.3 ファイバー補強プラスチック

もう一つの事例として構造材料としての応用に注目が集まっているガラスファイバー（GF）補強ポリアミド（PA）について紹介する。

この試料はゴムのようにミクロトームを使うことはできない。代わりに観察面を出すためにブロードイオンビームなどを用いる。この場合，イオンの打ち込みにより表面の弾性率が変化してしまうことなどがある。切削条件を調整し，そのような影響が出ないように注意を払う必要がある。またこの方法ではGFとポリマーの間にある程度の段差が生じてしまうことも避けられない。AFM探針は鋭いとはいえ有限のサイズをもっているため，GFとポリマーの界面に探針を落とせ

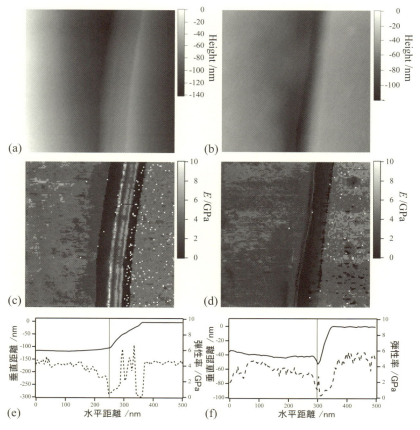

図7　ガラスファイバー充塡ポリアミドのナノ力学物性マッピング
走査範囲は500 nm。(a)汎用グレード試料および(b)耐久グレード試料の高さ像。(c)と(d)はそれぞれの弾性率像で，(e)と(f)はそれぞれの断面プロファイル。

るようにするための工夫が必要である。

　図7に示したのは，以上のような点を最適化して測定を行ったナノ力学物性マッピングの結果である。(14)式で表されるポリアミドのMaugisパラメータλはほぼ1に近く，本来であればMDモデルを利用すべきであるが，ここでは簡単のためDMTモデルによる解析を行った。GPaオーダーの試料を1～2nm程度変形させるために，カンチレバーのバネ定数を$k=48\,\mathrm{N/m}$と大きめのものを利用した。図7(a)(c)(e)が汎用グレード，(b)(d)(f)が耐久グレードの試料に対応する。どちらの試料もGFが50～100 nm程度飛び出しているのがわかる。一般にフォース測定は試料の傾きが大きいと正確な測定にはならない。探針が試料上で滑るなどの副次的な影響が生じるためである。したがって，図中のGFの側面部分の弾性率マッピングには信頼がおけない。

　PA領域の弾性率は両サンプルに大きな違いは認められない。その一方で，GFとPAの界面で顕著な差が認められた。耐久グレード試料では弾性率に飛びが認められるが，汎用グレード試料にはそのような飛びはない。この違いが，汎用・耐久の物性の違いと相関しているかどうか現時点で得られている情報では結論づけることは難しい。ただ開発の現場では，界面物性のコントロールによって耐久性を向上させようとする流れがあるのは確かであり，その界面を直接見ることができるこの手法が開発の助けとなることは間違いがない。

4.5　まとめ

　本節では，はじめにAFM探針と試料との接触問題について理論的な説明を行った。AFM探針は非常に鋭く，試料と相互作用する領域が限られるため，高い空間分解能を得られる一方で，表面力の影響を受けるため単純なHertzやOliver-Pharrモデルではなく，凝着を考慮したモデルを適切に選択する必要がある。次に，ナノ力学物性測定の応用例として特にナノコンポジット材料の界面解析を意識した事例をいくつか示した。AFMはナノメートルスケールでの微細な力学物性の分布を測定できるユニークなツールであり，近年ますます微細化するナノコンポジット材料の設計や評価に有用であると考えられる。

文　　献

1) J. Tamayo, R. García, *Appl. Phys. Lett.*, **71**, 2394-2396 (1997)
2) B. Cappella, G. Dietler, *Surf. Sci. Rept.*, **34**, 1-104 (1999)
3) G. Meyer, N. M. Amer, *Appl. Phys. Lett.*, **57**, 2089-2091 (1990)
4) P. Maivald, H. J. Butt, S. A. C. Gould, C. B. Prater, B. Drake, V. B. Elings J. A. Gurley, P. K. Hansma, *Nanotechnology*, **2**, 103-106 (1991)
5) T. Kajiyama, K. Tanaka, A. Takahara, *Macromolecules*, **30**, 280-285 (1997)

第4章　走査型プローブ顕微鏡（SPM）

6) D. G. Yablon, A. Gannepalli, R. Proksch, J. Killgore, D. C. Hurley, J. Grabowski, A. H. Tsou, *Macromolecules*, **45**, 4363-4370 (2012)
7) M. Lemieux, D. Usov, S. Minko, M. Stamm, H. Shulha, V. V. Tsukruk, *Macromolecules*, **36**, 7244-7255 (2003)
8) H. Nukaga, S. Fujinami, H. Watabe, K. Nakajima, T. Nishi, *Jpn. J. Appl. Phys.*, **44**, 5425-5429 (2005)
9) D. Wang, S. Fujinami, H. Liu, K. Nakajima, T. Nishi, *Macromolecules*, **43**, 9049-9055 (2010)
10) L. Chopinet, C. Formosa, M. P. Rols, R. E. Duval, E. Dague, *Micron*, **48**, 26-33 (2013)
11) H. Hertz, *J. Reine. Angew. Math.*, **92**, 156-171 (1882)
12) R. S. Bradley, *Philos. Mag.*, **13**, 853-862 (1932)
13) B. V. Derjaguin, *Kolloid Z.*, **69**, 155-164 (1934)
14) K. L. Johnson, K. Kendall, A. D. Roberts, *Proc. R. Soc. Lond.*, **A324**, 301-313 (1971)
15) B. V. Derjaguin, V. M. Muller, Yu. P. Toporov, *J. Colloid Interf. Sci.*, **53**, 314-326 (1975)
16) D. Tabor, *J. Colloid Interf. Sci.*, **58**, 213 (1977)
17) D. Maugis, *J. Colloid Interf. Sci.*, **150**, 243-269 (1992)
18) D. S. Dugdale, *J. Mech. Phys. Solids*, **8**, 100-104 (1960)
19) J. A. Greenwood, *Proc. R. Soc. Lond.*, **A453**, 1277-1297 (1997)
20) K. L. Johnson, J. A. Greenwood, *J. Colloid Interf. Sci.*, **192**, 326-333 (1997)
21) W. C. Oliver, G. M. Pharr, *J. Mater. Res.*, **7**, 1564-1583 (1992)
22) O. Sahin, N. Erina, *Nanotechnology*, **19**, 445717 (2008)
23) Y. Sun, B. Akhremitchev, G. C. Walker, *Langmuir*, **20**, 5837-5845 (2004)
24) K. Nakajima, H. Liu, M. Ito, S. Fujinami, *J. Vac. Soc. Jpn.*, **56**, 258-266 (2013)
25) E. Guth, *J. Appl. Phys.*, **16**, 20-25 (1945)
26) T. Nishi, *J. Polym. Sci., Polym. Phys. Ed.*, **12**, 685-693 (1974)

5　液中SPMによる固液界面における固体および液体の局所解析

横田泰之[*1]，福井賢一[*2]

5.1　はじめに

電池や触媒において電子や化合物の移動や変換を起こす場を形成したり，機械的接触をもつ固体間に存在して摩擦を軽減したりするように，固体が液体と接することで機能発現する例は身の回りに数多く見受けられ，これらの機能を正確に理解して，より高性能なデバイスを構築するためには，固体―液体界面の精密な構造評価が極めて重要となってくる。走査プローブ顕微鏡（SPM）は，原理的に液体中での動作も可能であるため，その開発当初から固体―液体界面への適用が積極的に行われてきた。本節では，SPMとして最も良く用いられ有用である走査トンネル顕微鏡（STM）と原子間力顕微鏡（AFM）に注目し，液中動作させる際のポイントと測定の結果得られる情報について解説する。特に，試料を液中に浸漬してそのまま測定する液中SPMと，試料に外部電圧を印加して電位制御しながら測定を行う電気化学SPMの違いについて詳しく記述する。

5.2　液中STM

まず，動作原理の違いが明確なSTMについて紹介する。図1(a)は，真空中や大気中におけるSTMの模式図で，探針―試料間にバイアス電圧を印加してトンネル電流を一定に保つようにスキ

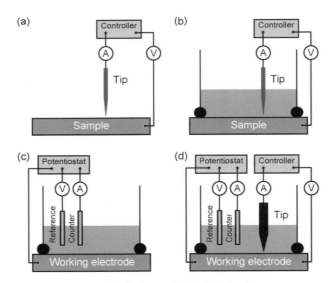

図1　電気化学STMと関連測定との違い
(a)真空中または大気中STM測定，(b)液中STM測定，(c)通常の電気化学測定，(d)電気化学STM測定（バイポテンシオスタットを使用して探針電位を決める場合もあり）

---

*1　Yasuyuki Yokota　大阪大学　大学院基礎工学研究科　物質創成専攻　助教
*2　Ken-ichi Fukui　大阪大学　大学院基礎工学研究科　物質創成専攻　教授

第4章　走査型プローブ顕微鏡（SPM）

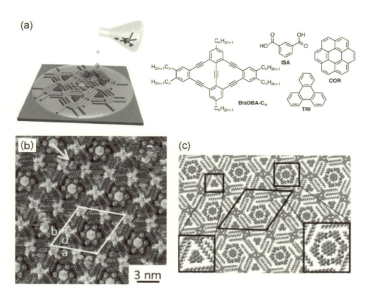

図2　液中STMによる吸着分子の観察
(a)試料作製の模式図と用いた分子，(b) 1-オクタン酸溶液中で測定したSTM像（トンネル電流：0.053 nA，試料バイアス：-1.10 V[1]，各々の分子の濃度を最適化することで4種類の分子からなるネットワーク構造が形成する），(c)STM像から類推される分子配列のモデル図（Copyright (2009) John Wiley and Sons）

ャンすることで固体表面の局所構造情報を得る．STMを液中動作させる場合には，通常図1(b)のように液体を保持するためのセルが用いられるが，動作原理などは図1(a)の場合と同様である．注意しなければならない点は，探針にはトンネル電流に加えて溶液を介してファラデー電流や変位電流も流れるため，後者の寄与を十分に小さくする必要があることである．例えば，イオン濃度の低い水中や，有機溶媒中では測定が可能である．

図2に，SPM測定の基板としてよく用いられる高配向性熱分解グラファイト（HOPG）と1-オクタン酸溶液の界面をSTM観察した結果を示す[1]．ここで1-オクタン酸溶液には，濃度を最適化した4種類の有機分子を含んでいる（図2(a)）．図2(b)と(c)は得られたSTM像と分子配列のモデル図であり，分子間相互作用のバランスによって4種類の分子が高度に自己集合していることが分かる．分子配列を乱さずにSTM測定を行うためには，一般的に高バイアス電圧かつ低電流での測定が必要とされるが，この測定では比較的大きなバイアス電圧（-1.1 V）を印加している環境で，トンネル電流は0.05 nA程度に抑えられている．これは，1-オクタン酸のような不活性な溶媒中では高バイアス下でもリーク電流が小さく，真空中や大気中と同様の測定が可能であることを示している．なお，溶液の存在によってトンネル障壁の高さ（探針と試料の間の空間におけるトンネル電流の流れやすさ）が真空や気体の場合とは変化するため，STM像の高さ情報を比較する際には注意を要する．

5.3 電気化学STM

数多くの固体—液体界面を取り扱う分野の中でも,電池や電気二重層キャパシタなどに関連する電気化学は特に重要である。電気化学反応が起こる場である電極界面を原子・分子スケールで観察する試みは古くから行われており,1986年に純水中のSTM観察が報告されると[2],1988年には複数のグループから電気化学STMの報告がなされている[3]。電気化学STMを用いた電極表面の研究については優れた総説・解説が既に数多くあるため,ここでは装置の簡単な紹介と測定においてポイントになる点を指摘し,電気化学STM像の解釈について注意を要する点を解説する。詳細については文献を参照されたい[3~5]。

一般的な電気化学測定では,図1(c)に示すように試料を動作電極とし,参照電極と補助電極をそれぞれ電位制御用と電流計測用の電極として用い,ポテンシオスタットと呼ばれる装置によって制御・計測を行う。図1(d)は電気化学STMの模式図で,図1(b)と(c)を組み合わせた構成になっている。これにより,参照電極に対して探針と試料の電位を独立に制御してSTM観察を行う(バイポテンシオスタットを使用して探針電位の制御と電流の測定を行う場合もある)。つまり,探針と試料それぞれの電位の差が通常のSTM測定におけるバイアス電圧となる。従って,試料電位が同じであっても,探針電位によってバイアスの極性が変わり,トンネル電流の流れる方向が変化することになる。

トンネル電流を正確に検出するためには,溶液を介して流れる不純物由来のファラデー電流や電気ノイズ由来の容量性電流の寄与を減らす必要があり,探針を絶縁体でコーティングして金属部分の露出を先端の小さな面積に限定しなければならない。通常のSTM探針に対して,溶融したアピエゾンワックスを用いて絶縁コーティングしている写真を図3(a)に示す[6]。図3(b)はコートした探針の写真で,ばらつきはあるもののリーク電流を数pA以下まで抑えることが可能である。図3(c)はKeysight社製の電気化学SPM用セルで,試料と共に電気化学用の電極が2本電解質溶液に浸っている。用いる溶液の純度は極めて重要であり,痕跡量の塩化物イオンが存在するだけで電極表面構造の安定性に重大な影響を及ぼすことが知られている。図3(d)は,0.05 M過塩素酸(HClO$_4$)水溶液中で得られたAu(111)電極のサイクリックボルタモグラム(CV:一定速度の試料電極電位の掃引に対して流れる電流量のスペクトル)で,上段のCVと比べると,長期保存溶液を用いた下段のCVでは,塩化物イオンの混入によってピーク形状が大きく変化してしまっている。

図4は,0.05 M硫酸水溶液中におけるAu(111)電極のCVと電気化学STM像である。図4(b)は負電位側で測定した電気化学STM像で,Au(111)表面に特徴的な22×√3再構成構造が観察されている。図4(c)の点線の位置で電位を正側に変化させると(図4(a)の下向き矢印参照),再構成構造がリフトして原子一層分の高さのAuアイランドが多数形成することが分かる[7]。電位変化させて数分経過後の図4(d)から,電位を保持していても時間と共にアイランドの数が減少し,サイズが大きくなっていることが分かる。このように,電極電位による構造変化を直接実空間で観測できるのが電気化学STMの最大の特徴である。

第4章 走査型プローブ顕微鏡（SPM）

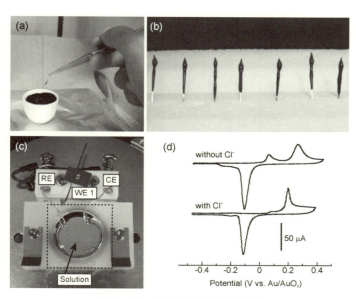

図3　電気化学STMの実験の詳細
(a)アピエゾンワックスによる探針コーティング，(b)コートした探針，(c)電気化学SPM用のセル，(d)0.05 M過塩素酸水溶液中で得られたAu(111)電極のサイクリックボルタモグラム（下段は痕跡量の塩化物イオンが混入したときのサイクリックボルタモグラム）

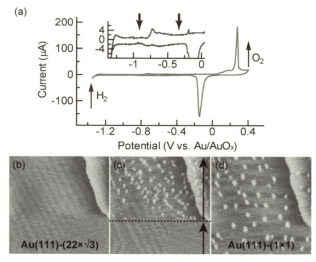

図4　0.05 M硫酸水溶液中のAu(111)電極の電気化学STM観察
(a)サイクリックボルタモグラムと(b)〜(d)電気化学STM像。電気化学STM像の試料電位はそれぞれ(b)−0.92 V，(c)点線の位置で−0.92 Vから−0.32 Vに変化，(d)−0.32 V vs. Au/AuOx擬似参照電極に設定して測定（(a)の下向き矢印は設定した試料電位を示す）。トンネル電流：2.0 nA。

産業応用を目指した無機・有機新材料創製のための構造解析技術

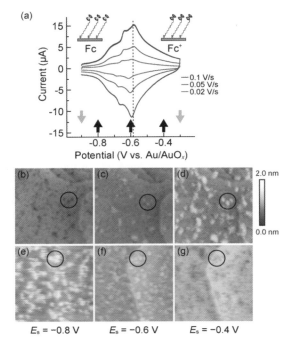

図5　0.05 M過塩素酸水溶液中のフェロセン誘導体アイランドの電気化学STM観察
(a)フェロセン誘導体SAMのサイクリックボルタモグラム。縦の点線は式量電位，上向きおよび下向きの矢印はそれぞれ電気化学STM測定を行った試料電位および探針電位を表す。(b)〜(g)デカンチオールSAM中に埋め込まれたフェロセン誘導体アイランドの電気化学STM像（100×100 nm^2）。探針電位は(b)〜(d)−0.9 V，(e)〜(g)−0.3 V vs. Au/AuOx擬似参照電極。トンネル電流：20 pA。

　電気化学STMではトンネル電流の流れやすさによって画像化を行うため，試料電位によって電子状態が大きく変化するような場合には像の解釈に注意を要する。図5に，自己組織化単分子膜（SAM）法を用いて電気化学活性なフェロセンを電極界面に固定した場合の研究例を示す[6,8,9]。図5(a)はフェロセンSAMのCVで，試料電位を縦の点線で示した電位に設定するとフェロセンの酸化体（Fc$^+$）と還元体（Fc^0）が1：1の割合で存在することを示している[10,11]。図5(b)〜(d)は試料電位を変えてフェロセンの酸化状態を変化させた場合の電気化学STM像で，図5(d)の明るい部分にフェロセンが存在する。明るさが変化しない部分は共吸着させた電気化学不活性なアルカンチオール（デカンチオール）の部分である。この結果からフェロセンが酸化されるとトンネル電流が流れやすくなり，高く観測されることが分かる。しかし，探針電位を変えてバイアス極性を反転させると，図5(e)〜(g)のように高さの序列も反転していることが分かる。この結果は，トンネル電流の流れやすさが吸着種の電子状態やバイアス電圧の極性によって大きく変化することを表している。従って，電気化学STMを表面構造評価に用いる際には，構造の寄与と電子状態の寄与を切り分けて考える必要がある。

第4章 走査型プローブ顕微鏡 (SPM)

5.4 液中AFM

　AFM測定では探針と試料の間に働く力を検出して表面のイメージングを行うが,電流検出を行うSTMと比べると液中観察による制約は少ない。図6は雲母(マイカ)基板上に吸着したDNAをバッファー溶液中でAFM観察した結果である[12]。この例では,制限酵素(DNAを切断する機能を有する)との相互作用によるDNAの構造変化を調べるために,高速スキャンが可能なタッピングモードAFMを用いている。タッピングモードAFMは,共振周波数付近で強制励振したカンチレバーの振幅値をフィードバックとして用いる。図6では10sから11sのスキャンの間にDNAのループ構造が解放される様子が見て取れる。このようにバッファー溶液中で容易に分子の観察が可能なことから,液中AFMは特に生体関連分野において盛んに用いられている。

　福間らによって水/マイカ基板界面の原子分解能観察が2005年に達成されて以来[13],液体中で高分解能測定が可能な周波数変調方式のAFM(FM-AFM)が注目を集めている。タッピングモードと異なり,FMモードでは共振周波数でカンチレバーを励振させ,探針と試料の間に働く力によって生じる共振周波数の変化(周波数シフト)が一定になるように表面をイメージングする。周波数シフトは力の変化に敏感なため,通常のタッピングモードと比べると小さな力を検出することができる。電気化学環境下で測定可能なFM-AFMの模式図を図7(a)に示す[14]。通常の液中FM-AFMでは,カンチレバーの振幅を一定に保つためのフィードバック,常に共振周波数で励振させるためのフィードバック,周波数シフトを一定に保つためのフィードバックと3つのフィードバックをかけながら測定を行う。液中FM-AFMの詳細についてはいくつかの総説・解説があるため,文献を参照されたい[15~18]。電気化学環境では図1(d)と同様な電位制御が加わる。

　図8にイオン液体と呼ばれるカチオンとアニオンからなる液体中で有機半導体単結晶の表面をFM-AFM観察した結果を示す[19,20]。ここで用いたイオン液体と有機半導体の界面は,動作電圧が

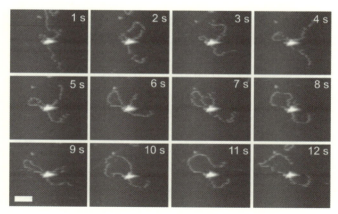

図6　バッファー溶液中(pH7.9)で高速タッピングモードAFM観察した雲母基板上の制限酵素EcoP15I-DNA複合体[12]

スケールバー：100 nm。10sから11sの間にDNAのループ構造が解放される。(Copyright (2007) National Academy of Sciences, U.S.A.)

産業応用を目指した無機・有機新材料創製のための構造解析技術

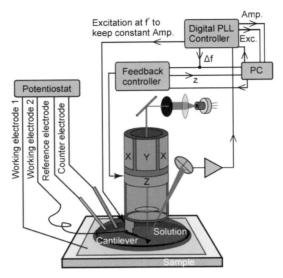

図7　電気化学FM-AFMの模式図

極めて小さな電気二重層トランジスタとして動作することが知られており[21]，近年様々な基礎研究が行われている[22,23]。図8(a)にルブレン単結晶試料の写真と用いた分子の構造を示す。イオン液体を単結晶表面に滴下して30分後の界面固体の表面には，大気中の観察では見られなかった小

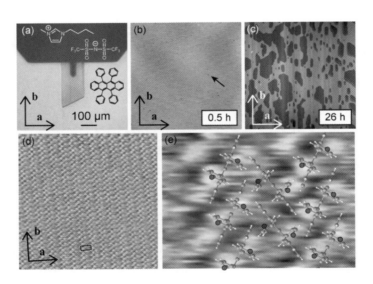

図8　イオン液体/ルブレン単結晶界面のFM-AFM測定

(a)FM-AFM観察時の写真，(b)(c)イオン液体滴下後(b)0.5時間，(c)26時間後の界面のFM-AFM像（3×3 μm^2)，(d)イオン液体中のルブレン単結晶表面の高分解能像（20×20 nm^2)。図中の長方形はユニットセル（1.46×0.70 nm^2）を示す。(e)(d)の拡大像とルブレン単結晶の結晶構造との比較。

第4章 走査型プローブ顕微鏡(SPM)

さな分子欠陥が多数観察され(図8(b)),26時間後には欠陥のサイズが大きくなり,ルブレン分子1層分に対応する1.4 nmのステップ構造として観察されている(図8(c))。この結果はルブレン分子が自発的にイオン液体中に溶出していくことを示している。図8(c)を注意深く観察すると,表面2層目の溶出は進行していないことから,分子の溶出現象は元々表面に存在する欠陥サイトから進行すると考えられる。

高分解能観察を行うと分子スケールの周期構造が観察され(図8(d)),この周期構造はルブレン単結晶のユニットセルと一致している(図8(e))。しかしながら,分子配列を注意深く観察すると,結晶中では等価なフェニル基が非等価な高さで観察されていることが分かる。超高真空中のFM-AFM観察では,フェニル基は等価に観察されていることから[24],イオン液体と接することでルブレン分子の環境が変化していることを示している。電気二重層トランジスタは分子環境のわずかな違いによってデバイス特性が大きく変化するため,図8の結果は材料が機能発現する環境での構造評価の重要性を示している。

5.5 電気化学AFM

電気化学STMと電気化学AFMでは動作原理が異なるため,同じ試料を観察した場合でも相補的な異なる情報を得ることが可能である。図9に前述のフェロセン誘導体SAMの系に対して電気

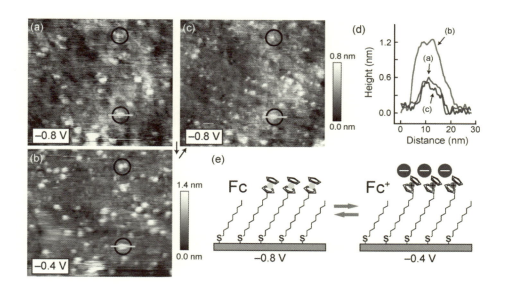

図9 0.1 M過塩素酸水溶液中のフェロセン誘導体アイランドの電気化学FM-AFM観察
(a)〜(c)デカンチオールSAM中に埋め込まれたフェロセン誘導体アイランドの電気化学FM-AFM像(176×159 nm²)。フェロセン骨格の酸化状態が(a)(c)0価および(b)+1価になるように試料電位を設定。(d)電気化学FM-AFM像のラインプロファイル。(e)電気化学FM-AFM像の高さ変化から類推される膜構造変化のモデル図。

産業応用を目指した無機・有機新材料創製のための構造解析技術

化学FM-AFMを適用した例を示す[14]。図9(a)は還元状態（Fc^0）のフェロセンアイランドの電気化学FM-AFM像で，高く観測されている部分にフェロセンが存在している。各アイランドの高さのヒストグラムから見積もると〜0.51 nmとなり，フェロセン骨格の大きさ（0.66 nm）に近い値となっている。これは，AFMで得られた高さの差が物理的な高さの違いを反映していることを示唆している。試料電位をフェロセンが酸化されFc^+となる電位に設定すると，元の高さより〜0.44 nm高くなることが分かった（図9(b),(d)）。電位を図9(a)と同じ電位に戻すと高さも元に戻っており（図9(c),(d)），この高さ変化は可逆である。これまでの研究からフェロセンSAMの酸化還元に伴う膜厚変化は0.1 nm程度と言われており[25]，図9で観測された高さ変化は膜厚の変化で説明することはできない。過塩素酸イオンのvdW半径は0.5 nm程度であり，フェロセン骨格の酸化に伴うイオン対の形成によって高さが高く観測されたことを強く示唆している。このように，前述の電気化学STMとは全く異なり，界面の物理的高さの情報を取得できることが電気化学FM-AFMの利点の一つである。

最後に，電気化学FM-AFMによるフォーススペクトル測定によって液体側の構造情報を取得した研究例を図10に示す[26]。液体と固体の界面で機能発現する系においては，液体側の分子の振る舞いも固体側と同様に重要である。フォーススペクトル測定では，探針と試料間の距離を変化させた際の周波数シフトの変化をモニターすることで溶液側の構造を推測することができる。図10(a)は0.1 M過塩素酸水溶液とHOPGの界面で測定したフォーススペクトルで，試料電位は電極表面の電荷が0であるpzc（potential of zero charge）付近に設定してある。このスペクトルには周波数シフトの谷が2つ観測され，純水中のFM-AFMでの結果と定性的に一致している[27]。この周波数シフトの振動は，界面における水の局所密度の増減を反映することが知られている[28〜31]。試料電位を0.4 Vにすると，周波数シフトの変化量が減少するとともに，谷の数が3つに増えて

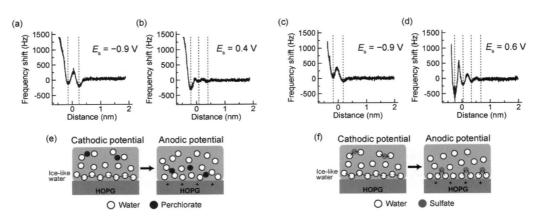

図10 電解質水溶液／グラファイト界面における電気化学FM-AFMを用いたフォーススペクトル測定
(a)(b)0.1 M過塩素酸水溶液，(c)(d)0.1 M硫酸水溶液。試料電位は(a)(c)pzc（potential of zero charge）付近，および(b)(d)酸素発生直前の正電位に設定。(e)(f)それぞれの電解質溶液中におけるフォーススペクトル測定から類推される水分子ネットワークのモデル図。

第4章 走査型プローブ顕微鏡（SPM）

いる。同様の測定を0.1 M硫酸水溶液中で行うと，低電位側では過塩素酸水溶液中とほぼ一致した結果が得られている（図10(c)）。試料電位を0.6 Vまで振ると周波数シフトの変化量が増大し，谷の数が4つに増えていることが分かる（図10(d)）。これらの変化は電位掃引に対して可逆であることが分かっている。フォースカーブの結果から類推される界面の描像を図10(e)(f)に示した。これらの結果は，アニオンが電極近傍に引き寄せられる高電位側では，電解質のアニオンの種類によって水の構造化の様子が大きく異なることを示している。一般的に電解質イオンの濃度は溶媒と比べると数桁低いため，AFMによってイオンの挙動を直接検知するのは困難であるが，図10の結果は水の局所密度を調べることでこれを間接的に検証可能なことを示している。

文　献

1) J. Adisoejoso, K. Tahara, S. Okuhata, S. Lei, Y. Tobe, S. De Feyter, *Angew. Chem., Int. Ed.*, **48**, 7353（2009）
2) R. Sonnenfeld, P. K. Hansma, *Science*, **232**, 211（1986）
3) K. Itaya, *Prog. Surf. Sci.*, **58**, 121（1998）
4) 澤口隆博，電気化学および工業物理化学，**69**, 716（2001）
5) 吉本惣一郎，澤口隆博，電気化学および工業物理化学，**74**, 848（2006）
6) 横田泰之，榎敏明，原正彦，電気化学および工業物理化学，**76**, 363（2008）
7) U. Zhumaev, A. V. Rudnev, J.-F. Li, A. Kuzume, T.-H. Vu, T. Wandlowski, *Electrochim. Acta*, **112**, 853（2013）
8) Y. Yokota, K. Fukui, T. Enoki, M. Hara, *J. Phys. Chem. C*, **111**, 7561（2007）
9) 横田泰之，宮崎章，福井賢一，榎敏明，玉田薫，原正彦，表面科学，**29**, 253（2008）
10) H. O. Finklea, Electroanalytical Chemistry, vol. 19, ed. by A. J. Bard, I. Rubinstein, Marcel Dekker, pp. 109-335（1996）
11) K. Uosaki, *Electrochemistry* **67**, 1105（1999）
12) N. Crampton, M. Yokokawa, D. T. F. Dryden, J. M. Edwardson, D. N. Rao, K. Takeyasu, S. H. Yoshimura, R. M. Henderson, *Proc. Natl. Acad. Sci. U.S.A.*, **104**, 12755（2007）
13) T. Fukuma, K. Kobayashi, K. Matsushige, H. Yamada, *Appl. Phys. Lett.*, **87**, 034101（2005）
14) K. Umeda, K. Fukui, *Langmuir*, **26**, 9104（2010）
15) 山田啓文，真空，**49**, 667（2006）
16) 山田啓文，表面科学，**29**, 221（2008）
17) 福間剛士，応用物理，**78**, 1137（2009）
18) 日浅巧，西岡利奈，木村建次郎，大西洋，表面科学，**34**, 352（2013）
19) Y. Yokota, H. Hara, T. Harada, A. Imanishi, T. Uemura, J. Takeya, K. Fukui, *Chem. Commun.*, **49**, 10596（2013）
20) Y. Yokota, H. Hara, Y. Morino, K. Bando, A. Imanishi, T. Uemura, J. Takeya, K. Fukui,

Phys. Chem. Chem. Phys., **17**, 6794 (2015)
21) T. Uemura, R. Hirahara, Y. Tominari, S. Ono, S. Seki J. Takeya, *Appl. Phys. Lett.*, **93**, 263305 (2008)
22) W. Xie, C. D. Frisbie, *MRS Bull.*, **38**, 43 (2013)
23) Y. Yokota, H. Hara, Y. Morino, K. Bando, A. Imanishi, T. Uemura, J. Takeya, K. Fukui, *Appl. Phys. Lett.*, **104**, 263102 (2014)
24) T. Minato, H. Aoki, H. Fukidome, T. Wagner, K. Itaya, *Appl. Phys. Lett.*, **95**, 093302 (2009)
25) X. Yao, J. Wang, F. Zhou, J. Wang, N. J. Tao, *J. Phys. Chem. B*, **108**, 7206 (2004)
26) T. Utsunomiya, Y. Yokota, T. Enoki, K. Fukui, *Chem. Commun.*, **50**, 15537 (2014)
27) K. Suzuki, N. Oyabu, K. Kobayashi, K. Matsushige, H. Yamada, *Appl. Phys. Express*, **4**, 125102 (2011)
28) T. Fukuma, Y. Ueda, S. Yoshioka, H. Asakawa, *Phys. Rev. Lett.*, **104**, 016101 (2010)
29) K. Kimura, S. Ido, N. Oyabu, K. Kobayashi, Y. Hirata, T. Imai, H. Yamada, *J. Chem. Phys.*, **132**, 194705 (2010)
30) M. Watkins, B. Reischl, *J. Chem. Phys.*, **138**, 154703 (2013)
31) K. Amano, K. Suzuki, T. Fukuma, O. Takahashi, H. Onishi, *J. Chem. Phys.*, **139**, 224710 (2013)

第5章　化学分析

1　液体クロマトグラフィーによる高分子解析

香川信之*

1.1　はじめに

　液体クロマトグラフィー（Liquid Chromatography：LC）は，液体を移動相として用い，多孔質充填剤を固定相として用いる分離分析方法である。この方法では，1960年代に高圧送液ポンプと多孔性充填剤を充填したカラムを用いた装置が用いられるようになって以降，めざましい発展を遂げてきた。1970年代になって，初めて「高速液体クロマトグラフィー」（High Performance Liquid Chromatography：HPLC）という名称が用いられるようになり，現在に至っている。最近ではHPLCという名称ではなく，UHPLC（Ultra High Performance LC），UPLC（Ultra Performance LC），UFLC（Ultra Fast LC）などといった名称を用いる分析機器メーカーが増えているが，これらはカラムのダウンサイジング（小型化）や，従来よりも高耐圧の送液ポンプを用いた，省溶媒，短時間測定を特徴とする液体クロマトグラフィーであり，原理や得られる情報は基本的にHPLCと同じである。

　HPLCでは，液体に溶解する物質であれば試料に制限はなく，ガスクロマトグラフィー（GC）では分析が困難な熱に不安定な物質や高沸点の化合物，さらにイオン性物質，高分子化合物なども分析可能である。このため，一般的な有機化合物の定性，定量分析はもとより，生化学，合成化学など，様々な化合物の分離分析技術として幅広く用いられている。このように，HPLCは多成分系組成物や混合物から特定の成分を分離することが可能であるため，目的成分の単離，精製，濃縮といった前処理法としても用いることができる。

1.2　液体クロマトグラフィーの分離モード

　HPLCの分離に関しては，熱力学的には以下のように説明される。

　一般的な化学反応が進行するためには(1)式が成り立つ。

$$\Delta G = \Delta H - T\Delta S < 0 \tag{1}$$

ここで，Gは自由エネルギー，Hはエンタルピー，Tは絶対温度，Sはエントロピーである。固定層と移動層への溶質の分配係数Kは，(2)式で表される[1]。

---

*　Nobuyuki Kagawa　㈱東ソー分析センター　四日市事業部　解析グループ
　　　SEC・有機分析チーム　リーダー

$$K=\exp\left(\frac{-\Delta G}{RT}\right)=\exp\left(\frac{-\Delta H}{RT}\right)\cdot\exp\left(\frac{\Delta S}{R}\right) \qquad (2)$$

(2)式の右辺のうち，前者（エンタルピー項）は相互作用の項，後者（エントロピー項）はサイズ排除の項である。ΔS＝0の場合は，純粋に相互作用のみの寄与となり，この場合は分配，または吸着モードによる分離となる。

分配モードは，固定相の表面を液体と考え，移動相と固定相間の分配平衡の違いに基づいて分離する方法である。この方法の代表的なものとして，極性の低い充填剤に極性の高い移動相を組み合わせて用いられる「逆相クロマトグラフィー」（Reversed-Phase Chromatography：RPC）と呼ばれている方法がある。現在ではこの逆相クロマトグラフィーが最も広く行われており，カラム充填剤はオクタデシル基（C18）をシリカゲルに化学的に結合させた「ODS」とよばれるものが用いられている。

一方，吸着モードによる分離では，極性の高い固定相に低極性の移動相を組み合わせ，試料分子が固定相に吸着する強さの違いによって試料を分離する。この代表的なものとしては，固定相にシリカゲルを用い，シリカゲル表面のシラノール基が活性点となる「順相クロマトグラフィー」（Normal Phase Chromatography：NPC）がある。

これに対してΔH＝0の場合，溶質と固定相との間に相互作用が生じないため，試料は分子サイズのみの違いに基づいた分離となる。これがサイズ排除クロマトグラフィー（Size Exclusion Chromatography：SEC）である。SECの分離原理を視覚的に理解するために，最も良く知られた模式図（円錐モデル）を図1に示す。固定相の表面には様々な孔が開いており，この孔は円錐状で，奥の方ほど狭くなっていると考える。ここに試料が導入されると，サイズの小さな分子は孔の奥まで進むことができるが，サイズの大きな分子では孔の途中までか，または孔に全く入ることができない。このため，結果的にサイズの小さな分子は流路が最も長くなり，大きな分子ほど流路が短くなるため，大きなサイズの分子から順次溶出する。SECでは，試料と固定相との間に相互作用が生じないことが必須であり，また，試料間でも影響を及ぼさないことが必要であり，サイズ排除機構は希薄溶液において成り立つ。なお，SECは，ゲルを充填したカラムを用いて試

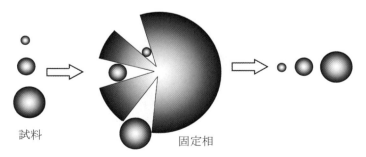

図1　サイズ排除クロマトグラフィーの分離原理模式図（円錐モデル）

第5章　化学分析

料を分離していることから，従来はゲル浸透クロマトグラフィー（Gel Permeation Chromatography：GPC），または水溶液を移動相とした場合はゲルろ過クロマトグラフィー（Gel Filtration Chromatography：GFC）と呼ばれてきた。現在では，これらの用語も用いられているが，学術用語としては，サイズ排除クロマトグラフィーに統一されている[2]。

　高分子化合物の溶出の場合，吸着・分配モードとサイズ排除モードでは，溶出に対する分子量依存性が異なっている。その模式図を図2に示す。サイズ排除モードの場合は，図2(a)に示すように分子量の高い成分から溶出し，吸着・分配モードの場合は分子量の低い成分から溶出する（図2(b)）。さらに，(2)式でK=1（$\Delta H = T\Delta S$）となる場合には，全く分子量に依存せずに溶出する（図2(c)）。この条件は「臨界吸着点」（Critical Point of Adsorption：CPA）と呼ばれている。臨界吸着点では，高分子化合物であっても分子量に依存せず，低分子量有機化合物のように分子構造の違いのみに依存して分離される。この臨界吸着点を用いた液体クロマトグラフィーはLCCC（Liquid Chromatography at the Critical Conditions）と呼ばれており，高分子化合物の精密な分離に用いられている[3]。

1.3　装置の概要

　HPLC分析に用いられる装置としては，現在では多くのメーカーから非常に高性能なものが市販されているが，主に送液ポンプ，試料注入装置（サンプルインジェクター），カラムオーブン，検出器から構成され，さらに目的に応じて種々の周辺機器（例えば脱気装置，溶媒混合装置，流路切替えバルブ，ラインフィルターなど）も用いられる。検出器としては，対象試料の性質，試料濃度などにより，種々のタイプが使い分けられるが，大きく分けて濃度検出器と，分子量や分子構造情報などが得られる特殊な検出器に分類される。最も代表的な濃度検出器としては，示差屈折計（Refractive Index Detector：RI検出器）や紫外可視検出器（Ultra Violet/Visible Detector：UV検出器）がある。RI検出器は，サイズ排除クロマトグラフィーで広く用いられて

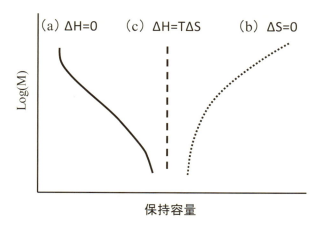

図2　液体クロマトグラフィーにおける高分子の溶出挙動模式図

いる。最も汎用性の高い検出器でほとんどの化合物の検出が可能であるが，検出感度が低く，周囲の温度による影響を受けやすく，安定性が低いことが最大の欠点である。また，試料と移動相（溶媒）との屈折率の差に基づいて濃度を検出するため，移動相の組成が変化する溶媒グラジエントでは使用できない。UV検出器は高感度でベースラインの安定性が高く，非常に使いやすい検出器である。しかし，UV吸収を有する化合物しか検出できないこと，用いる移動相の種類によっては，試料のUV吸収領域と重なってしまうという欠点がある。最近では，RI検出器やUV検出器の欠点を補うことができる蒸発型光散乱検出器（Evaporative Light Scattering Detector：ELSD）やコロナ荷電化粒子検出器（Corona Charged Aerosol Detector：Corona CAD）などが汎用的に用いられるようになっている。

　高分子化合物の分析においては，濃度以外の情報を得るための検出器の併用が有効である。その中でも最も広く用いられている検出器の一つは光散乱検出器（Light Scattering Detector：LSD）である。光散乱検出器では試料溶液に一定波長のレーザー光を照射し，試料からのレイリー散乱によって生じた散乱光強度を計測し，試料の絶対分子量や回転半径を計測するものである。一般的なSEC法では，標準試料により得られた較正曲線から求める「換算分子量」しか得られないのに対し，光散乱法では「絶対分子量」が得られるのが最大の長所である。SEC用の光散乱検出器にもいくつかの種類があるが，試料の溶媒中での分子鎖の広がりを示す回転半径が算出でき，これから長鎖分岐度を求めることが可能な多角度光散乱検出器[4]（Multi Angle Light Scattering：MALS）が最も広く用いられている。しかし，光散乱検出器の検出感度は，試料と溶媒の屈折率差に関係するパラメータであるdn/dc（屈折率濃度増分）の2乗と分子量の積に比例するため，高分子量ほど検出感度が増加するが，低分子量では検出感度が低下するという欠点がある。また分子量1万以下については，dn/dcが分子量依存性を示すようになる[5]ため，これを考慮しないと測定誤差が大きくなること，さらに組成分布を有する共重合体については，同様にdn/dcの違いを考慮しないと正しい結果が得られないということに留意する必要がある。その他，分子量に関する情報を得る検出器としては，粘度検出器や，最近ではマトリックス支援レーザー脱離イオン化飛行時間型質量分析装置（Matrix Assisted Laser Desorption Ionization Time-of-Flight Mass Spectrometer：MALDI-TOF-MS）とオフラインで組み合わせた分析[6]も行われている。

　試料の分子構造情報を得る検出器としては，HPLCとFT-IR[7,8]やNMR[9,10]を組み合わせた測定が行われており，特殊な例として，試料に含まれる特定元素の分布を分析するICP発光分光分析装置を用いたものが報告されている[11]。FT-IRやNMRは，試料の分子構造を直接測定できるため，多成分系試料の定性分析や，高分子化合物の組成分布分析などに有効な検出器である。しかし，これらは比較的感度が低いことから，感度を稼ぐためにデータの積算が必要で，1点あたりのデータ取得に時間がかかること，FT-IRではバックグラウンドとしての移動相の赤外吸収の影響が大きいため，使用できる移動相が限られるという欠点がある。現在，FT-IRを用いる場合には，オンラインではなく，溶媒を除去して溶出成分のみを測定するオフライン方式の装置[12]が主流になりつつある。

第5章　化学分析

1.4　サイズ排除クロマトグラフィーによる高分子解析

　HPLCによる高分子化合物の分析について，その目的のほとんどは，平均分子量や分子量分布を求めることであり，このためにSEC法が最も広く用いられている。平均分子量については，他のいくつかの方法によっても得ることができるが，平均分子量と分子量分布を同時に得ることができるのはSEC法のみであり，これが，SEC法が他の分析方法よりも優れている最大の理由である。

　SEC法を用いて高分子の分子量を測定するためには，①前処理，②較正曲線の作成，③目的試料の測定，④データ処理の流れとなる[13]。前処理では，試料を秤量し，一定量の移動相（溶媒）を加えて試料を溶解させる。この際の試料濃度については，サイズ排除機構は希薄溶液の場合に成り立つため，検出感度が低いからといってむやみに試料濃度を増加させることは適切ではない。試料濃度は低い方が良いが，その分，ピーク強度も低下し，分析精度が低下するため，一般的には0.5～2.0 mg/mL程度で測定する。適切な濃度については，高分子の分子量測定方法に関するJIS[14]やISO[15]が参考になる。

　試料の溶解方法については，他の分析では，振とう器による振とうやマグネチックスターラーによる攪拌，超音波照射など様々な方法が用いられるが，分子量測定のための前処理の場合，試料への極端な負荷は，分子鎖切断を引き起こして分子量低下の原因となる。また，短時間での処理では，十分に溶解できない可能性もあるため，長時間の静置溶解が最も望ましい。そして測定直前に緩やかに振り混ぜる。振とうや攪拌が必要な場合は，可能な限り緩やかに，かつ短時間に行うことが望ましい。

　注入前にはフィルターによるろ過を行い，ゴミや不溶解分を除去する。フィルターとしては，有機溶媒系の場合はPTFE，水溶液の場合はセルロースアセテートなどが用いられる。

　SEC法では，分子サイズの違いで分離されるが，実際の分析で求めたいのは分子量である。測定対象の試料について，分子サイズと分子量との明確な関係が明らかであればよいが，一般的には分子サイズから直接分子量を求めることは困難である。そこで，いくつかの分子量既知の標準試料について保持容量（または溶出時間）の測定を行い，保持容量と分子量の対数値との関係をプロットし，これに基づいて分子量を算出する。この標準試料によるプロットを「較正曲線」（Calibration curve）という。用いられる標準試料は，分子量分布が狭く，低分子量から高分子量まで広範囲の分子量を有するものが必要となる。理想的には，測定対象と同一構造の高分子が望ましいが，汎用高分子以外でそのような標準試料を入手することは困難なため，一般的には，有機溶媒系ではポリスチレン（PS），ポリメタクリル酸メチル（PMMA），ポリエチレン（PE），水溶性ではポリエチレンオキシド（PEO）やポリエチレングリコール（PEG），多糖類のプルランやデキストラン，各種タンパク質などが用いられている。なお，分子量と分子サイズとの関係は高分子の構造によって異なるため，これらの較正曲線から得られる分子量は，あくまで「標準試料と同一の分子構造だと仮定した場合の換算分子量」となる。従って，標準試料と目的試料の分子構造が大きく異なる場合は，真の分子量との差が大きくなる可能性がある。

標準試料と測定対象高分子の構造が大きく異なる場合は、得られた値と真の分子量との差が大きいことが予想されるため、これをより真の分子量に近づけるために、いくつかの方法を用いて、あらかじめ較正曲線を補正しておくことが行われている。その代表的な方法は、①Q-ファクターを用いた方法[16,17]や、②マークホーインク定数を用いた方法などである[18]。これらの方法によって、標準試料の分子量を対象試料の分子量に換算し、それらを用いて作成した較正曲線によって分子量を計算する。

1.5 液体クロマトグラフィーによる高分子の組成分離

最近では、高分子化合物のHPLC分析について、分子量測定だけでなく、組成分離に用いる例が増えつつある。従来、多成分系の試料や、組成分布を有する試料を分析する場合、前処理として溶媒の溶解度差を利用して分離する方法が中心であったが、この場合は、ある程度大量の試料を処理できる反面、精密な分離が困難であるという欠点があった。これに対し、分子構造の僅かな違いに基づいて精密に分離することが可能なHPLC法が用いられるようになってきた。その最も代表的な手法が臨界吸着点を利用したLCCCやTGIC、GPEC（Gradient Polymer Elution Chromatography）である。LCCCは移動相の組成を厳密に制御したイソクラティック溶離法であり、この方法では2種類の高分子化合物の精密な分離に有効である。すなわち、一方の高分子化合物の臨界吸着条件を用いると、この成分については、分子量によらず1本の単一ピークとして溶出する。もう一方の高分子化合物は臨界吸着条件ではないため、サイズ排除モードか相互作用による分離モード、あるいは両者の寄与により、異なる保持容量で溶出するため、両者を分離できる。LCCCを用いることにより、ごく僅かな構造の違いしかない高分子でも分離できるなど、精密な分離が可能となる。この例としては、直鎖ポリスチレン（PS）と環状PSの分離についての報告がある[19~21]。

さらにLCCCと温度グラジエントを組み合わせたTGICでは、温度によって臨界吸着点が変化することに着目した方法であり、これを用いると、組成分離と分子量分離を同時に達成することができる[22]。ただし、LCCCでは、2種類の高分子化合物の精密な分離が可能な反面、対象試料の臨界吸着点を決定するためには多くの労力が必要であること、および移動相を厳密に調製する必要があること、TGICではカラムの温度制御を精密に行う必要があることなど、その難易度は非常に高い。さらに、3種類以上の高分子化合物の混合物や、連続的な組成分布を持つ共重合体の組成分離の場合、LCCCは最適ではないと考えられる。このような場合は、溶媒グラジエントを用いた方法が有効である。

臨界吸着点を利用した溶媒グラジエントHPLCによる高分子の分離法がGPECである[23]。この方法では、良溶媒に溶解させた高分子化合物の試料溶液を、これを溶解できない貧溶媒を満たしたカラムに注入すると同時に、ただちに移動相の組成を貧溶媒100%からリニアグラジエントにより良溶媒100%へ変化させる。この過程において、移動相がある組成に達すると試料が溶出するが、このときの溶出では、同じ組成の高分子は、分子量によらず同一の保持容量で溶出する。な

第5章　化学分析

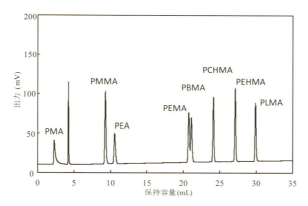

図3　溶媒グラジエントHPLC法によるアクリルポリマーブレンドの分離[27]
PMA：ポリアクリル酸メチル，PMMA：ポリメタクリル酸メチル，PEA：ポリアクリル酸エチル，PEMA：ポリメタクリル酸エチル，PBMA：ポリメタクリル酸ブチル，PCHMA：ポリメタクリル酸シクロヘキシル，PEHMA：ポリメタクリル酸エチルヘキシル，PLMA：ポリメタクリル酸ラウリル

お，溶媒グラジエントHPLC法において，各成分が溶出する移動相の組成は，それぞれの試料の臨界吸着点と一致することが報告されている[24]。従って，この方法を用いれば，共重合体について，分子量分布に影響されない組成分布の解析[24,25]や，多成分の高分子化合物のブレンド試料の分離[26]が可能となる。ブレンド試料の分離の例として，8種類のアクリルポリマーブレンドの測

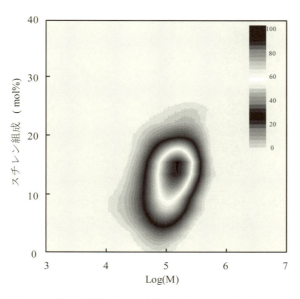

図4　スチレン―MMA共重合体の2次元HPLC（LC×SEC）による分離結果[25]

定結果[27]を図3に示す。ただし，この溶媒グラジエントを用いた方法では，実際には分子量が1万以下の低分子量成分については，保持容量に対する分子量依存性が存在することが報告されている[24,28]。

最近では，1つの条件による分離だけでなく，ある条件で分離した成分について，続いて別の分離条件で分離する2次元液体クロマトグラフィー（2D-HPLC）も用いられるようになってきた[29]。特に高分子化合物では，共重合体の組成分布（共重合組成の分子量依存性）を解析するために，GPECとSECを組み合わせることが有効である。2次元液体クロマトグラフィーの例として，スチレン—メタクリル酸メチル共重合体（P(St-MMA)共重合体）の解析結果[25]を図4に示す。

1.6 おわりに

以上のように，高分子化合物のHPLC分離は，従来のような単なる分子量測定から成分分離，構造解析まで幅広く用いられるようになっており，今後ますますの応用が期待できると考えられる。

文　献

1) H. Pasch, B. Trathnigg, HPLC of Polymers, p.17, Springer (1997)
2) 森定雄, サイズ排除クロマトグラフィー, p.13, 共立出版 (1991)
3) T. Macko, D. Hunkeler, *Adv. Polym. Sci.*, **163**, 61 (2003)
4) S. Podzimek, Light Scattering, Size Exclusion Chromatography and Asymmetric Flow Field Flow Fractionation, p.63, Wiley (2011)
5) 大谷肇, 寳﨑達也, 合成高分子クロマトグラフィー, p.52, オーム社 (2013)
6) H. Pasch, B. Trathnigg, Multidimensional HPLC of Polymers, p.204, Springer (2013)
7) P. J. DesLauriers, D. C. Rohlfing, E. T. Hsieh, *Polymer*, **43**, 159 (2002)
8) K. Nishikida, *J. Chromatogr.*, **517**, 209 (1990)
9) K. Ute, R. Niimi, K. Hatada, A. C. Kolbert, *Int. J. Polym. Anal. Charact.*, **5**(1), 47 (1999)
10) W. Hiller, P. Sinha, M. Hehn, H. Pasch, T. Hofe, *Macromolecules*, **44**(6), 1311 (2011)
11) D. W. Hausler, R. S. Carlson, *Prepr. Am. Chem. Soc. Div. Pet. Chem.*, **30**(1), 28 (1985)
12) H. Pasch, B. Trathnigg, Multidimensional HPLC of Polymers, p.183, Springer (2013)
13) 大谷肇, 寳﨑達也, 合成高分子クロマトグラフィー, p.64, オーム社 (2013)
14) JIS K7252-1：2008, プラスチック—サイズ排除クロマトグラフィーによる高分子の平均分子量及び分子量分布の求め方—第1部：常温付近での方法 (2008)
15) ISO 16014-1：2003, Plastics-Determination of average molecular mass and molecular mass distribution of polymers using size-exclusion chromatography-Part 1: Low-temperature

method（2003）
16) 森定雄，ぶんせき，**1988**(12), 894（1988）
17) 森定雄，サイズ排除クロマトグラフィー，p.63, 共立出版（1991）
18) S. Mori, H. G. Barth, Size Exclusion Chromatography, p.110, Springer（1999）
19) T. Chang, *J. Polym. Sci. Part B: Polym. Phys.*, **43**, 1591（2005）
20) T. Chang, *Adv. Polym. Sci.*, **163**, 1（2003）
21) 川口大輔，高野敦志，松下裕秀，高分子論文集，**64**(7), 397（2007）
22) H. C. Lee, T. Chang, *Macromolecules*, **29**, 7294（1996）
23) W. J. Staal, P. Cools, A. M. Van Herk, A. L. German, *J. Liq. Chromatogr.*, **17**(14), (15), 3191（1994）
24) 香川信之，岡﨑玲子，伊藤明，分析化学，**59**(9), 793（2010）
25) 香川信之，分析化学，**62**(4), 325（2013）
26) Y. Brun, P. Alden, *J. Chromatogr. A*, **996**, 25（2002）
27) 香川信之，色材協会誌，投稿中
28) A. M. Striegel, *J. Chromatogr. A*, **971**, 151（2002）
29) H. Pasch, B. Trathnigg, Multidimensional HPLC of Polymers, p.95, Springer（2013）

2 湿式化学分析法による金属材料の定性分析・定量分析

小野 浩*

2.1 はじめに

近年，技術の進歩により様々な高性能・高品質の製品が産出されている。それには多くの金属材料が寄与していると思われる。その開発に伴い，材料中の成分や不純物を超微量から主成分に渡って正確に定量することは必要不可欠である。高性能な表面分析装置が脚光を浴び，構造解析などに汎用されている一方，湿式分析は薬品の使用，煩雑な手法，排気・廃水など実験設備の環境整備など敬遠されやすい点はある。しかしながら幅広い範囲の試料採取量を選択でき，高精度な分析が可能であり，表面分析のような微小部ではなく試料全体から含有量を考察できるという点で違った長所がある。

金属材料を分析する場合，構成成分の化学的性質，分析精度，定量下限などを考慮する。納期やコストを考慮することも多い。その結果組み立てられる定量手法は機器分析が主流である。しかし，目的や分析項目によっては滴定などの古典的な化学分析が使用される場合もある。湿式分析方法は「溶液化」がポイントであり，その手法の選択は元素の性質によるところが大きい。その一方，分析試料の正確なサンプリングは常に分析結果と密接な関連を持つ。そのサンプリング方法についても若干触れる。

2.2 湿式分析で得られる情報

定性およびppbから主成分まで正確に定量が可能である。また手法によっては元素の価数，錯体生成状態が判断できる。

2.3 よく使用される定量方法

機器分析では誘導結合プラズマ発光分析（以下ICP-OES），誘導結合プラズマ質量分析（以下ICP-MS），原子吸光，吸光光度法が良く使用され，近年はICP-OES法が主流である。ICP-OESにおいてはCl, Br, I, Sも定量可能であり，今まではクロマトグラフィーなど比較的分析時間が長い手法で定量していた成分も迅速定量が可能になった。化学分析は滴定・重量法などがJISに規定され，特に滴定法は用途によっては機器分析より高精度かつ迅速な場合がある。

2.4 定量分析の流れ（図1）

試料を採取後，細分・均一化し，分析用試料を調製する（サンプリング）。次に調製された試料の定性分析を実施する。そ

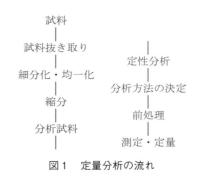

図1 定量分析の流れ

---

* Hiroshi Ono 彦島製錬㈱ 分析センター 分析センター長

第5章　化学分析

の結果と目的に応じ，定量分析を実施する。全体の分析精度はサンプリング，前処理，測定精度の和になる。

2.5　サンプリング

ばらつきを評価するとき，大元の供与試料が均一でなければならない。試料採取―縮分―粉砕・篩分け手順をサンプリングとする。試料採取にはランダムサンプリング法と有意サンプリング法がある（図2）。汎用されるランダムサンプリング法に，単純サンプリング，2段サンプリング，層別サンプリング，集落サンプリングの4つがある[1]。試料の形状，目標精度，コストなどを考えサンプリング方法を決定していく。縮分にはインクリメント縮分，2分器，円錐四分法などがある。縮分，粉砕・篩分けには規定された器具の使用および操作手順が必要である。試料調製法の検討・決定には図3のような操作を実施する。

近年スクラップなどのリサイクル原料にはプラスチックや金属部分，ビニールなどが混在する。それぞれの部分が硬さや粉砕具合が全く異なり，成分分析用の試料調製を実施することは難しい。このような試料の場合は，JIS M8082[2]が参考になるが，その都度実験・考察をし，得られた品位のばらつきから，サンプリング方法を決定していく必要がある。

図2　サンプリング方法の種類

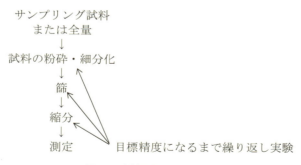

図3　試料調製手順の検討

2.6　分析方法の設計

分析元素の性質，定量下限，分析精度・有効桁数が分析方法の設計を左右する。近年はエコおよびスピードを求められることが多く，納期・コストも分析方法を決定する大きな要因となって

いる。湿式分析法の場合，分析成分の溶液化を主に考えるが，同時に他の要因も考え分析方法を設計していく。

2.6.1 定性分析

固体試料の定性分析は，蛍光X線法が簡易迅速で多く活用され，定量も標準試料を調製すれば可能である。溶液試料は各ICP-OESに付属している「定性分析モード」を使用するのがよい。このモードを使用すると，蛍光X線法より低い濃度まで，定性分析が可能である。半導体検出器を搭載したICP-OESを使用すれば，高速に多元素の分析が可能で，検量線を用いて測定を実施すれば定性分析と同等の速度で定量結果が得られる。単元素の検出が目的であれば，溶液化した一部を用い，比色試薬の添加で検出・不検出を判断することが可能である。

2.6.2 元素の性質

湿式分析において元素の性質で重要な点は，まず酸への溶解度，溶解時の揮発，溶解試薬による沈殿生成である。

溶液化後の分離および化学分析定量方法の設計は，各元素の溶解度積，錯体生成定数，分析試薬の酸解離定数などに基づいて行う。

2.6.3 化学分析（滴定・重量法）の利用

定量には機器分析が多く使用される。古典的な手法である滴定および重量法について述べるが，両分析手法は最終測定値であるビュレットや天秤の読みから有効数字を4桁採用することが可能なため，目的成分が10%以上含有される高精度分析に特に有用である。また試料の分解にICP系の装置に不向きな粘性の強い硫酸を多く使用できる利点もある。この両手法の場合は，分析成分を他の成分から分離またはマスキングすることが必要であり，新たに分析方法を設計する場合は，錯体生成定数，酸解離定数など諸定数を参考にする。

ICP系の装置は全濃度定量が主であり，溶液中の元素の状態分析には形態別分離後測定になるが，滴定法は分離することなく化学反応で定量が可能である。

2.6.4 試料溶解（溶出）方法

湿式手法の場合，試料を全溶解することを第一に考える。よって溶解試薬を選ぶことは極めて重要である。ICP系で定量するのであれば，測定溶液は硝酸性が適しており，特に比重が純水と異なる硫酸は含まれない方がよい。溶解には以下の酸の反応を主に用いる。

- 硝酸　　　$HNO_3 \rightarrow H^+ + NO_3^-$　　$NO_3^- + 4H^+ + 3e^- \rightarrow NO + 2H_2O$
- 塩酸　　　$HCl \rightarrow H^+ + Cl^-$　　$2Cl^- \rightarrow Cl_2 + 2e^-$
- 王水　　　$3HCl + HNO_3 \rightarrow NOCl + 2H_2O + Cl_2$
- 逆王水　　$HCl + 3HNO_3 \rightarrow NOCl + 2H_2O + 2NO_3$
- 熱濃硫酸　$H_2SO_4 + 2H^+ + 2e^- \rightarrow 2H_2O + SO_2$

溶解が困難な場合は酸化力を高め，さらに高温を維持できる硫酸または過塩素酸を加えて加熱する。また含有される元素によってはふっ酸や過酸化水素を添加する場合もある。

第5章　化学分析

2.6.2で述べたが，溶解用の酸による沈殿生成，加熱による揮発ロスを起こすことがある。硫酸鉛，酸化錫，塩化銀などの沈殿生成やAs，Se，S，Crなどの揮発が主な例である。

酸だけでは完全に溶解しない試料も度々発生する。この場合は，酸不溶解分または試料全部を過酸化ナトリウムやホウ酸などの融剤とともに，るつぼを用いて融解する手法がある。融解不適試料や融剤中の不純物により微量成分分析には不都合であるなど欠点もあるが，比較的簡易に溶液化が可能である。最近はマイクロウエーブを用い溶液化する例がみられる。

2.6.5　定量下限

機能性材料の場合は超微量成分定量の機会が多い。使用する機種や分析元素により異なるが，定量下限の目安は概略以下の通り。

- ICP-OES　溶液濃度：0.01 mg/l　　含有量：1 ppm
- ICP-MS　　溶液濃度：0.1 μg/l　　含有量：1 ppb
- 化学分析の場合

　　重量法：天秤の最小桁の読みより
　　滴　定：1滴　0.03 ml（50 mlビュレットの場合）を目安とする。

化学分析手法で定量下限まで分析する機会は少ないが，状態分析など，機器分析では分析困難な場合に定量下限付近の分析を実施することがある。

定量下限を求める場合は，ブランク溶液を繰り返し測定し，そのばらつき（10 σ）と検量線用標準溶液の強度から求める手法がある[3]。実際的な定量下限の求め方は図4に示したように，使用した最低検量線濃度の半分から決める手法を推奨する。この手法は，下限値が発光強度および検量線の直線性（相関係数）に起因し，統計的に限界値を求めてはいないが，測定装置が変わった場合や測定後でも明確に定量下限を示すことができる。

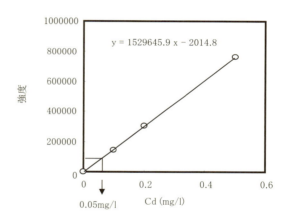

図4　ICP-OES法による検量線の例

最低検量線濃度0.1 mg/lの半分0.05 mg/lを測定定量下限とする。
試料1 gを処理して、50 ml一定容量として測定したと考えると固体換算の定量下限は2.5 ppmとなる。

2.6.6　分析成分分離実施の判断

近年の分析機器は優れ，多くの場合試料を溶解後，分離・濃縮せず測定・定量することが可能になった。機器分析時の分離濃縮操作の利点は以下の通りである。

① 他の共存成分の干渉を軽減
② 定量下限が改良，RoHS分析などにも適用可
③ マトリックス除去により多元素同時分析が可

④　形態別分離分析が可（分離後，それぞれの成分を機器分析）

　主な分離手法には共沈，イオン交換，溶媒抽出があるが，溶媒抽出法が作業環境の観点から使用機会が減り，代わりに固相抽出法が用いられるようになってきた。定量下限が改良された分析装置が多い現代では，④の目的に応じて実施する分離がもっとも利用価値が高いであろう。

2.6.7　測定精度

ICP-OESの測定精度は，有効数字が2～3桁程度である。内部標準法など高精度測定では，3～4桁の有効数字で分析結果が得られる。化学分析の場合は前述した通り4桁有効数字の分析が可能であるが，前処理を正確に実施可能な技術が必要である。各分析成分の和が100％となる定量の場合は，内部標準法などの高精度ICP-OES法または化学分析方法を実施する。その選択は分析者の技術力および判断力が関わり難しい。蛍光X線法を適用する場合もある。

2.6.8　納期・コスト

　特に企業における分析では，納期・コストが分析手法選択に与える影響は大きい。分析する試料数，頻度，実施スペース，分析装置の稼働度も中長期的に考えると分析スピードに影響する。装置を稼働するための電気，ガス，前処理の試薬・器具費，実質作業時間はコストを左右する。図5に鉛を分析する場合の2つのフローを示した。試料数個の場合は，ICP-OES法が速い。しかし試料数が多くなると変化する。試薬を常備すれば，滴定法が速く，ランニングコスト，使用する容器や消耗品も少なく効率的になってくる場合がある。

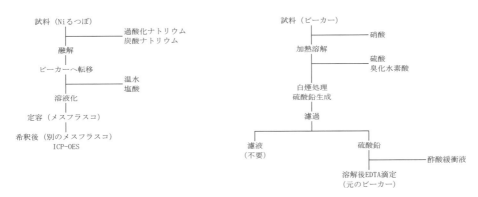

図5　鉛分析フローの例（左：ICP-OES法，右：EDTA滴定法）

2.7　定量分析実施例

湿式定量分析方法は細かい違いまで含めたら無限にある。その中で数タイプJIS法を中心に分析例を述べる。

(1)　判断が難しい場合の分析フロー

定性分析により含有量概略を把握したが，「その後の判断が困難」という場合がある。その場合の基本フローを図6に示した。試料を0.1～1g採取し，硝酸で溶解する。不溶解残渣がある場合，

第5章　化学分析

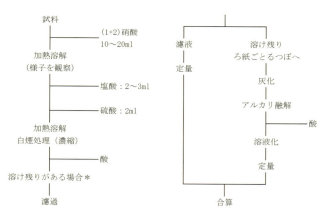

図6　試料溶解フローの例

塩酸を少量添加・加熱し（逆王水）溶け方を観察する。まだ不溶解残渣がある場合，硫酸を添加し，白煙が上がるまで高温で加熱処理後，濃縮する。硝酸，塩酸，硫酸添加時の沈殿生成や溶け具合を観察し，ここで次の溶解手段を決めることが重要である。濃縮後決定した酸に再溶解し，不溶解残渣があれば，濾過を実施。ろ紙をるつぼに移し灰化後，融剤を添加し融解すればよい。含有成分によっては硝酸と塩酸を逆に添加する場合もあるが，溶解時に安定な塩化物沈殿が生成すると，後の処理が困難である。

(2)　鉄鋼関係の分析（不動態生成）

鉄鋼関連の分析は，主成分把握の場合は蛍光X線分析法がよい。市販の標準物質が数多くそろい，入手が容易であり，実試料と比較測定をすればよい。微量成分などを分析する場合は湿式法がよい。王水や逆王水で溶解可能なら容易であるが，Crなどの不動態生成を避けながら溶解しなければならない。硝酸により不動態が生成するのであれば，溶解方法は塩酸＋過塩素酸，塩酸＋過酸化水素，塩酸＋硫酸，塩酸＋ふっ酸などの組み合わせが考えられる。ただし塩酸＋過塩素酸溶解ではCrの揮発ロスが発生しやすい。不溶解分は融解処理をする。鉄鋼分析のJISでも種々定量方法の詳細が規定されている。

(3)　アルミニウム合金の分析（酸およびアルカリ溶解が可能）

アルミニウム合金の分析には，Alの化学的性質を利用し，溶解方法が酸，アルカリの場合の2種類がある[4]。概略を図7，8に示した。酸溶解の場合は，塩酸を添加し，その後硝酸を添加しCuなどを溶解する。Siを除去したい場合は，ふっ酸で溶解後過塩素酸を添加し，白煙が上がるまで加熱し，Siとともに溶解に使用したふっ酸も除去する。ICP-OES測定時は，検量線用標準溶液に塩化アルミニウム試薬または99.99％金属Alを添加し，試料中のAlと標準溶液のAl濃度を同じにする。この測定溶液と標準溶液の成分を同じにする手法は機器分析の場合，他の主成分試料の場合でもよく用いられる。

アルカリによる分解の場合は，試料に水酸化ナトリウムと純水を添加し，室温で溶解する。過

産業応用を目指した無機・有機新材料創製のための構造解析技術

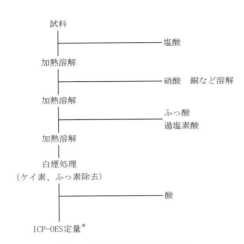

図7　Al合金の酸溶解の例
*試料溶液と検量線用標準溶液のAl濃度を等しくする。

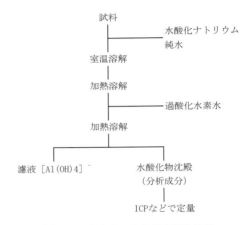

図8　Al合金のアルカリ溶解分析例

$Al^{3+} + 3OH^- \rightarrow Al(OH)_3$

$Al(OH)_3 + OH^- \rightleftharpoons [Al(OH)_4]^-$

酸化水素水を添加後，加熱し，Alを溶液に分析成分を沈殿に分離する。この沈殿を溶解後機器分析で定量する。

(4) 銅試料の分析（主成分分析および分離手法）

銅試料は微量不純物成分とともに，主成分のCuを分析する機会が多い[5]。よって他の試料よりも試料の保管，試料表面の洗浄が重要である。表面洗浄での主な実施点は次の通り。①油分をアルコール，アセトンなどで洗浄，②表面皮膜は酢酸などで洗浄，③不純物分析時は薄い塩酸で洗浄。主成分分析方法は図9に示した。試料を硝酸・硫酸で溶解，脱硝後電解にてCuを析出させ，重量法で分解する。電解後の尾液は，ICPまたは原子吸光で銅量を測定し，電解分析値に加える。この尾液は微量不純物成分の分析にも利用できる。微量成分の分析には，この電解尾液法の他に鉄などによる共沈分離法がよく使用される。酸溶解液に共沈試薬とアンモニア水を添加し，分析成分を水酸化物沈殿として共沈試薬とともに分離する。容易に銅と分析成分を分離できる。分析フローを図10に示した。分離効果で，定量下限が10～100倍下がり，多元素同時分析が可能である。共沈試薬は鉄・イットリウムの他にランタンやジルコニウムなどが利用でき，分析成分と共沈

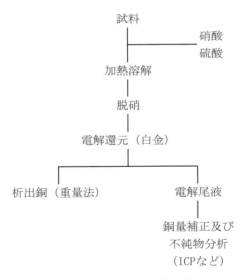

図9　主成分銅の分析法の例
（一部不純物分析可）

第5章　化学分析

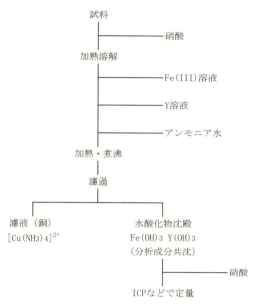

図10　銅中の微量成分分析方法

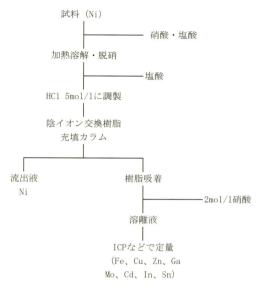

図11　ニッケル中の不純物同時分析フロー

$M^{n+} + (n+1)Cl^- \rightleftharpoons MCl_{n+1}^-$
$RNR'_3{}^+Cl^- + MCl_{n+1}^- \rightleftharpoons RNR'_3{}^+MCl_{n+1}^- + Cl^-$
R：樹脂，R'：アルキル基，M：金属

試薬の測定波長（ICP-OES）が重なる場合には共沈試薬を変えてもよい。

(5) ニッケル中の不純物分析（多元素同時分離）

　高純度金属中の微量成分を分析する場合，目的成分を同時に，主成分から分離し定量することが望ましい。この条件を見出すことは容易ではない。陰イオン交換樹脂にて，多元素をNiから分離後ICPにて定量した例を図11に示した[6]。試料を硝酸，塩酸の混酸に溶解・脱硝後，5 mol/l塩酸溶液とし，分析成分をクロロ錯体とした。この溶液を陰イオン交換樹脂充填カラムに流し入れ，分析成分を樹脂に吸着させ，吸着しないNiと分離した。2 mol/lの硝酸溶液にて樹脂から分析成分を溶離後，ICP-OESまたはICP-MSで簡易に定量した。1 ppm以下のFe，Cu，Zn，Ga，Mo，Cd，In，Snが同時定量可能であった。

(6) インジウム中の不純物分析（種々分離方法）

　インジウムはその用途から，不純物を超微量の領域まで定量を求められる場合がある。多種分析成分をInから分離後定量を試みた報告がある[7]。Inは低いpHから水酸化物沈殿を生成するため，分析成分とInの分離が困難である。よって酸性領域での分離方法を検討し，結果を表1に示した。ジルコニウム共沈法では低pHから多成分を分離可能であった。マンガン共沈法は強酸性から弱酸性でも分離が可能であった。溶媒抽出法では2試薬を用い強酸性領域で分離を検討した。N-ベンゾイル-N-フェニルヒドロキシルアミンにより，高価数のMoおよびVが分析可能であり，ジエチルジチオカルバミン酸ジエチルアンモニウムではCu，Bi，Sb，As，Tlが分析可能であった。

産業応用を目指した無機・有機新材料創製のための構造解析技術

表1 分離方法および分析可能元素

方法	試薬	分析可能元素
共沈	ジルコニウム	As, Mo, Sb, Sn, Ti, V, Bi, Fe, Ga, Te, Se
	マンガン（弱酸性）	As, Mo, Sb, Sn, Ti, V, Bi, Fe, Ga, Co
	マンガン（強酸性）	Mo, Fe
溶媒抽出	N-ベンゾイル-N-フェニルヒドロキシルアミン	Mo, V
	ジエチルジチオカルバミン酸ジエチルアンモニウム	Cu, Bi, Sb, As, Tl
還元気化	水素化ホウ素ナトリウム	As, Sb, Bi, Se

定量：ICP-OESおよびICP-MS

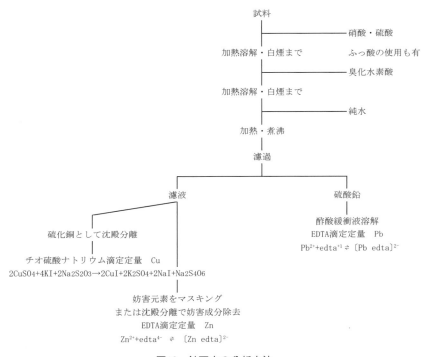

図12 鉱石中の分析方法

0.Xppmレベルの分析が可能であり，本法は種々主成分中の微量成分の分析に多く応用できると考えられる。

(7) 鉱石の分析（化学分析法）

鉱石分析では，溶解が困難で，かつ品位を高精度に求められる場合が多く，JISでは定量方法に滴定が規定されている[8〜10]。概略図を図12に示した。試料を硝酸で分解し，硫酸を添加し，白煙があがるまで加熱する。臭化水素酸を添加し，Asなどを除去後，硫酸鉛としてPbを濾別し，酢酸溶解後EDTA滴定定量する。Cuはその濾液から硫化物として濾別・溶解後，チオ硫酸ナトリウム滴定で定量する。Znは硫化銅沈殿濾液または硫酸鉛沈殿濾液を処理することでEDTA滴定に

第 5 章　化学分析

て定量ができる。

2.8　分析結果の判断

分析作業を実施すれば何らかの値が得られるが，その信憑性証明が必要である。このために以下の4点を推奨するが，それぞれ短所も示した。

① 2個またはそれ以上並行分析を実施：操作自体に誤りがあれば並行分析値が同じでも真値ではない。
② 試料に，既知量の分析成分を添加し，その回収率を考察：試料中の分析成分の形態と添加した分析成分の形態が異なると，回収率が100%でも真値とはいえない。
③ 試料と類似した市販標準物質と平行分析を実施：入手困難で高価。
④ 同一試料を複数の異なった分析方法で実施：高等技術で時間を要する。統計処理も必要。

2.9　おわりに

表面分析装置の進歩が著しく，化学分析が適用される部分は減少しているように思える。しかし表面分析結果の信憑性は化学分析結果によっても証明され，参考とされることも多い。

分析技術の基礎となるのは科学であり数学である。我々分析技術者には，正確に新旧分析技術を習得する一方，分析に関わる知識を深めていくことが，より良い材料の開発の手助けになり，その解析力向上への近道であろう。

文　　献

1) 加藤洋一，サンプリングと抜き取り検査，p.9，日本規格協会（2011）
2) 銅製錬用銅スクラップ―サンプリング，試料調製及び水分決定方法，JIS M8082（1999）
3) 上本道久，ぶんせき，**5**, 216（2010）
4) アルミニウム及びアルミニウム合金の発光分光分析方法，JIS H1305（2005）
5) 電気銅地金分析方法，JIS H1101（2013）
6) 小野浩，清水得夫，四條好雄，日本金属学会誌，**11**, 1234（1997）
7) 松本訓幸，武村勝則，小野浩，第69回分析化学会討論会講演要旨集，p.189，日本分析化学会（2008）
8) 鉱石中の銅定量分析，JIS M8121（1997）
9) 鉱石中の鉛定量分析，JIS M8123（2006）
10) 鉱石中の亜鉛定量分析，JIS M8124（2003）

第6章 NMR

1 固体NMRによる高分子材料の評価

関根素馨*

1.1 固体NMRの特徴について

固体NMRは，文字通り，固体構造をそのまま調べることが可能であり，溶媒に溶かしてしまうと失われてしまう高次構造の情報を得ることができる[1〜5]。特に，溶媒に不要な熱硬化性プラスチック，エラストマーおよびゲル状物質などの構造確認，官能基の構造変化などの測定に有効である。例えば，緩和時間を測定することによって固体分子の異なる結晶構造，非晶構造，分子運動性の違いなどを調べることができる。

また，固体NMRのデータを有効に扱うためには，目的に応じた方法を選ぶことが重要である。品質管理のように大量のサンプルやデータの相関性が必要な場合は短時間で測定できるパルスNMRのような方法が適しており，官能基ごとの分子鎖の動きやすさや配向解析まで詳細な解析を行う場合は，固体高分解能NMRを用いた測定方法が有効である。

固体NMRは，溶液NMRのように分解能のよいシャープなスペクトルは少なく，ブロードになることが多い。これは固体状態における様々な相互作用が平均化しておらず，異方的な情報が含まれるためである。したがって得られたスペクトルをどう解釈するかは，様々な情報を加味しながら行うことが重要である。

1.2 パルスNMRによる分子運動解析

パルスNMR[6]は固体高分解能NMRとは異なり，サンプルの化学結合の構造解析ではなく，サンプル間の物性の違いを分子運動性による緩和時間から調べる方法である。汎用樹脂などプロトンを多く含むサンプルの場合，測定時間が1分くらいと短く，工程管理や研究開発のサンプル比較を数多く測定することが可能である。プロトン以外の核種として，^{19}F核を検出することも可能であり，フッ素樹脂にも適応できる。パルスNMRは液体状態から固体状態までのさまざまなサンプルの状態により，測定手法を変えて実施する。分子運動性の低い結晶性高分子などはsolid echo法，分子運動性の高いゴムやエラストマーなどはHahn echo法，溶融状態，ゲル，液状に近いものはCPMG（Carr-Purcell-Meiboom-Gill）法を適した緩和時間範囲にて用いる。

分子運動性の低い結晶性高分子ポリプロピレン（PP）の40℃における測定データ（solid echo法）と3成分近似にて波形分離した解析結果を図1，表1に示す。実測データの減衰曲線（FID）は指数関数として表される。減衰曲線から求まる横緩和時間（T_2）のおおよその目安として，結

---

* Sokei Sekine ㈱三井化学分析センター 構造解析研究部 主席研究員

第6章 NMR

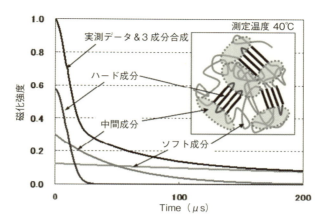

図1　測定温度40℃におけるポリプロピレンの減衰曲線と波形分離データ

晶，ガラス状成分など極めて分子運動性の低い場合20μs以下，結晶界面近辺やタイ分子などの自由度の低い非晶相は20〜100μs，ランダムな非晶相は100〜1000μsとなる。この3成分近似により解析されたy切片が各成分の存在比率となる。

　実際の相関関係の例として，ポリオールの分子量を変えた軟質ウレタンフォーム[7,8]の検討をした。軟質ウレタンフォームはイソシアネート由来のハードセグメントとポリオール由来のソフトセグメントの2相より構成されている。パルスNMRより，実測の減衰曲線は2成分近似され，ハードセグメントとソフトセグメントに分離された。解析結果より，ポリオールの分子量（OH官能基あたり）とT_2値の相関を図2に示す。このデータより，ポリオールの分子量が大きくなるにつれてハードセグメントのT_2値は小さくなり，ソフトセグメントのT_2値は大きくなっている。これはポリオールの分子量が大きくなるにつれて相分離が大きくなると考えられる。相分離が大きくなることによりハードセグメントは凝集し，分子運動性が小さくなる。ソフトセグメントは自由空間が大きくなり，分子運動性が高くなると考えられる。小角X線散乱にてハードセグメントの凝集力の比較を行い，相分離が大きいほどハードセグメントが大きくなることが確認された。これを実際の物性と比較した場合，今回測定したポリオールの分子量範囲では，分子量が大きいほど，軟質ウレタンフォームの反発性は高くなり，相分離構造との相関が得られた。

　次にゴム材料に関して，ゴムは規則構造を持たない非晶のゴム（エントロピー）弾性を示す高分子である。ゴム材料は三次元網目構造を形成し，ガラス転移温度以上のゴム弾性を示す領域で

表1　3成分波形分離の結果

	存在比率（%）	T_2値（μs）
ハード成分	57.2	12.8
中間成分	30.4	49.4
ソフト成分	12.4	441

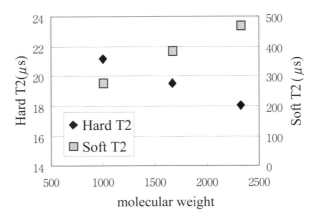

図2　ポリオールの分子量と横緩和時間（T_2）の相関

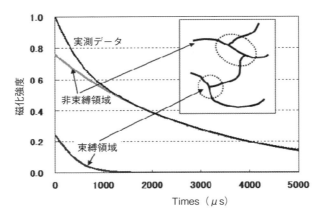

図3　EPDMの減衰曲線と波形分離データ

は，網目構造の架橋度により硬さ，伸び，および弾性率が決まる。この架橋の違いにより，架橋近傍の分子鎖の自由度が変わるため，分子運動性と架橋密度[9,10]には相関関係があると言える。

　実際の測定例として，エチレン—プロピレン—ジエンゴム（EPDM）のソリッドゴムを測定した結果を図3に示す。測定データは波形分離により2成分近似でき，架橋近傍の領域（束縛領域）と架橋から離れた領域（非束縛領域）に分離することができ，架橋近傍の領域（束縛領域）のT_2値より，分子鎖の拘束度合いが調べられる。

　この測定に用いたソリッドゴムを親和性の良い溶媒にて膨潤させ，変化した体積量よりFlory-Rehnerの式を用いて架橋密度を算出し，架橋近傍の領域の分子運動性（T_2値）との相関関係を調べた結果を図4に示す。この結果より，架橋密度が高くなるのにつれて，架橋周辺領域に分子運動性が低下する傾向が確認された。このことより，架橋の評価に関して，架橋剤量や劣化条件の違いによる架橋度について，パルスNMRを利用することで調べられることがわかる。

第6章　NMR

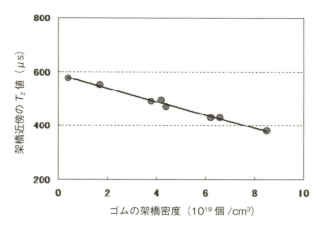

図4　架橋密度と架橋近傍のT_2値の関係

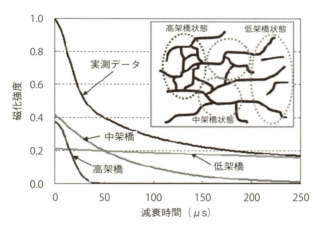

図5　エポキシの硬化状態と減衰曲線と波形分離結果

　また測定時間が短いことを利用して，サンプルの経時的な状態変化の追跡，物性との相関を調べることもできる。パルスNMRは測定時間が短いため，数分の間隔にて経時で測定できる。そのためサンプルの反応による状態変化を分子運動性から調べることが可能である。
　エポキシなどの熱硬化性樹脂は，未硬化の液状の原料が反応し，分子鎖間の架橋が進行し，硬化していく。硬化により分子運動性が低下していくが，架橋が必ずしも均一でないため，同じ分子鎖内に分子運動性が高い領域と低い領域が混在する。架橋度の異なる状態が混在したサンプルに関して，パルスNMRを用いて分子運動性の違いによる架橋状態の相違を比較することができる。
　実際の測定例として硬化途中のエポキシについて解析した結果を図5に示す。このときの分子運動性より，ハード成分は架橋により分子運動性がほぼ凍結した状態（高架橋状態），中間成分は架橋しているが十分ではなく，分子鎖が動ける状態（中架橋状態），ソフト成分は架橋が少なく，

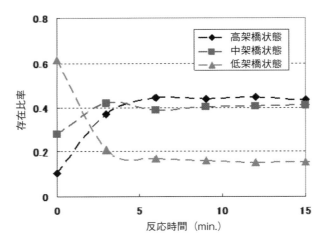

図6　エポキシの硬化過程における架橋状態と成分比率

分子鎖の自由度が高い状態（低架橋状態）と考えられる。

エポキシの反応時間における分子運動性からみた架橋状態の変化を図6に示す。この硬化反応により，高架橋状態が増加し，低架橋状態が減少していく様子が分子の動きから調べられる。また硬化条件を変えることで，反応速度などが変化するため，硬化反応の条件検討にも用いることができる。

1.3　固体高分解能NMRによる詳細解析

固体高分解能NMRにおいて交差分極マジック角回転（CPMAS）法がもっとも一般的である。

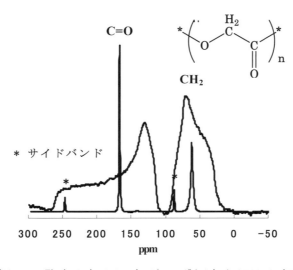

図7　ポリグリコール酸（PGA）のCP（スピニングなし）とCPMAS（5 kHz）のデータ

第6章　NMR

マジック角回転（MAS）により，観測核の電子密度分布の異方性を平均化して，等方値を得ることができる。

　手術用生体吸収縫合糸ポリグリコール酸（PGA）[11〜14]の未延伸（無配向）サンプルの静止状態と5 kHzにて回転させた測定結果を図7に示す。5 kHz回転からカルボニル基の等方値は167 ppmと得られた。静止状態では分子鎖と磁場の方向における異方性は，110〜270 ppmにも達する。分子鎖が配向している場合，サンプルと磁場との測定角度を変化させることでスペクトルの共鳴位置が変化する。

　PGA繊維は実際に延伸して使用され，分子鎖が配向した状態になっていると考えられる。そこでPGA繊維を1.5〜3.0倍に1軸延伸したサンプルの回転をしないで測定したスペクトルを図8に示す。この結果より，260 ppm付近に現れる比較的シャープなスペクトルは配向した分子鎖によるものであり，延伸倍率が2.0〜2.5倍のところで大きく変化している。角度依存性測定によるデータをもとにシミュ

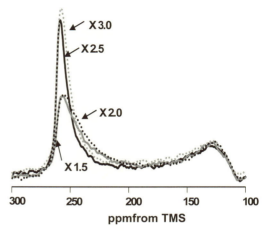

図8　ポリグリコール酸（PGA）の1軸延伸サンプル（1.5〜3.0倍）における分子鎖と磁場を平行にセットしたスペクトル

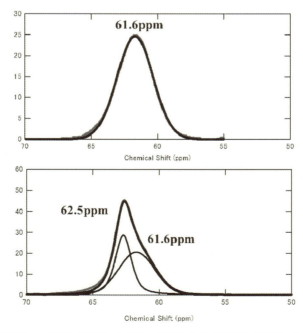

図9　ポリグリコール酸（PGA）未延伸（上図）と3.0倍延伸（下図）のスペクトル

レーション解析を行った結果，このスペクトル変化は分子鎖の角度分布に広がりがあったものが延伸方向に配向し，揃ったためと考えられる。

X線回折の結果より，これら延伸サンプルの結晶化度にほとんど違いがなく，配向している成分が結晶成分よりも多いため，非晶成分の配向も延伸により生じていることが確認された。

実サンプルにて，2.5倍以上延伸されたものは加水分解性が低下しており，分子鎖，とくに加水分解の影響を受けやすい非晶の配向と大きく関係があることが確認された。

固体NMRの配向解析とX線回折の結晶化度より，固体NMRにて観測された配向成分は，結晶のみでなく非晶も存在していることが示唆された。そのため非晶においても分子鎖が延伸方向に延ばされており，分子鎖の動きに違いがあると考えられる。そこで未延伸サンプルと3.0倍延伸したサンプルの違いを調べた。図9にそれぞれのCPMAS測定によるスペクトルを示す。未延伸のPGA繊維は61.6 ppmに非晶成分のtrans-gauche構造のみが観測された。しかし3.0倍延伸したサンプルは62.5 ppmに規則的なall-trans構造と61.6 ppmに非晶成分のtrans-gauche構造が観測され，波形分離によりこれら2成分を分離した。そこで縦緩和時間（T_1）測定を行い，その結果（61.6 ppmのtrans-gauche）を図10に，未延伸（trans-gauche）と3.0倍延伸（all-transとtrans

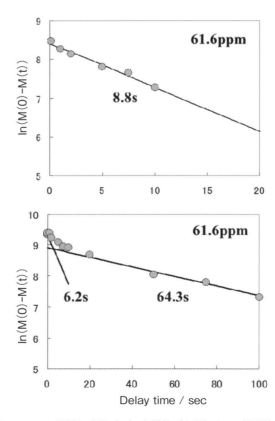

図10　61.6 ppmの縦緩和時間（T_1）未延伸（上図）と3.0倍延伸（下図）

第6章 NMR

表2 縦緩和時間（T_1）の解析結果

	未延伸	3.0倍（62.5 ppm）	3.0倍（61.6 ppm）
緩和成分1			
T_1値	8.8 s	5.1 s	6.2 s
存在比	1.00	0.15	0.20
緩和成分2			
T_1値	—	202.7 s	64.3 s
存在比	—	0.32	0.33

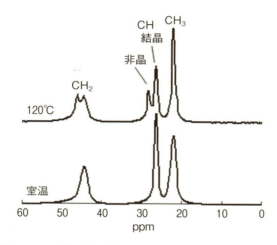

図11　PPの室温（下図）と120℃（上図）のCPMASデータ

-gauche）の縦緩和時間（T_1）を表2に示す。この結果より、3.0倍延伸のtrans-gauche構造の縦緩和時間（T_1）が2成分となり、未延伸とほぼ同じ縦緩和時間以外に64.3 sec.の長い成分（運動性の低い成分）が33％ほど観測された。これは延伸により分子鎖が配向したため、運動性が低下した成分が生じたと考えられる。

また62.5 ppmのall-trans構造について、202.7 sec.の極めて縦緩和時間（T_1）の長い成分は、結晶部と考えられる。同じサンプルをX線回折により解析した結晶化度とほぼ同じ値を示した。

次にアイソタクチックポリプロピレン（PP）の温度変化測定の結果を図11に示す。PPも結晶性高分子であり、昇温によりPPの非晶部の分子運動性が高くなり、シャープなスペクトルが観測される。このことにより結晶部と非晶部が明確に分離され、それぞれの比率や運動性の比較などが可能となる。また温度可変測定により、さまざまな温度における高分子の状態の変化が調べられる。

1.4　まとめ

固体NMRは熱硬化性樹脂などの溶媒に溶けないサンプルの化学構造を調べる手段のみでなく、

分子運動性や分子鎖の配向まで調べることが可能である。高分子材料は延伸，温度などのさまざまな条件下にて高分子の状態が変化する。それら状態における物性などの材料特性についての要因を調べるには，それに応じた測定手法を選択して，得られたデータと物性との関係性を検討することができる。

　また固体NMR分野は，技術的な発展が進んできており，特に固体高分解能NMRについて，今まで見えなかったものが，高磁場化やサンプル回転を100 kHzくらいの高速にすることにより，可能となってきている。たとえば高速回転では，双極子相互作用の影響で観測できなかったプロトンやフッ素核の測定もできるようになってきている。その技術により極少量サンプル，たとえばプロトン観測により材料界面領域の微量な部分の構造変化，フッ素観測により特殊なサンプル調整や温度を変えることなくフッ素樹脂の構造解析も可能となっている。

文　　献

1) 安藤勲編，高分子の固体NMR，講談社サイエンティフィック（1994）
2) 斉藤肇，森島績編，高分解能NMR，東京化学同人（1987）
3) 安藤勲ほか編，NMRの応用，第5版実験化学講座8，丸善出版（2006）
4) M. Mehring, High Resolution NMR in Solid, Springer（1983）
5) 西岡利勝，寶崎達也編，プラスチック分析 入門，丸善出版（2011）
6) H. Uehara, T. Yamanobe, T. Komoto, *Macromolecules*, **33**, 4861（2000）
7) R. A. Assink, *J. Polym. Sci.: Polym. Phys. Ed.*, **15**, 59（1977）
8) 関根素馨，青木正義，ネットワークポリマー，**19**(1), 11（1998）
9) M. Ito, K. Kaneko, J. Sawanobori, H. Hori, 日本ゴム協会誌，**76**, 81（2003）
10) H. Iwabuki, K. Nagata, T. Noguchi, E. Yamada, 日本ゴム協会誌，**75**, 469（2002）
11) S. Sekine, W. Sakiyama, K. Yamauchi, T. Asakura, *Polym. J.*, **41**, 58（2009）
12) S. Sekine, K. Yamauchi, A. Aoki, T. Asakura, *Polymer*, **50**, 6083（2009）
13) S. Sekine, H. Akieda, I. Ando, T. Asakura, *Polym. J.*, **40**, 10（2008）
14) S. Sekine, A. Aoki, T. Asakura, 高分子論文集，**67**, 57（2010）

2 固体NMRによるプロトン導電性物質の状態解析

水野元博*

2.1 はじめに

固体プロトン導電性物質においては、水素結合を介したGrottuss機構によってプロトンが伝導し、分子の回転運動はプロトン伝導の重要な役割を果たしていることが多い。無加湿燃料電池の電解質材料において、水よりも耐熱性のあるプロトンキャリヤーとしてイミダゾールおよびその誘導体が興味を持たれている。これまで、イミダゾールおよびその誘導体とホスホン酸基、スルホン酸基、カルボキシ基などを有する分子を用いた固体高プロトン伝導材料の開発が数多く行われてきた[1〜5]。イミダゾールにおいては、図1のように分子の回転運動と水素結合内のプロトン移動が結びついたGrottuss機構により高いプロトン伝導性が得られると考えられている[6]。また、材料のプロトン伝導性は、プロトンの長距離の移動によるものであるから、伝導パスに速いプロトン移動が起こる領域があっても、その一部にプロトン移動の遅い領域があると、材料としては低いプロトン伝導率を示すことになる。そこで、プロトン導電性物質の開発においては、固体NMRを用いて、材料内のプロトンキャリヤーとなる分子の水素結合状態と運動性、およびプロトン伝導性を抑えるプロトン移動の遅い領域の環境とその割合などを解析することが重要となる。本稿では、固体NMRによるイミダゾールを用いた固体プロトン導電性物質の状態解析について紹介する。

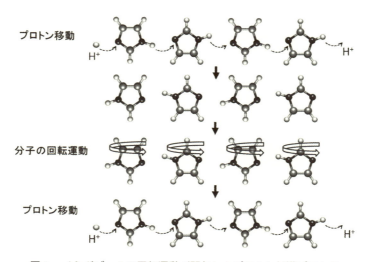

図1 イミダゾールの回転運動が関与したプロトン伝導プロセス

---

* Motohiro Mizuno 金沢大学 理工研究域 物質化学系 大学院自然科学研究科 物質化学専攻 教授

2.2 ^{2}H NMR
2.2.1 ^{2}H NMRのスペクトル解析

^{2}H は核スピン1であるから，核四極子相互作用による広幅なNMRスペクトルとなる。^{2}H NMR法においては，試料のマジック角回転（MAS）などの高分解能のテクニックを使わない，広幅スペクトルが分子運動の解析に有効である。図2に^{2}H NMRスペクトルの測定に用いる，四極子エコー法とQuadrupolar Carr-Purcell-Meiboom-Gill（QCPMG）法のパルス系列を示す[7,8]。図3(a)に四極子エコー法による^{2}H NMR広幅スペクトルの例を示す。分子運動の影響を受けないとき，^{2}H NMRスペクトルは，核四極子相互作用の影響を受け，左右対称な2本のピークを持った特徴

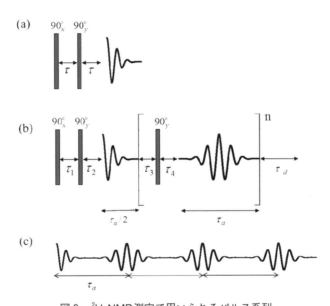

図2　^{2}H NMR測定で用いられるパルス系列
(a)四極子エコー法，(b)Quadrupolar Carr-Purcell-Meiboom-Gill（QCPMG）法，(c)QCPMG法で得られる信号

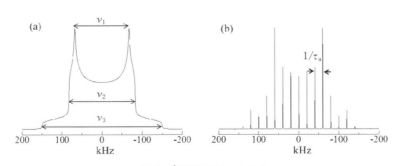

図3　^{2}H NMRスペクトル
(a)広幅スペクトル（$e^2qQ/h = 200\,\text{kHz}$，$\eta = 0.1$）　$\nu_1 = \dfrac{3e^2qQ}{4h}(1-\eta)$，$\nu_2 = \dfrac{3e^2qQ}{4h}(1+\eta)$，$\nu_3 = \dfrac{3e^2qQ}{2h}$，(b)QCPMGスペクトル（$e^2qQ/h = 200\,\text{kHz}$，$\eta = 0.1$）

的な線形（Pakeパターン）を示す．2本のピークの間隔は，四極子結合定数（e^2qQ/h），非対称パラメータ（η）に依存する．炭素に結合した重水素では，e^2qQ/hは165～180 kHz程度となり，ピークの間隔は110～120 kHzになる．また，酸素と結合した重水素では，e^2qQ/hは180～250 kHzの値となり，ピーク間隔は120～166 kHz程度になることが多い．O-H⋯O，O-H⋯Nなどの水素結合が強くなるとe^2qQ/hは小さくなる[9]．ηは四極子相互作用の軸対称からのズレを表し，0～1の値を取る．四極子相互作用が軸対称のとき$\eta=0$となり，非対称性が増すにつれて値は大きくなる．ηの値は周りからの相互作用や分子の小角振動などの影響を受けるが，-C-H，-N-H，-O-Hなどの重水素ではηは0に近い値になることが多い．

分子運動が起こると核四極子相互作用が平均化され，分子構造や運動モードに依存した特徴的な線形を示す．図4にn回対称軸周りにX-^{2}H（X：C，O，Nなど）軸の回転が高速で起こったときのシミュレーションスペクトルを示す．分子運動が起こっていないときのe^2qQ/h，ηをそれぞれ200 kHz，0とし，重水素が隣の位置に移る速さを10^8 Hzで計算している．θは回転軸とX-^{2}H軸とのなす角を表す．回転の速度が非常に速いとき，$n\geq3$の回転におけるスペクトルの線形は等しく，Pakeパターンとなる．θが54.7°に近づくにつれて2本のピークの間隔は狭まり，$\theta=54.7$°のときはシャープな1本のピークとなる．$n=2$のときは$n\geq3$とは異なった線形になる．θが54.7°に近づくにつれてηが大きな線形になる．θが54.7°付近の線形は，水分子が速い180°フリップを起こしているときに見られる．

図5に見られるように，分子運動が10^4～10^6 Hzの速さのとき，^{2}H NMRスペクトルは分子運動の速さに依存した特徴的な線形を示す．

図3(b)に^{2}H NMRのQCPMGスペクトルを示す．QCPMGスペクトルはシャープなピークの集まりとなる．分子運動が起こるとスペクトルの線形や個々のピークの線幅が変化する．広幅スペクトルでは10^3や10^7 Hzのオーダーの分子運動の速さを決定するのは困難である．これに対し，QCPMGスペクトルの個々のピークの線幅は，分子運動が10^3や10^7 Hzの速度領域でも変化するため，分子運動の速さが決定できる．

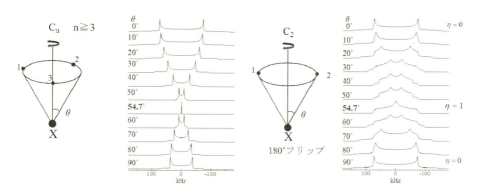

図4　1軸周りの速い回転運動が起こったときの^{2}H NMRスペクトル
静止状態の$e^2qQ/h=200$ kHz，$\eta=0.0$；サイト間の飛び移りの速さ：10^8 Hz

産業応用を目指した無機・有機新材料創製のための構造解析技術

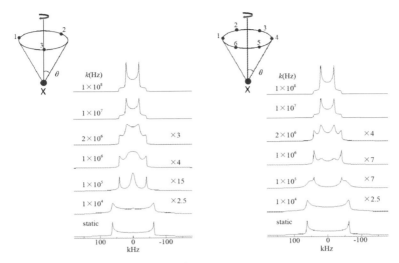

図5　分子運動による^{2}H NMRスペクトルの線形変化

静止状態の$e^2qQ/h=170$ kHz, $\eta=0.0$；$\theta=70$，(a) 3回軸周りの回転（3サイトジャンプ），(b) 6回軸周りの回転（6サイトジャンプ），k：サイト間の飛び移りの速さ

2.2.2　^{2}H NMRによるプロトン導電性高分子の解析

ポリビニルホスホン酸（PVPA）とイミダゾール（Im）の複合体PVPA/xIm（xはPVPAの繰り返しユニットに対するImのモル比）（図6）におけるプロトン伝導性とイミダゾールの回転運動との関係を^{2}H NMR法によって解析した結果を示す[10]。PVPA/xImにおいては，$x≧2$でプロトン伝導度が大幅に増大し，130℃付近では10^{-3}S/cmのオーダーのプロトン伝導率を示す[3,4]。測定試料は，Imの炭素と結合した水素のみを重水素化したPVPA/2Im-d_3を用いた。図7にPVPA/2Im-d_3における30℃以上での^{2}H NMRスペクトルの温度変化を示す。広幅スペクトルは温度上昇に伴い，0 kHz付近のシャープな成分の強度が増大していった。この結果は，試料内でIm分子の等方回転運動が起こっていることを示している。

図8(a)，(b)に分子の等方回転運動の速さと^{2}H NMRスペクトルの線形の関係を示す。

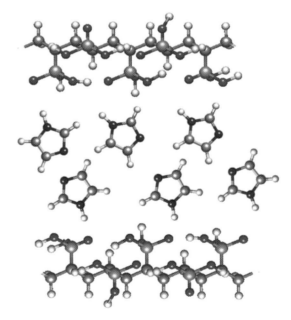

図6　PVPA/xIm

第6章 NMR

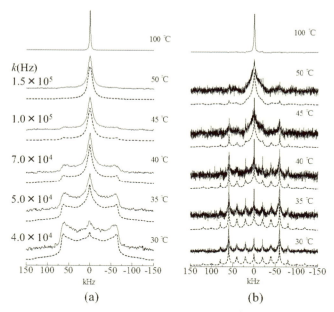

図7　PVPA/2 Im-d_3の^{2}H NMRスペクトルの温度変化（共鳴周波数45.282 MHz）
破線：シミュレーション，k：中間領域の等方回転運動の速さ

分子の等方回転運動を忠実に再現するためには，非常に多くのサイト間のジャンプを計算しなければならず困難である。通常は，図4のn回軸周り（n≧3）の回転で$\theta=54.7°$として計算するか，正四面体の4サイト間のジャンプを仮定してシミュレーションを行う。図8のシミュレーションでは正四面体の4サイト間のジャンプモデル（$\beta'=109.5°$）を用い，$e^2qQ/h=176$ kHz，$\eta=0$とした。このシミュレーションでは50℃のブロードなQCPMGスペクトルを再現することはできなかった。このブロードなQCPMGスペクトルの線形は，Imの回転運動に異方性が僅かに残っていることを示している。図8(c)にImの分子平面内の回転的振動によるQCPMGスペクトルの線形変化のシミュレーションを示す。QCPMGの実測スペクトルと比較するとPVPA/2 Im-d_3にImの回転的振動成分が存在することがわかる。50℃以下の実測スペクトルは単一の運動成分では再現することができず，図9のように，速い等方回転運動（$>10^6$ Hz）の成分，中間領域の速さ（$10^4\sim10^5$ Hz）で等方回転運動している成分，等方回転運動が抑えられ回転的振動のみが起こっている成分が存在することがわかる。ここで，中間領域の速さの等方回転運動のシミュレーションでは，異方性を再現するため，図8のβ'を118°として計算した。図7の破線は，これら3つの成分を重ね合せたスペクトルのシミュレーションである。シミュレーションスペクトルのフィッティングにより，各温度で3つの成分の存在比と中間領域の速さで等方回転運動している成分の速さが見積もられた。中間領域の速さのImは30℃以上で全体の9割以上を占める。速い等方回転運動の成分は0.2％以下であった。温度上昇と共に回転的振動成分が減少し，60℃以上ではPVPA/2 Imの全てのImが等方回転運動していることがわかった。PVPA/2 Imのプロトン伝導

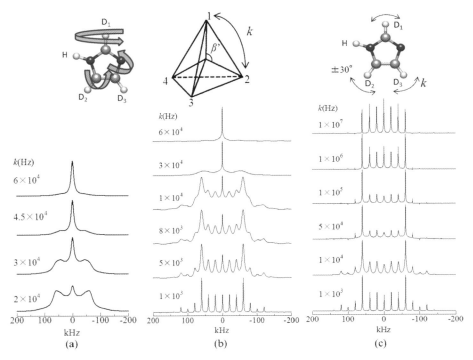

図8　分子運動による^{2}H NMRスペクトルの線形変化
(a)等方回転運動による広幅スペクトルの線形変化, (b)等方回転運動によるQCPMGスペクトルの線形変化, (c)回転的振動によるQCPMGスペクトルの線形変化

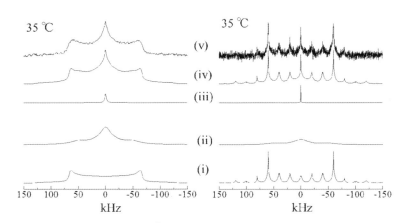

図9　3成分による^{2}H NMRスペクトルのシミュレーション
(i)等方回転運動が起こってない回転的振動成分, (ii)中間領域の速さの等方回転運動成分, (iii)速い等方回転運動成分, (iv)(i)〜(iii)の重ね合わせ, (v)実測スペクトル

第6章 NMR

率は低温から60℃付近までは，温度上昇と伴に急激に増大するが，60℃以上では温度変化の傾きは緩やかになる。60℃以下でプロトン伝導率の温度変化から活性化エネルギーを見積もると90 kJ/mol程度になる。この値は，中間領域の速さのImの等方回転運動の活性化エネルギー（59 kJ/mol）よりもかなり大きい。これらの結果は，60℃以下では複合体中に存在するImの運動性の低い領域が長距離のプロトン伝導の妨げになっており，温度上昇に伴うこの領域の運動性の向上がプロトン伝導性の向上に繋がっていることを示している。同様の解析をPVPA/1 Imについて行ったところ，PVPA/2 ImのほうがPVPA/1 ImよりもImの等方回転運動が速く，回転的振動成分も少ないことが分かった。このような複合体内部の状態の違いが，プロトン伝導性の大きな違いの原因になっていると考えられる。

　上述の3成分による解析は，複合体内の運動状態の大枠を捉えるのに有効であるが，実際には，ポリマー試料においては内部構造に広い分布が存在し，Imの運動性にも広い分布があることが予想される。PVPA/xImの^{2}H NMRスペクトルは等方回転運動の速さに分布を取り入れたシミュレーションでも再現することができる。図10(a), (b)は広幅スペクトル，(c), (d)はQCPMGスペクトルである。シミュレーションではImの回転的振動を考慮していないので，QCPMGスペクトルの個々のピークのブロードニングは再現できていないが，それ以外は実測とよく一致している。^{2}H NMRスペクトルの強度は分子運動の速さによって大きく変化する。図10(e)に(b)と(d)のシミュレー

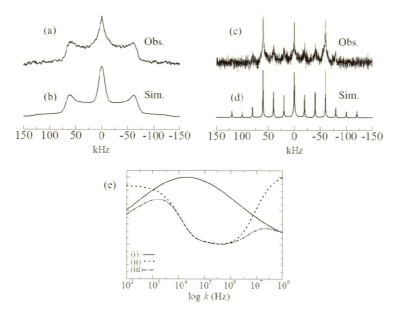

図10　PVPA/2 Imの ^{2}H NMRスペクトル（35℃）と等方回転運動の速さに
　　　分布を取り入れたスペクトルシミュレーション
(a)広幅スペクトル（実測），(b)広幅スペクトル（シミュレーション），(c)QCPMGスペクトル（実測），(d)QCPMGスペクトル（シミュレーション），(e)(i)等方回転の速さの分布（ガウス分布），(ii)等方回転による信号強度の減衰因子の分布，(iii)(i)と(ii)を合わせた信号強度の分布

ションで用いた等方回転運動の速さの分布(i)，等方回転運動による信号強度の減衰因子(ii)，これらを取り入れたスペクトルの強度(iii)を示す。等方回転運動の速さが10^4～10^6Hzのとき，スペクトルの信号強度が著しく減衰することがわかる。そのため，実際には10^4～10^5Hzの速さのImが最も多く存在しているにもかかわらず，スペクトルには，それよりも遅い（～10^3Hz）成分と速い成分（～10^7Hz）が強調されている。

^{2}H NMRスペクトルは60℃以上ではシャープな1本のピークとなり，スペクトルの線形から分子運動の速さを解析するのが困難となる。このような温度領域では，^{2}H NMRのスピン―格子緩和時間（T_1）による解析が有効である。図11にT_1の温度変化を示す。等方回転運動によるT_1は(1)式で表される。

$$T_1^{-1} = \frac{3\pi^2}{10}\left(\frac{e^2qQ}{h}\right)^2\left(1+\frac{\eta^2}{3}\right)\left[\frac{\tau}{1+\omega_0^2\tau^2}+\frac{4\tau}{1+4\omega_0^2\tau^2}\right] \quad (1)$$

ここで，τは等方回転運動の相関時間，ω_0（$=2\pi\nu_0$）は^{2}Hの共鳴周波数を表す。T_1は温度上昇に伴い減少しており，分子運動の速さが共鳴周波数よりも遅い領域（$\omega_0\tau \gg 1$）であることがわかる。このとき，τは

$$\tau = \frac{3\pi^2}{5}\left(\frac{e^2qQ}{h}\right)^2\left(1+\frac{\eta^2}{3}\right)T_1\frac{1}{\omega_0^2} \quad (2)$$

と表される。T_1からτを見積もると10^{-8}sのオーダーとなった（図11）。また，等方回転運動の活性化エネルギーを見積もると25 kJ/molとなり，低温領域で得られた等方回転運動の活性化エネルギーより低い値となった。これらの結果は，高温ではPVPAのフレキシビリティーが向上することでImの運動性も向上することを示唆している。また，高温のプロトン伝導率から得られた活性化エネルギーはT_1から得られた等方回転運動の活性化エネルギーと同程度の値となった[4]。Imの等方回転運動でプロトン伝導が支配されているとき，τとプロトン伝導率σの間には(3)式が成り立つ。

$$\sigma = \frac{nq^2l^2}{2\tau k_B T} \quad (3)$$

ここで，n，qはそれぞれプロトンキャリヤーの数密度と電荷を表す。lはImの等方回転運動に伴うプロトンの平均移動距離，k_BとTはBoltzmann定数と温度を表す。T_1から得られたτを用いて，(3)式よりプロトン伝導率を求めると実測値とオーダーが一致した。以上から，PVPA/xImにおいては高温ではImの等方回転運動がプロトン伝導を支配していることが明らかになった。

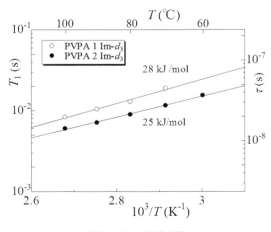

図11　T_1の温度変化

2.3　^{13}C NMR

　^{13}C NMRを用いたイミダゾールの状態解析について紹介する。バルクのイミダゾールおよびコハク酸イミダゾール結晶の固体高分解能^{13}C NMRスペクトルをそれぞれ図12, 13に示す[11]。^{13}Cの共鳴周波数は74.175 MHzである。試料のマジック角回転（MAS）の速度は4 kHz，クロスポーラリゼーション（CP）の周波数は30 kHz，^{1}Hデカップリングの周波数は40 kHzとした。バルクのイミダゾールでは，C1, C2, C3のピークがそれぞれ136, 127, 115 ppmに観測された。コハク酸イミダゾリウム結晶において33℃では135, 122, 120 ppmにイミダゾールのピークが観測された。結晶中イミダゾリウムイオンとして存在しているためC2とC3のピーク間隔はバルクのイミダゾールと比べて非常に狭まっている。温度が高くなるとC2とC3のピークはブロードになり，さらに高温では1本のピークになった。これは，イミダゾリウ

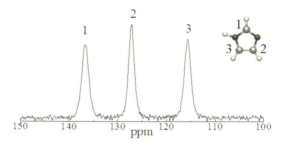

図12　バルクのイミダゾールの^{13}C {^{1}H} CP/MAS NMRスペクトル

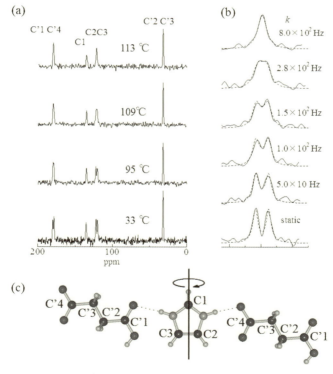

図13　コハク酸イミダゾリウム結晶における^{13}C {^{1}H} CP/MAS NMRスペクトル
(a)全体，(b)イミダゾール部分の拡大（破線はピーク間の交換を仮定したシミュレーション），(c)結晶内のイミダゾールの180°フリップ

ムイオンの180°フリップ運動によるものである。図13の破線は、2本のピーク間の交換のシミュレーションである。シミュレーションからイミダゾリウムイオンの180°フリップの速さを見積もることができ、活性化エネルギー180 kJ/molが得られた。

2.4 ³¹P NMR

リン酸やホスホン酸を用いたプロトン伝導物質においては、^{31}P NMRスペクトルは局所構造解析やダイナミクスの解析に役立つ。PVPA/xImにおける固体高分解能^{31}P NMRスペクトルを図14に示す[10]。^{31}Pの共鳴周波数119.4 MHzである。試料のマジック角回転（MAS）の速度は4 kHz、クロスポーラリゼーション（CP）の周波数は30 kHz、^{1}Hデカップリングの周波数は40 kHzとした。また、スピニングサイドバンドを消去するためTOSS法を用いた[12]。PVPA単体のスペクトルにおいて、32 ppmのメインのピークの高磁場側にショルダーピークが見られる。このショルダーは、ホスホン酸の脱水縮合成分の存在を表している。PVPA/1 ImおよびPVPA/2 Imではメインピークが高磁場に4 ppmシフトしており、複合体中でホスホン酸とイミダゾールが相互作用していることがわかる。また、PVPA単体で観測されたショルダーは、複合体では観測されず、イミダゾールを取り込むことによりホスホン酸の脱水縮合が妨げられることがわかる。メインピークの線幅（全半値幅）に注目すると、室温付近ではどの試料も線幅は等しく9.1 ppmであった。100℃では、PVPAとPVPA/2 Imの線幅は6 ppm程度まで減少した。線幅の減少は、高温でホスホン酸部分の運動性が向上していることを示している。これに対し、PVPA/1 Imでは線幅は8.6 ppmとなり僅かな減少しか見られず、他の2つの試料ほどホスホン酸部分の運動性が向上していないことがわかる。PVPA/1 Im の運動性が低いことは、PVPA/1 Imのガラス転移温度が

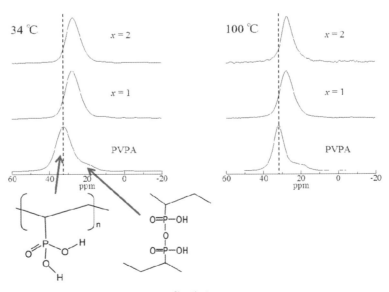

図14　PVPA/xImにおける^{31}P {^{1}H} CP/MAS NMRスペクトル

PVPAやPVPA/2Imに比べて高いこととも結びつく[3]。これらの結果は，PVPAに少量のイミダゾールが加わるとイミダゾールを介してPVPAの高分子鎖が結びつき高分子鎖の動きが抑えられるが，過剰のイミダゾールが存在すると逆に高分子鎖間の結びつきを弱めることになり，高分子鎖の運動性が向上するためと考えられている。

2.5 おわりに

^{2}H NMRの測定においては，重水素の天然存在比（0.015％）が極めて低いことから，試料の重水素化が必要で，試料調製に手間がかかる。しかしながら，^{2}H NMRスペクトルの線形解析を行うことで，固体材料内の分子運動のモードや速さの情報を得ることができ，^{1}H NMRよりも詳細な分子運動の解析ができる。また，部分重水素化により，機能と関係した部分を選択的に測定することもできる。固体プロトン導電性物質の開発において分子の運動性の情報は重要であり，是非この手法を試して頂きたい。

謝辞

本研究はJSPS科研費23310063，26286002の助成を受けたものです。

文　　献

1) S. Bureekaew et al., *Nature Mater.*, **8**, 831 (2009)
2) S. Ü. Çelik et al., *Prog. Polym. Sci.*, **37**, 1265 (2012)
3) F. Sevil et al., *J. Phys. Chem. Solids*, **65**, 1659 (2004)
4) M. Yamada et al., *Polymer*, **46**, 2986 (2005)
5) M. Yamada et al., *Polymer*, **45**, 8349 (2004)
6) A. Kawada et al., *J. Chem. Phys.*, **52**, 3121 (1970)
7) 北川進ほか，多核種の溶液および固体NMR，p.42，三共出版（2008）
8) F. H. Larsen et al., *Chem. Phys. Lett.*, **292**, 467 (1998)
9) A.Weiss et al., Advanced in Nuclear Quadrupole Resonance, vol.4, ed. by J. A. S. Smith, p.149, Heyden (1980)
10) M. Mizuno et al., *Macromolecules*, **47**, 7469 (2014)
11) T. Umiyama et al., *Chem. Lett.*, **42**, 1323 (2013)
12) W. T. Dixon, *J. Chem. Phys.*, **77**, 1800 (1982)

第7章　数値解析

1　第一原理計算の基礎と構造解析への応用

溝口照康*

1.1　はじめに

　第一原理計算では，バンド構造や化学結合に加え，空孔やドーパントなどの格子欠陥の構造や形成エネルギーも算出することができ，現代の物質の構造解析にとって不可欠な手法となっている。

　一方で，世の中にはWIEN 2 kやCASTEP, VASP, abinitやPhase, Quantum-Espressoなど，様々な名称を冠した第一原理計算コードが存在している。さらに，密度汎関数理論（DFT）やハイブリッド汎関数，局所密度近似（LDA）や一般化勾配近似（GGA），擬ポテンシャル法や分子軌道法などの難解な専門用語があふれ，どのコードをどのように使えばよいか迷うことも多い。第一原理計算は「実験的なパラメーターを用いない計算法」である一方で，多くの近似が用いられている。また，各コードが採用している近似や方法によって計算の得手不得手が決まる。研究の目的に合わせて適切なコードを選択して構造解析に使用するためには，第一原理計算の中身をある程度理解する必要がある。

　本稿では第一原理計算の基礎を述べたのちに，それらを使った空孔形成エネルギーと拡散エネルギーの計算例について述べ，最後に，第一原理計算と原子分解能計測を用いた材料解析の研究例について述べる。

1.2　第一原理計算法の基礎

1.2.1　第一原理計算の基礎の基礎[1]

　電子構造を計算するためには電子や原子核などの粒子の運動を定量的に求める必要がある。このような微視的な粒子の運動は量子論における波動方程式

$$H(\{r_i\}, \{R_k\})\Phi(\{r_i\}, \{R_k\}) = E\Phi(\{r_i\}, \{R_k\}) \tag{1}$$

によって記述される。ここで$\{r_i\}, \{R_k\}$はそれぞれ電子および原子核の座標であり，Hはハミルトニアン，Φは波動関数系，Eは系の全エネルギーを表す。物質が原子核と電子から構成されていると考えるとハミルトニアンHは次のように書ける。

$$H = T_e + T_n + V_{ee} + V_{nn} + V_{en} \tag{2}$$

---

*　Teruyasu Mizoguchi　東京大学　生産技術研究所　准教授

第7章　数値解析

ここで T_e, T_n はそれぞれ電子と原子核の運動エネルギー，V_{ee}, V_{nn}, V_{en} は電子—電子間，原子核—原子核間，電子—原子核間のポテンシャルエネルギーである．つまり，(1)の波動方程式は運動エネルギー＋ポテンシャルエネルギー＝全エネルギーという，エネルギー保存則をあらわしていることがわかる．上記の方程式(1)，(2)は電子・原子核の運動を同時に取り扱っているが，これを直接解くことは困難である．そこで，通常は原子核の運動エネルギーが電子のそれと比べて非常に小さいことに基づいて原子核の運動エネルギーを無視する近似を行う．すなわち，原子核の座標 $\{R_k\}$ は固定されているものとして，電子系のみの波動方程式

$$H_e(\{r_i\},\{R_k\})\Phi_e(\{r_i\})=E(\{R_k\})\Phi e(\{r_i\}) \tag{3}$$

を解けばよい．ここで，$H_e = T_e + V_{ee} + V_{nn} + V_{en}$ は電子系のハミルトニアンと呼ばれるが，原子核—原子核間，電子—原子核間のポテンシャルエネルギーを含む点に注意されたい．このような近似を Born-Oppenheimer 近似と呼ぶ．この Born-Oppenheimer 近似はほぼすべての第一原理電子状態計算で用いられている近似法である．この近似により，電子系の波動方程式[3]を解けばよいということになる．(3)の解法には，波動関数の関数形を規定して解いていく方法と，電荷密度を変数として解いていく方法の2種類がある．化学の分野で用いられている Hartree-Fock 法や Configuration Interaction (CI) 法は前者に，固体物理の分野で広く利用されている密度汎関数理論 (Density functional theorety：DFT) に基づく計算法は後者にあたる．

1.2.2　密度汎関数理論（DFT）

Hartree-Fock 法，CI 法では厳密な多電子系ハミルトニアン H_e に対して，波動関数 Φ_e の形を仮定して波動方程式を解くが，固体の第一原理計算で広く用いられている密度汎関数 (Density Functional Theory：DFT) 法では，波動関数を直接扱うことなく電子密度を基本変数として計算を行っている．DFT 法は Hohenberg と Kohn が証明した以下の2つの定理が基礎となっている[2]．

　定理①：基底状態の波動関数と電子—原子核間ポテンシャル（外場ポテンシャル）は電子密度で一意的に決まる．

　定理②：基底状態の電子密度の際にエネルギー汎関数が最小値をとる．

この Hohenberg-Kohn の定理①は「全エネルギーが電子密度の汎関数として与えられる」ということを，定理②は「最小な全エネルギーを与える電子密度が基底状態の電子密度と一致する」ということを示しており，DFT 法では高々3次元の関数である電子密度について全エネルギーを最小化すれば良いことになる．これは，全エネルギーを最小とする $3n$ 次元の波動関数を求めるのと比較して圧倒的に少ない計算量で，基底状態を求めることができるという点で画期的な理論である．

しかしながら，Hohenberg-Kohn の定理に基づいて作成されるエネルギー汎関数は多体効果を含んでいる．そこで Kohn と Sham は（仮想的な）相互作用のない参照系の運動エネルギー汎関数を用いることにより，複雑な多体効果を「交換相関ポテンシャル」と称される項に押し込み，さらにその交換相関ポテンシャルを局所的な電子密度で近似することにより一電子方程式を導いた[3]．

この一電子方程式がKohn-Sham方程式である。ここでいう交換相関ポテンシャルというのは交換ポテンシャルと相関ポテンシャルをひとまとめにした項である。

　この交換相関ポテンシャルは，複雑な電子間の多体効果を押し込めた項であり，その厳密な表式は得られていない。実際の計算ではこの交換相関ポテンシャルにかなり大胆な近似を用いている。よく用いられる近似としては，交換相関ポテンシャルを局所的な電子密度の関数として表す局所密度近似（Local Density Approximation：LDA），さらに電子密度とその勾配の関数として近似する一般化勾配法（Generalized Gradient Approximation：GGA）が挙げられる。LDA/GGAでは相互作用の無い一様電子モデルを仮定して交換相関ポテンシャルを計算している。つまり，DFTにおけるLDA/GGAでは複雑な多体効果を交換相関ポテンシャルに押し込んだのち，一様電子モデルを仮定して交換相関ポテンシャルを近似的に計算している。LDA/GGA計算が物質のバンドギャップを過小評価することが良く知られているが，それはこの一様電子モデルを仮定していることが主な原因である。

　Kohn-Sham方程式を解くためには基本変数となる電子密度を求める必要があるが，電子密度を決めるポテンシャル（Kohn-Shamポテンシャルという）自身も電子密度の汎関数で与えられる。そのため自己無撞着（Self Consistent Field：SCF）計算を行う。具体的には，

① 適当（適切）な電子密度 $\rho_{(i)}$ を与える。
② 電子密度 $\rho_{(i)}$ を用いてKohn-Shamポテンシャルを求める。
③ Kohn-Sham方程式から一電子波動関数 ϕ_i を求める。
④ ϕ_i の二乗から電子密度 $\rho_{(i+1)}$ を求める。
⑤ 電子密度 $\rho_{(i)}$ と $\rho_{(i+1)}$ との一致具合を判断。一致なら終了で不一致なら改良した電子密度を用いて②からやり直す。

というような反復計算を行っている。また，電子密度から原子に働く力（Hellmann-Feynman力とPulay力）を計算することも可能である。

1.2.3　第一原理計算の得手不得手

　第一原理計算において波動関数を記述するために使用されている関数（基底関数）の種類によって得手不得手が変化する。

　たとえば平面波のみで波動関数をあらわす平面波基底法（CASTEPコードやVASPコードなど）は，上述のPulay力を計算しなくても良いため，構造緩和や動力学計算を高速かつ高精度に行うことができる。一方で，平面波では原子核に局在した内殻軌道を記述することは困難であるため，CASTEPやVASPでは内殻軌道をあらわには計算していない。内殻軌道まで計算する全電子計算法（WIEN2kなど）では，価電子帯は平面波であらわし，原子核近傍の波動関数は別途局所関数で記述している。全電子計算では内殻軌道が関係する分光スペクトルの理論計算などに使用されている。

　また，化学の分野ではガウス関数やスレーター関数を用いた局在基底が用いられている。基底関数の組み合わせによって原子軌道を作り，その線形結合によって分子軌道を作成する。これが

第7章 数値解析

LCAO（Linear Combination of Atomic Orbitals）法である。LCAO法では波動関数がどの元素のどの軌道で構成されているのかを理解しやすく，Mullikenの化学結合解析などを直接的に行うことが可能になる。一方で，平面波基底ではそのような原子軌道への帰属が困難であり，一般的には平面波基底は化学結合解析が不得意である。

第一原理計算を行う場合は，これら各計算コードの得手不得手を理解し，適切な計算コードを用いる必要がある。

1.3 第一原理計算を用いた欠陥形成に関する研究[4]

次に第一原理計算を用いた材料解析の研究例について述べる。特に，著者の分野で広く用いられているDFT-LDA/GGA法による結果を示す。

前述のように平面波基底を用いることで高精度に構造緩和や全エネルギーの算出が可能になる。そのような特性を生かして，空孔やドーパント，粒界などの格子欠陥の構造や形成エネルギーを計算することができる。ここではペロブスカイト型酸化物として薄膜基板や超格子薄膜に用いられている$LaAlO_3$の空孔形成エネルギーの計算結果について述べる[4]。

図1に示すような菱面体晶構造の$LaAlO_3$の原子空孔形成エネルギーを，第一原理Projector Augmented Wave（PAW）法（VASP code）により求めた。交換相関相互作用はGGAを用いた。まず計算における最安定格子定数を決定した。図1内の表に示すように，DFT-GGAでは実験値より若干格子が大きくなることが知られている。空孔の形成エネルギーは原子が1つ抜ける際に必要なエネルギーであり，以下のような式であらわすことができる。たとえば，チャージqの空孔が形成した際の形成エネルギー（E_f）を考える。

$$E_f = E_T(\text{defect}:q) - \{E_T(\text{perfect}) - n_{La}\mu_{La} - n_{Al}\mu_{Al} - n_O\mu_O\} + q(\varepsilon_F + E_{VBM}) \tag{6}$$

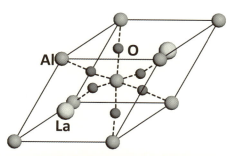

$E_T(\text{defect}:q)$はqに帯電した空孔を導入したスーパーセルの全エネルギーであり，n_{La}, n_{Al}, n_Oは空孔種の数，$\mu_{La, Al, O}$は各元素の1原子あたりの自由エネルギーつまり化学ポテンシャル，ε_F, E_{VBM}はフェルミ準位と価電子帯上端（Valence band maximum）の値である。

原子空孔形成エネルギーについては雰囲気の効果を化学ポテンシャルにより取り入れている。化学ポテンシャルは図2に示すようなLa, Al, Oの三元系状態図を用いて考える。たとえば，点Aでは$LaAlO_3$がLa_2O_3およびOと，点BではAl_2O_3およびOと平衡している。同様に点Dでは$LaAlO_3$が金属LaおよびAlと平衡している。つ

図1　図3の相図の各点における化学ポテンシャル

まり，酸素と平衡している点A，Bは酸化雰囲気であり，金属と平衡している点Dが還元雰囲気に対応している。各点での$\mu_{La, Al, O}$の算出に用いた化学ポテンシャルは以下の表1のようになっている。ここで，Kröger-Vinkの表式では空孔のチャージを「・」や「'」であらわすが，単純のために数字であらわしている。また，DFT-GGAを用いた場合，バンドギャップを過小評価することが知られている。その影響は特に酸素空孔の形成エネルギーに顕著に現れることが知られているため，バンドギャップの補正も行った[4]。

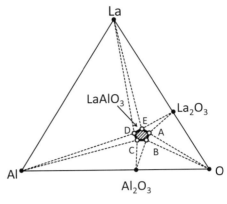

図2　La-Al-O三元系状態図の模式図
$LaAlO_3$の領域は模式的に広めに表示している。

さらに，原子空孔形成エネルギーはスーパーセルサイズに依存することも知られている。特に電荷を帯びた空孔の場合その傾向が顕著である。その依存性を調べるために80～480原子のスーパーセル（ユニットセルの2×2×2倍～4×4×3倍）を用いて計算を行った。図3には酸化雰囲気における欠陥形成エネルギーとスーパーセルサイズの関係を示す。電荷を帯びた欠陥はL^{-1}に線形な依存性を示した。酸素空孔と比較してカチオン空孔のほうがサイズ依存性を示す傾きが大きいことがわかる。カチオン空孔に関しては100原子程度のスーパーセルではサイズ依存性による誤差を大きく含んでいるため，定量的な欠陥形成エネルギーの評価には適さないといえる。これは空孔のチャージが大きいことと，欠陥形成により発生した正孔の分布が非局在であることに起因していることが原因である[4]。

図4に$LaAlO_3$の原子空孔形成エネルギーを示す。すべての雰囲気下で部分ショットキー欠陥が形成されやすいことが明らかとなった。一方で酸素原子およびカチオン原子の単独空孔は形成されにくいことがわかった。これまでに報告されている他のペロブスカイト型酸化物では還元雰囲気においては酸素空孔ができやすいことがわかっている。これらと比較すると，$LaAlO_3$は酸素空孔が形成されにくいことがわかった。このことは還元熱処理後も$LaAlO_3$が無色透明であるという

表1　菱面体$LaAlO_3$の結晶構造と格子定数

	μ_{La}	μ_{Al}	μ_O
A	$\frac{1}{2}(\mu^0_{La_2O_3} - 3\mu^0_O)$	$\mu^0_{LaAlO_3} - \frac{1}{2}\mu^0_{Al_2O_3} - \frac{3}{2}\mu^0_O$	μ^0_O
B	$\mu^0_{LaAlO_3} - \frac{1}{2}\mu^0_{Al_2O_3} - \frac{3}{2}\mu^0_O$	$\frac{1}{2}(\mu^0_{Al_2O_3} - 3\mu^0_O)$	μ^0_O
C	$\mu^0_{LaAlO_3} - \mu^0_{Al_2O_3} + \mu^0_{Al}$	μ^0_{Al}	$\frac{1}{3}(\mu^0_{Al_2O_3} - 2\mu^0_{Al})$
D	μ^0_{La}	μ^0_{Al}	$\frac{1}{3}(\mu^0_{LaAlO_3} - \mu^0_{La} - \mu^0_{Al})$
E	μ^0_{La}	$\mu^0_{LaAlO_3} + \mu^0_{La} - \mu^0_{La_2O_3}$	$\frac{1}{3}(\mu^0_{La_2O_3} - 2\mu^0_{La})$

第7章 数値解析

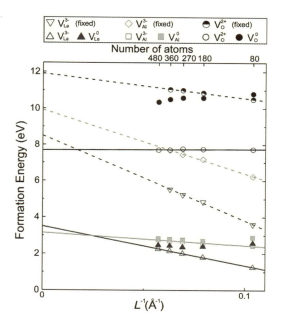

図3　各種欠陥形成エネルギーのスーパーセルサイズ依存性

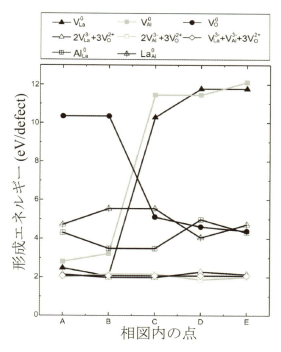

図4　$LaAlO_3$の相図内各点における空孔形成エネルギー
　　　A, Bが酸化雰囲気, Dが還元雰囲気。

実験的事実を整合性よく説明するものである。

最近では様々な化合物のバルク内部や,粒界における空孔形成エネルギーの計算が盛んに行われている[5~11]。またドーパントの固溶エネルギーも計算されており,実験を概ね再現できるような結果が得られている。つまり,第一原理計算を用いることで,実験が困難な格子欠陥の形成挙動や構造をかなり精度よく知ることが可能になっている。

1.4 第一原理計算による拡散活性化エネルギーの研究[12]

原子拡散については各原子空孔が近接位置に移動するためのエネルギーをNudged Elastic Band (NEB) 法により計算した[13]。NEB法では拡散の始点から任意の終点まで原子が移動する過程を計算する手法であり,拡散過程の経路に何点かの構造状態（imageと呼ぶ）を設定し,各構造のエネルギーを算出する。得られたエネルギーをプロットすることで拡散にようする活性化エネルギーを求めることができる。計算ではユニットセルを3×3×3倍した270原子からなるスーパーセルを用いた。平面波の打ち切りエネルギーを500 eVとし,拡散メカニズムに関してはペロブスカイト型酸化物で報告のある欠陥メカニズムを想定した。

図5にはNEB法によって算出した$LaAlO_3$における各原子の拡散エネルギーを示す[12]。拡散エネルギーはそれぞれLa^{3+}は4.20 eV,Al^{3+}は8.54 eV,O^{2-}は0.54 eVであった。また,拡散種のチャージ依存性（La^0,Al^0,O^0）も調べた。その結果,LaやAlではチャージの依存性がほとんど無いのに対し,酸素について大きな依存性を示した。これはO^0の移動先,つまり中性酸素空孔（V_O^0）サイトに電子が局在しており,その欠陥位置に局在した電子と移動する酸素間とのクーロン反発が原因であることが明らかとなった。

また,欠陥形成エネルギーの計算結果から$LaAlO_3$ではショットキー型欠陥の形成が優勢であるがわかっている。そこで,移動原子近傍に他種欠陥が存在する条件での拡散エネルギーを調べた（図6）。その結果,酸素拡散については周辺欠陥にそれほど依存しないのに対し,カチオン拡散は周辺に他種のカチオン空孔が存在することにより大幅に拡散エネルギーが減少することが明らかとなった。たとえば,La^{3+}の拡散エネルギーはAl空孔存在下で4.20→1.60 eVに,Al^{3+}もLa空孔存在下では8.54→4.19 eVまで拡散エネルギーが低下する。これらのことは,材料中の拡散の制御のために原子空孔の制御が重要となることを示すものである。

以上のような計算は様々な化合物で行われており,計算で得られる活性化エネルギーは実験値とかなり良い一致を示してお

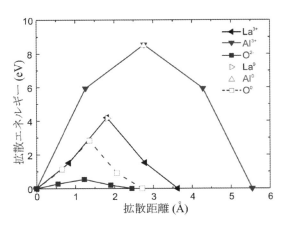

図5　$LaAlO_3$バルク内部における原子拡散エネルギー

第7章　数値解析

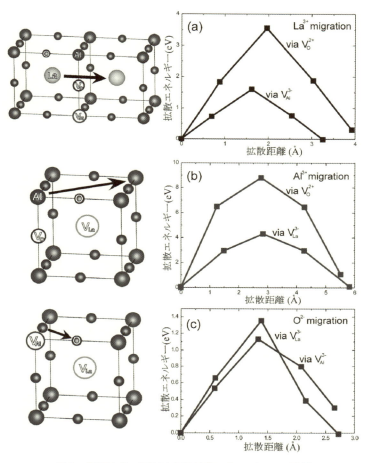

図6　周辺空孔が及ぼす原子拡散エネルギーへの影響

り[13〜16]，計算から実験における拡散メカニズムを特定することも可能になっている[14]。また，超格子や界面など複雑な構造における計算も行われており，実験で知ることが困難な拡散の素過程を解析することのできる重要な手法となっている[15,16]。

1.5　ナノ計測と第一原理計算を融合した人工超格子の解析[17]

SrTiO$_3$をベースにした人工超格子では二次元電子ガスの形成や，巨大熱電特性，超伝導が報告されている[18,19]。それら人工超格子における特異な機能の発現には，各層間の相互拡散（intermixing）を抑制し，原子レベルで急峻なヘテロ界面を作る必要がある。そのintermixingを制御するための方針は多くの研究が行われている一方でいまだ統一的な結論には至っていない。ここではSrTiO$_3$基人工超格子におけるintermixing挙動をSTEM-EELSと第一原理計算によって解析し，拡散制御指針を明らかにした研究について述べる[17]。

図7にはパルスレーザー蒸着（PLD）法によって900℃で堆積したBaTiO$_3$/Nb添加SrTiO$_3$/

SrTiO$_3$人工超格子薄膜のHAADF-STEM像およびBa-M$_{4,5}$端EELSのラインプロファイルを示す。同人工超格子は電気伝導層のNb添加SrTiO$_3$を絶縁層であるBaTiO$_3$とSrTiO$_3$でサンドした構造を有している。同様な構造を有するSrTiO$_3$/Nb添加SrTiO$_3$/SrTiO$_3$人工超格子は，Nb添加SrTiO$_3$層の厚みを非常に薄くすることにより，巨大熱電特性を示すことが知られている[19]。HAADF像の像強度は原子番号Zの約2乗比例するためBaTiO$_3$が明るく，次いでNb添加SrTiO$_3$層，SrTiO$_3$層の順に暗くなっている。Ba-M$_{4,5}$端EELSのラインプロファイルからBaがBaTiO$_3$層だけではなくNb添加SrTiO$_3$層にも存在していることがわかる。このことは薄膜堆積プロセスにおいてBaがNb添加SrTiO$_3$層に拡散していることを示している。さらに興味深いことにBaの拡散はNb添加SrTiO$_3$層のみに生じており，無添加SrTiO$_3$層へは拡散してない。このことからNbの存在がBaの拡散に何かしらの影響を与えていることが予想される。電気伝導を担うNb添加SrTiO$_3$層にBaが存在することによりホール移動度が急激に減少する。つまり，このBaの拡散を抑制することができれば機能を向上することができると考えられる。

このようなヘテロ界面におけるBaの拡散を理解するため，第一原理計算による拡散エネルギーの計算を行った。図8に計算結果を示す。Tiの拡散エネルギーが高く，NbはTiよりさらに拡散しにくいことが分かる。実際に，SrTiO$_3$/Nb添加SrTiO$_3$/SrTiO$_3$人工超格子においてはNbが相互拡散せず，原子レベルで局在していることが確認されている[19]。Baの拡散エネルギーに関しては，Srよりも拡散しにくいもののTiやNbの拡散エネルギーよりも低いためBaがNb添加SrTiO$_3$層に拡散できたと考えることができる。一方で，Baの拡散はNb添加層にのみ生じていた（図7）。Baの拡散に対するNbの影響を調べるために，Nbが存在する状態でのBaの拡散エネルギーを計算した（図8：Ba^{2+}-Nb^{5+}）。その結果，Nbが存在してもBaの拡散エネルギーはほとんど変わらないことが分かる。つまり，拡散エネルギーだけではBaがNb添加層にのみ拡散した実験結果を説明できない。そこで，拡散現象を理解する上で重要なもう一つの因子である空孔形成エネルギーを調べた。無添加SrTiO$_3$とNb添加SrTiO$_3$における空孔形成エネルギーを図9に示す。Nbを添加することにより，カチオンの空孔形成エネルギーが減少していることがわかる。これは，Nbを添加したことによりフェルミ準位が変化することに起因している。Nbは

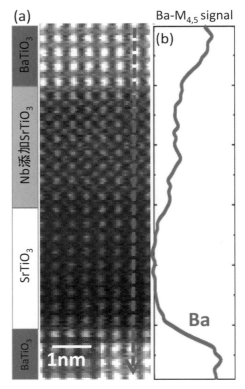

図7　BaTiO$_3$/Nb添加SrTiO$_3$/SrTiO$_3$人工超格子薄膜のHAADF像とHAADF強度

第7章　数値解析

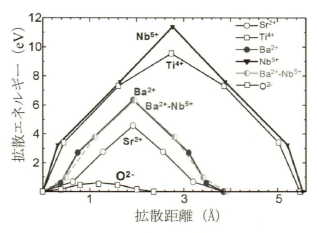

図8　SrTiO₃中における原子拡散エネルギー

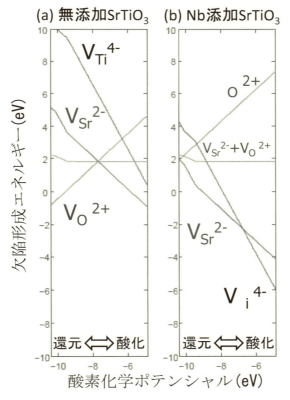

図9　無添加およびNb添加SrTiO₃における空孔形成エネルギーのフェルミ準位依存性

ドナー型のドーパントであるため，Nbを添加することによりフェルミ準位が上昇する。このことによりアクセプター型の欠陥であるカチオン空孔の形成エネルギーが下がるのである。この結果

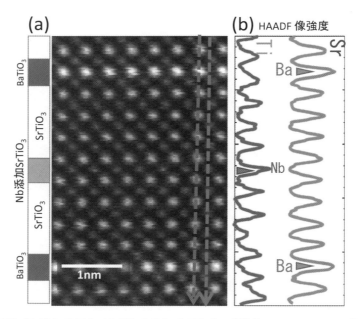

図10　SrTiO$_3$/BaTiO$_3$/SrTiO$_3$/Nb添加SrTiO$_3$/SrTiO$_3$人工超格子のHAADF-STEM像と像強度

は，フェルミ準位を制御することにより人工超格子ヘテロ界面における相互拡散を制御できることを示している。フェルミ準位が高いNb添加層ではSr空孔が存在しているためBaが拡散できるが，無添加SrTiO$_3$層ではSr空孔が存在しておらずBaは拡散できない。

以上の知見からBaの拡散を制御する指針も得られる。図9から無添加SrTiO$_3$層はSr空孔が少なく，Baの拡散を抑制するのに有効であることがわかる。実際に図7のBa-M$_{4,5}$端EELSのラインプロファイルの結果を見直してみるとBaTiO$_3$/Nb添加SrTiO$_3$ヘテロ界面ではBaの拡散が起きているのに対し，下方のSrTiO$_3$/BaTiO$_3$では急峻な界面が形成されていることがわかる。以上の知見から，BaTiO$_3$とNb添加SrTiO$_3$層の両方を無添加SrTiO$_3$層でサンドした"double sandwich"型の人工超格子SrTiO$_3$/BaTiO$_3$/SrTiO$_3$/Nb添加SrTiO$_3$/SrTiO$_3$を作成した。図10にHAADF-STEM像を示す。無添加SrTiO$_3$層を用いることでNb，Baの両方が局在した人工超格子を作成することができた。また，Baの電気伝導層への拡散が抑えられることにより，ホール移動度も減少することなく良好な物性を示すことが明らかとなった[17]。

以上のように，ナノ計測と理論計算を組み合わせることで，局所領域の原子構造や現象を精緻に理解することが可能となり，材料機能を制御するための指針を得ることが可能となる。

1.6　まとめ

本稿では第一原理計算の基礎と，第一原理計算を用いた空孔形成挙動，拡散挙動の理論解析。さらに，ナノ計測と第一原理計算を用いた材料解析について述べた。物質の構造解析においてナ

第 7 章　数値解析

ノ計測と第一原理計算の重要性は近年ますます増しており，これらの結果をまったく含まない学術論文を探すことの方が困難になっている。ナノ計測と第一原理計算の重要性が増す一方で，それらに関する十分な知識がなければ重大な発見を見逃したり，間違った解釈をしてしまう可能性もある。本稿が第一原理計算を始めようとする読者の一助になれば幸いである。

謝辞

本稿を執筆するにあたり，大阪府立大学・池野豪一先生にご助言いただいた。また，本稿で紹介した研究の一部は，東京大学大学院生（当時）・山本貴志氏，北海道大学・太田裕道先生との共同研究である。ここに謝意を表する。

文　　献

1) 例えば小口多美夫著，バンド理論，内田老鶴圃（1999）；R. M. Martin，物質の電子状態 上，下寺倉清之ほか訳，シュプリンガージャパン（2012）；足立裕彦，量子材料化学入門，三共出版（1993）；小無健司，湊和生編アクチノイド物性研究のための計算科学入門，日本原子力学会（2013）
2) P. Hohenberg, W. Kohn, *Phys. Rev.*, **136**, 864 B（1964）
3) W. Kohn, L. J. Sham, *Phys. Rev.*, **140**, 1133 A（1965）
4) T. Yamamoto, T. Mizoguchi, *Phys. Rev. B*, **86**, 094117（2012）
5) H. S. Lee, T. Mizoguchi, J. Mitsui, S. J. L. Kang, T. Yamamoto, Y. Ikuhara, *Phys. Rev. B*, **83**, 104110-1-10（2011）
6) M. Imaeda, T. Mizoguchi, Y. Sato, H. S. Lee, N. Shibata, T. Yamamoto, Y. Ikuhara, *Phys. Rev. B*, **78**, 245320-1-12（2008）
7) H-S. Lee, T. Mizoguchi, T. Yamamoto, S-J-L. Kang, Y. Ikuhara, *Act. Mater.*, **55**, 6535-6540（2007）
8) HS. Lee, T. Mizoguchi, T. Yamamoto, Y. Ikuhara, *Mater. Trans.*, **50**, 977-983（2009）
9) H. Yamaguchi, H. Hiramatsu, H. Hosono, T. Mizoguchi, *Appl. Phys. Lett.*, **104**, 153904-1-5（2014）
10) H. Yamaguchi, T. Mizoguchi, *J. Ceram. Soc. Jpn.*, **122**, 469-472（2014）
11) T. Yamamoto, T. Mizoguchi, *Ceram. Inter.*, **39**, S287-S292（2013）
12) T. Yamamoto, T. Mizoguchi, *Appl. Phys. Lett.*, **102**, 211910-1-4（2013）
13) G. Henkelman, H. Jonsson, *J. Chem. Phys.* **113**(22), 9978（2000）
14) T. Mizoguchi, N. Takahashi, HS. Lee, *Appl. Phys. Lett.*, **98**, 091909（2011）
15) N. Takahashi, T. Mizoguchi, T. Nakagawa, T. Tohei, I. Sakaguchi, A. Kuwabara, N. Shibata, T. Yamamoto, Y. Ikuhara, *Phys. Rev. B*, **82**, 174302-1-5（2010）
16) T. Yamamoto, T. Mizoguchi, *Appl. Phys. Lett.*, **105**, 201604-1-4（2014）
17) T. Mizoguchi, H. Ohta, HS. Lee, N. Takahashi, Y. Ikuhara, *Adv. Funct. Mater.*, **21**, 2258-

2263 (2011)
18) J. Garcia-Barriocanal, A. Rivera-Calzada, M. Varela, Z. Sefrioui, E. Iborra, C. Leon, S. J. Pennycook, J. Santamaria, *Science*, **321** (5889); **676** (2008); Y. Kozuka, M. Kim, C. Bell, B. G. Kim, Y. Hikita, H. Y. Hwang, *Nature*, **462** (7272); **487** (2009)
19) H. Ohta, S. Kim, Y. Mune, T. Mizoguchi, K. Nomura, S. Ohta, T. Nomura, Y. Nakanishi, Y. Ikuhara, M. Hirano, H. Hosono, K. Koumoto, *Nat. Mater.*, **6**(2), 129 (2007)

2 複合材料のFEM解析におけるモデリングとマルチスケール解析

山本晃司*

2.1 複合材料と有限要素解析

本稿では,前節で紹介した第一原理計算よりもスケールの大きい数μm～数mオーダーの物理現象を解析するための数値計算手法である有限要素法（以下FEMと呼ぶ）を用いて,複合材料の微視構造を考慮して実構造物の剛性および強度予測を行う方法について紹介する。

FEMを用いたシミュレーション技術は,主に1960～1970年代に生まれた汎用解析ツールの誕生を皮切りに広く産業界へと普及し,さらに近年の急速な計算機性能の向上とあいまって,その応用範囲もまた広がっている。解析モデルは２Dから３Dへ,単一パーツから複数パーツへ,応力解析から伝熱や電磁場,熱流体などの様々な場の問題へと拡張されてきた。特に,複数の物理現象の支配方程式を連成することで,様々な現象が複雑に絡み合った挙動を正確に予測しようとするアプローチはマルチフィジクス解析と呼ばれ,方法論こそ古くから提案されてきたが,近年になって急速に汎用解析ツールにも取り入れられることで実用化が図られている。

このようなFEM解析技術の進歩は,解析精度およびパフォーマンスの向上を生み出し,解析によるバーチャルな試験の信頼性を高めることとなり,実機による試作・試験を行う前段階で,ある程度の品質検討業務が実施できるようになった。すなわち,解析技術を中心としたフロントローディングの実現である。このように,FEMによる解析は,ものづくりの現場における設計・製造フェーズでは必要不可欠な存在として確固たる地位を築くにいたった。

それでは,さらに上流のフェーズにあたる材料設計や開発の段階でもFEMを活用することはできないのであろうか。FEMは連続体力学を基礎とした学問であるから,原子・分子レベルのスケールで見た不均質性は当然排除しており,それらの集合体をマクロなスケールの物理量で挙動を数学的に表現するための「物性値」という概念を持ち込むことで,材料種の違いを連続体として表現している。あるいは材料の原子・分子構造の違いを表現していると言っても良い。材料物性値とは材料力学の表現でいうとヤング率やポアソン比,熱力学でいうと熱伝導係数などが該当する。これらの材料物性値が既知でなければ,FEM解析から定量的に意味のあるアウトプットを得ることは難しく,あいまいな仮定の入ったあいまいなアウトプットを得ることに留まってしまう。

この点だけを考えると,FEMに新材料の設計・開発に貢献できる場面は無いように思えてしまう。しかしながら,材料組織の中に連続体として表現できる大きさで,異なる種類の材料が混在している場合は,十分にFEMの有効性を見いだすことができる。すなわちFRP（Fiber Reinforced Plastics）に代表される複合材料である。解析対象を複合材料に限定すれば,十分に新規材料の設計・開発にFEMの活用が可能であると考えられる。そして,そのための核となる技術がマルチスケール解析である。そこで本稿では,FEMとの親和性の高い均質化手法をベースとしたマルチス

---

* Koji Yamamoto　サイバネットシステム㈱　メカニカルCAE事業部
　ソリューション開発室　スペシャリスト

ケール解析について，いくつかの解析事例を交えながら，その解析手法の概要と近年の研究的な取り組みについて紹介する。今回は紙面の都合上，具体的な理論展開については割愛する。詳細については，線形問題は参考文献[1~3]を，非線形問題は参考文献[4,5]の論文を参照いただきたい。

2.2 マルチスケール解析の必要性

材料組織をμmオーダーの微視的なスケールで観測した場合，単結晶金属や半導体などは例外として，そのほとんどは不均質な構造を有している。これまでFEMを設計の道具として活用してきた解析技術者は，このような不均質性を認識しながらも，巨視的な材料物性値を材料試験によって取得することで，その不均質性を排除してきた。

マルチスケール解析手法は，不均質性を陰的に排除することなく，微視構造の非均質性を陽的にミクロモデルとして準備して，巨視的なマクロスケールモデルと連成することによって，微視構造内部の不均質なひずみ・応力分布などを評価したり，巨視的な材料物性値を解析的に予測することを可能とするものである。

ミクロモデルによる解析から巨視的な材料物性値を取得する技術は，特に複合材料の開発や設計分野では大変重宝されることが多い。その理由について，金属と複合材料の特徴を比較しながら紹介していきたい。

応用の歴史が古い金属材料では，材料データベースが非常に豊富に存在するため，材料物性値の準備に苦慮することは少ない。一方の複合材料では，材料データベースとしては，日本ではJAXAが，主にCFRPのラミネート材料を対象としてJAXA-ACDBと称してWebに一般公開している例がある[6]。海外に目を向けると，Mil-Hdbk-17やCMH-17と呼ばれるハンドブックが一般公開されており，多くの解析者に活用されているようである。しかしながら，既存の材料データベースの範疇内で解析を実施することは，材料の組み合わせや配置を変えることで材料物性値が自由に制御できるという複合材料特有のメリットを生かすことができない。現に，国際的な工学解析コミュニティのためのアソシエーションであるNAFEMSによる，複合材料を用いたFEM解析技術者に対して行ったアンケート調査では，材料試験による物性値取得を行っている技術者が最も多くの割合を占めている事実が明らかになっている[7]。

実測による物性値取得にも，金属材料とは異なる複合材料ならではの難しさがある。それは材料挙動の異方性である。一般的な等方的な挙動を持つ金属材料の場合，塑性的な影響を考えずに構造解析を実施することを想定すると，必要な材料物性値はヤング率とポアソン比のみで，一軸引張試験のみから取得することが可能であるが，直交異方性になると9個（x,y,z方向の縦弾性係数，xy,yz,xz方向のポアソン比および横弾性係数），さらに完全異方性になると21個もの材料物性値が必要になる。それらを取得するための試験工数も膨大である。本来は実試験の代替用途のための解析が，解析のための実材料試験作業に追われるという本末転倒な状態になりかねない。すなわち，実測技術に依存しない物性値の予測技術の併用が必要不可欠であると考えられる。

第 7 章　数値解析

2.3　均質化解析―解析的手法による巨視的材料物性値の予測―

　解析的な手法を用いて複合材料の巨視的な物性値を予測しようとする試みは，19世紀初頭から様々な分野で試みられてきており，混合体理論やマイクロメカニクスと呼ばれる学問分野として体系化されている。これまでに多種多様な物性値予測アプローチが提案されてきたが，その手法は「等価介在物法」と「均質化法」の2つに大別することができる。両者の特徴の違いについて表1にまとめた。等価介在物法は，不連続な強化材によって強化された複合材料を対象に，強化材の平均的なアスペクト比や配向率などの統計情報を元に準解析的に巨視的な材料物性値を予測する。理論的にはEshelbyによって定式化された楕円介在物の仮定がベースとなっており，簡便に物性予測ができる反面，繊維間の相互作用を厳密に考慮できないため，射出成形などによる不連続な短繊維強化部材の強度予測に用いられることが多かった[8]。

　均質化解析手法では，繊維と母材から構成される微視構造を陽的に定義した有限要素モデルを用いて解析を実施する。表現できるモデル形状に制限はないため，微視構造の形状に依存せず様々な複合材料に対して汎用的に材料物性値を取得することができる。さらに，強化材間の相互作用も考慮されるため，織物や編物などの連続繊維強化材はもちろんのこと，近年，良好な成形性と高い強度を両立した材料として注目されている不連続長繊維強化材に対しても適用が期待できる。

　次からは均質化法に基づいて巨視的材料挙動を取得するための解析ステップを，2段階に分けてその詳細について説明する。

表1　複合材料の物性値予測手法の特徴比較

	等価介在物法	均質化法
概要	微視構造の統計的情報を元にした準解析的手法による物性値予測	陽的にモデリングされた微視構造の有限要素解析による物性値予測
入力情報	繊維の平均的な ・アスペクト比 ・配向率 ・体積含有率 など	繊維個々の ・形状 ・位置 ・配向 など
解析モデルイメージ		
解析コスト	低	高
解析対象物	・不連続短繊維強化複合材料 ・粒子強化複合材料	・不連続短繊維強化複合材料 ・不連続長繊維強化複合材料 ・連続繊維複合材料 （織物，編物，縫物，一方向強化など）

2.3.1 均質化解析ステップ1:数値材料試験に基づく巨視的材料挙動の予測

均質化法に限った話ではないが,スケールの異なるモデル,すなわちミクロ構造とマクロ構造の間で同一の物理量をつなぐためのアプローチは非常に単純な考え方で一般化できる。それは「ミクロ構造内で一様ではない応力やひずみは,それらを平均化したものがマクロ構造の観測結果として観察される」という考え方である。まずは,図1にて簡易な解析モデルを用いた均質化解析の例を紹介して,マルチスケール解析のイメージをつかんでいただきたいと思う。解析モデルは周期的に円形の孔の空いた多孔質体である。計算機性能の許す限りに置いては,この孔による不均質性を直接モデル化して解析を実施することは可能であるが,計算コストが大きくなることは避けたいため,計算精度を極力落とすことなくモデルを簡略化したい。図1に示したマクロモデルとは,後述する均質化解析手法を用いて,孔の空いた微視構造を等価な直交異方性弾性体として均質体に置換したものである。ここでは,この簡略化したマクロモデルと孔を直接モデリングした解析モデルの長手方向に設定した経路上に対して,変位と応力をプロットした結果を比較した。変位は両者で極めて近しい結果に,応力は孔を直接モデル化した場合は,孔周りの応力集中の影響が表現されているが,マクロモデルでは,それらの平均的な挙動が再現されていることが確認できる。

それでは,これらの見かけの材料挙動を均質化法にて評価する流れについて紹介していきたい。均質化法では,微視構造の不均質性を表現した有限要素モデルを,材料試験片と見立てて,FEM解析によって仮想的に材料試験を行い,モデル内部のひずみや応力を平均化することで巨視的な材料挙動を取得する。著者らは,このような解析のことを数値材料試験と呼んでいる。一方向強化材に対して数値材料試験を実施した例を図2に示した。このとき,数値材料試験に利用する試験片は,実材料試験に用いられるようなダンベル形状を全てモデル化するのではなく,十分な情

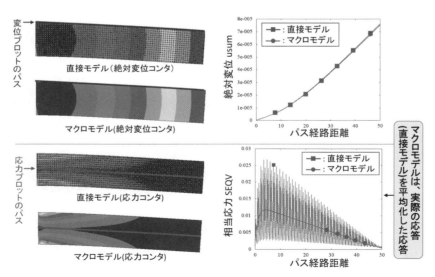

図1 均質化解析によるモデル簡略化のイメージ

第7章　数値解析

報を含む微小体積要素のみを抽出したものを適用する。そして，抽出したミクロモデルには無限遠方にまで同じ構造が周期的に並んでいることを表現するための拘束条件を課して，巨視的な（＝平均的な）ひずみ量を代表体積要素に適用すべき境界条件として決定することが均質化法の最も重要なポイントである。

　代表体積要素として抽出する領域には，周期対称性が見出せる1つのユニットセルを適用することが多い。図3には4つの不均質な微視構造に対して，代表体積要素を抽出した例を示した。均質化法は良くも悪くも，周期対称の仮定を大前提としているため，人為的に周期対称性が組み込まれている連続繊維による強化材や，ハニカム構造あるいはパンチングメタルなどの材料との愛称が非常に良い。CFRPをはじめとした複合材料の適用の広がりとともに，ものづくりの現場でもこれらの解析手法を採用した事例が増えてきている[9]。

　一方で，厳密な周期対称性を持たない不連続繊維や焼結体，多結晶金属組織，発泡材などの微視構造に対しても，平均的な挙動が捉えられる程度の大きさの微小体積要素を準備することで，数値材料試験でも妥当な巨視的材料応答が取得できることも報告されている[10]。これらの材料における微視構造は，図2に示したような構造とは異なり，手動によるモデリングが困難であるため，一般的にはSEMやX線CTなどの画像データから界面を抽出してモデル化するイメージベースモデリング技術[11]が併用されたり，統計的な情報を元にスクリプト言語にてモデリングツールを制御してモデル化されるようなことが多い[12,13]。

　骨や木材に代表される微視構造が場所によって異なる材料への適用には注意が必要で，広い領域に対してモルフォロジー分析を実施して，特異な領域を代表体積要素として抽出することのないように配慮することが重要である[14]。

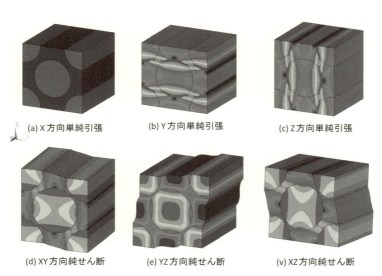

図2　1方向強材に対する数値材料試験実施例

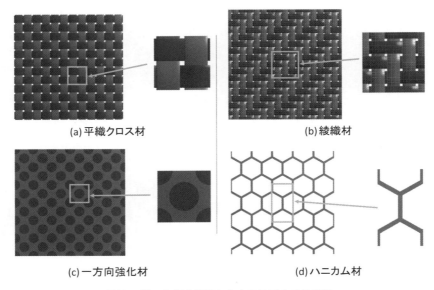

図3　様々な複合構造とミクロモデルの抽出例

2.3.2　均質化解析ステップ2：カーブフィットによる材料物性値の同定

　数値材料試験を用いて巨視的な材料応答を評価する一連の流れは，構造解析でも弾性的，非弾性的な材料挙動問わず，さらには非構造解析分野においても汎用的に応用範囲を広げることができる点においてもメリットがある。ただし，得られた巨視的な材料挙動を反映させて，マクロ構造解析を実施するためには，FEM解析ツールが要求する材料モデルにおける物性値として情報を引き渡す必要がある。

　材料モデルとは，巨視的な応力とひずみの関係を現象論的に数理モデル化したものである。例えば，フックの法則として知られる応力とひずみの線形関係

$$\sigma = E\varepsilon$$

は弾性体を仮定した材料モデルである。多くの汎用FEM解析ツールには，弾塑性やクリープ，粘弾性，もしくはそれらを重ね合わせた様々な材料モデルが実装されており，解析者は解析対象の材料がどの材料モデルに属するかを決定した上で，材料物性値への落としこみを行う。このような巨視的な材料挙動から材料モデルの物性値を同定するための処理をカーブフィットと呼ぶ。材料モデルが材料物性値に対する一次結合で表現される場合には，一般的な線形最小二乗法にて，一意に最適なフィッティング結果を得ることができるが，多くの材料モデルはその範囲外にあり，カーブフィットもまた均質化解析の1つの解析ステップとして位置づけられる。なぜなら，多くの汎用FEM解析ツールでは，いくつかのカーブフィット機能を実装しているものの，多くの複合材料が特徴としてもつ非線形の異方性材料挙動を表現するための材料モデルには対応していないためである。

第7章　数値解析

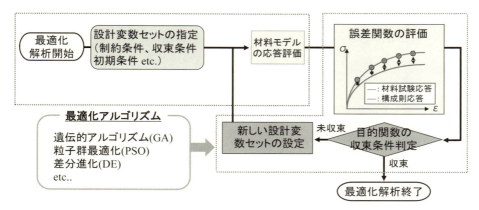

図4　最適化アルゴリズムを用いた材料物性値同定の流れ

　カーブフィットは非線形最小二乗を用いた最適化問題と捉えることができ，概略は図4のようにまとめることができる。

　最適化アルゴリズムの目的関数は，数値材料試験で得られた材料挙動と材料モデルによる材料応答との誤差である。非線形の応力―ひずみ特性による材料挙動を例にとると，誤差関数Φには，解析上の各サンプリング点での応力差の累積を正規化した値で表現することが多い。すなわち

$$\Phi = \sum_{i=1}^{6} \sum_{j=1}^{N_{step}^{[i]}} \frac{(\hat{\sigma}_j^{[i]} - \sigma_j^{[i]})^2}{(\hat{\sigma}_j^{[i]})^2}$$

と表現できる。ここで$\hat{\sigma}_j^{[i]}$と$\sigma_j^{[i]}$はそれぞれ，[i]方向数値材料試験におけるjステップ目の数値材料試験と材料モデルの応力値を意味する。この誤差関数が最小となる材料物性値の組み合わせを最適化アルゴリズムで探索することになる。一般的に，誤差関数の応答曲面は多くの局所解が存在するため，単純な勾配法アルゴリズムの適用では最適なフィッティング結果を得ることは難しく，実運用上は群知能を用いた遺伝的アルゴリズムや粒子群最適化アルゴリズム，差分進化アルゴリズムなどが用いられることが多い。これらの処理は，商用の最適化解析ツールを用いて行うこともちろん可能であるが，Excelなどの表計算ツールにて対応されるケースも多い。あるいは，汎用FEM解析ツールが提供しているユーザーサブルーチンによる最適化アルゴリズムのカスタマイズ機能を活用することもできる。また，適用したい材料挙動を表現できる材料モデルが，FEM解析ツールに実装されていないような場合にも，カスタマイズによる材料モデルの組み込みが必要となる[15,16]。

2.4　破壊損傷解析への応用例

　繊維系複合材料の持つ高比強度の特徴を存分に活用されようとしているのは輸送機器分野であろう。一般自動車では従来，複合材料は高い強度を要求しない微小部品への適用が主だったが，近年の燃費向上やCO_2排出量の低減ニーズの益々の高まりを受けて，金属製の1次強度部材も複

産業応用を目指した無機・有機新材料創製のための構造解析技術

合材料に置換しようとする取り組みが加速している。ここで懸念される問題が衝突安全性能である。複合材料の破壊は金属とはメカニズムが大きく異なり，材料界面の剥離，母材内の亀裂進展，層間剥離などの複数の要因が混在して巨視的な破壊挙動が現れるため，解析的な予測方法もまた研究が続けられている。ここでは，数値材料試験の応用例として，複合材料の破壊挙動の予測例について紹介したい。

図5に示したものは紙面垂直方向に強化された複合材料に対して，その配向に対して垂直方向に単軸引張試験を実施した例である。このとき，繊維と樹脂を構成する要素には，特定のひずみ値に達したタイミングで剛性が失われる材料挙動を設けている。正確には計算の安定性を確保するために幾分の剛性を残している，いわば損傷材料モデルではあるが，有限要素法では，このような手法で破壊進展挙動を簡易に模擬するアプローチを取ることができる。コンター図は，破壊の閾値に対するひずみの比率を示している。母材内部でクラックが発生して破壊している様子が確認できる。

また，本解析例では繊維の体積含有率を保持した状態で，繊維の位置をランダムに振って作成したモデルを3つ準備して，同じ境界条件のもとにおける解析結果を比較している。破壊は繊維の近接した応力集中部から発生するため，繊維の位置を変えた3つのミクロモデルでは，破壊の様相が大きく異なる様子がわかる。微視構造内部の破壊モードを正確に捉えるためには，先に示

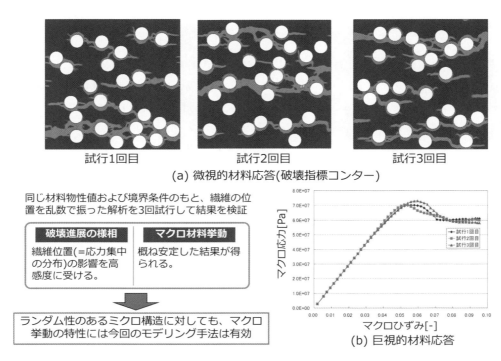

図5　母材に破壊特性を定義したミクロモデルの数値材料試験実施例
繊維配置はランダムに与え，3つのモデルに対して解析を実施。

第7章 数値解析

したイメージベースモデリングの手法を取り入れるなどして，より正確な微視構造をモデルする必要があることを示唆している。その一方で，図5(b)に示した巨視的な材料応答を比較してみると，若干の差は見られるものの，ある程度安定した結果に帰着していることがわかる。微視構造の平均的な応答を評価した巨視的な応答では，局所的な応力集中の影響は幾分薄れて観測されており，正確な微視構造をモデル化せずとも意味のある物性値が取得できると考えられる。

今回の解析例は複合材料を構成する各種材料に対してのみ，破壊の敷居を定義した解析であるが，より厳密な破壊挙動を予測する上で重要なことは，界面の強度特性を準備することかもしれない。均質化法では代表体積要素に対して，全方向の周期対称性を仮定している都合上，摩擦や剥離特性などの界面特性を解析的に予測することはできず，これらの特性も解析的に予測するためには，より小さなスケールである原子，分子，結晶レベルのサイズを含めたマルチスケール解析を別途考える必要があるが，本稿の主題とは若干ずれるため割愛する。

2.5 局所化解析―ズーミングによる微視構造内部の応答評価―

微視構造の不均質なモデルのFEM解析から，巨視的な材料挙動を予測する手段は，材料の複合操作によって新規材料の開発を試みる技術者にとって重要な指針を与えるとともに，その材料から構成される実構造物の剛性や強度予測を効率的に行うための道具としても有用な手段となるが，微視構造内部の応力やひずみ分布の情報を排除することが避けられない。この状況は，前述した微視構造内部の破壊の様相を予測したいケースでは問題となるであろう。均質化法に基づくマルチスケール解析の枠組みを利用すると，巨視的モデルの一部をズーミングして，微視構造内部の応力やひずみ分布などを評価することもできる。この解析ステップのことを局所化解析と呼ぶ。局所化解析は，巨視的な解析モデルからズーミングしたい領域の全ひずみ成分を，微視構造モデルの境界条件として転送することで実施することができる。

図6に示す解析事例を通して，本機能の概要について紹介したいと思う。ここでは，均質化された巨視的解析モデルにて3点曲げ試験を模擬している。強化繊維は試験片の長手方向に配向していることを想定しており，巨視的解析モデルには均質化物性値によって評価された異方性の等価物性値が適用されている。このような解析では，巨視的な破壊の進展の様子を確認することができるが，その破壊モードを同定することはできない。図6(c)に示した局所化ポイント1は，試験片の下面を局所化した結果である。試験片の下面は繊維の配向方向に強く引っ張られる変形モードを有しているため，母材よりも破断ひずみの小さい繊維から破壊が発生している様子を確認できる。一方，試験片の中立面を局所化したポイント2では，せん断変形が支配的であるため，材料界面の剥離および母材への亀裂進展（トランスバースクラック）によって破壊が進行している様子がわかる。このように均質化法の枠組みを用いたマルチスケール解析を取り入れることで，従来の解析技術では得ることができずに実試験に依存していた現象までも予測することができるようになる。

産業応用を目指した無機・有機新材料創製のための構造解析技術

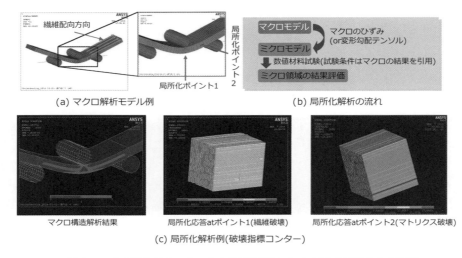

図6　一方向強化材のマクロ3点曲げ試験モデルに対する局所化解析事例

2.6　おわりに

　本稿では，材料の複合による新材料創製の観点に着目して，FEMを併用した均質化法に基づくマルチスケール解析技術について紹介した。均質化法の基礎理論を活用したいくつかの解析事例を通してマルチスケール解析の概要を紹介したが，学術的に理論発展を検討する取り組みは現在でも活発に進められている。例えば，著者らは伝統的に仮定されてきた3次元的な周期対称性の条件を緩和し，2次元的な周期対称性の問題へと理論拡張し，ラミネート材料に代表されるような薄板構造物への適用を可能にした[17]。これらは東北大学の寺田賢二郎教授ご協力のもと，日東紡績㈱，㈱くいんと，サイバネットシステム㈱による産学協同プロジェクトの成果として得られたものであり，現在は初の純国産汎用マルチスケール解析ソフトウェアとして具現化され一般販売されている[18,19]。

　本来は不均質な材料組織を均質化するという解析アプローチは，いかに近年の急速化した計算機性能の向上が背景にあったとしても，しばらくは主流となり続けるであろうと推測する。数値材料試験では，純せん断試験などの実試験では実施困難な変形状態を容易に作り出すことができる点で，異方性が重要となる複合材料分野ではニーズの高まりとともに，より重要性を増すことが予想される。本稿が今後その取り組みを検討する技術者の方々の参考となれば幸いである。

文　献

1)　寺田賢二郎，菊池昇，均質化法入門，丸善出版（2003）

第7章 数値解析

2) 寺田賢二郎, 強化プラスチックス, **53**(4), 205-210 (2007)
3) 寺田賢二郎, 強化プラスチックス, **53**(5), 246-253 (2007)
4) 寺田賢二郎, 犬飼壮典, 平山紀夫, 機械学会論文集 A編, **74**(744), 1084-1094 (2008)
5) K. Terada, J. Kato, N. Hirayama, T. Inugai, K. Yamamoto, *Computational Mechanics*, **52**(5), 1199-1219 (2013)
6) JAXAが公開している複合材料データベースについて:http://www.jaxa-acdb.com/
7) The Composites WG Survey Team, NAFEMS Composite Survey (2014)
8) J. D. Eshelby, Proceedings of the Royal Society of London, **241**, 376 (1957)
9) 小林和幸, 小山孝生, 杉村亜寿美, 荒井政大, 島村佳伸, 日本複合材料学会誌, **41**(1), 9-18 (2015)
10) Kenjiro TERADA, Muneo Hori, Takashi Kyoya, Noboru Kikuchi, *International Journal of Solids and Structures*, **37**(16), 2285-2311 (2000)
11) K. Terada, T. Miura, T. Kikuchi, *Computational Mechanics*, **20**, 331-346 (1997)
12) Jianhua Zhou *et al.*, *Proceedings of ASME International Mechanical Engineering Congress and Exposition* (2008)
13) 山本晃司, 平山紀夫, 寺田賢二郎, 計算工学講演会予稿集, **19** (2014)
14) 高野直樹, 浅井光輝, 上辻靖智, マイクロメカニカルシミュレーション, p.103-135, コロナ社 (2008)
15) 寺田賢二, 濱名康彰, 平山紀夫, 日本機械学会論文集 A編, **75**(160), 1674-1683 (2009)
16) 松原成志朗, 荒川裕介, 加藤準治, 寺田賢二郎, 京谷孝史, 上野雄太, 宮永直弘, 平山紀夫, 山本晃司, 日本計算工学会論文集, **2014** (2014)
17) 寺田賢二郎, 平山紀夫, 山本晃司, 松原成志朗, 日本計算工学会論文集, **2015** (2015)
18) 汎用マルチスケール解析ツール "Multiscale. Sim":http://www.cybernet.co.jp/ansys/multiscale/
19) サイバネットシステム㈱編, CAEのあるものづくり:http://www.cybernet.co.jp/ansys/multiscale/relation/

第8章　量子ビーム研究基盤の産業活用
―放射光，中性子，電子線の現状とこれから―

高田昌樹[*1]，寺内正己[*2]

1　はじめに

　近年，放射光，中性子，電子線といった量子ビームの産業活用が拡がっている。この中で電子線は，ラボスケールでの研究基盤の活用が主となることと，1980年代頃からの高分解能電子顕微鏡にみられるような結像技術のめざましい進歩もあり，物質材料のミクロ構造の強力な可視化技術として，その活用が企業の研究所などで行われてきた。一方，放射光，中性子といった量子ビームの産業活用は，SPring-8やJ-PARCに代表される大型研究施設を利用することから，産業界の研究者・技術者にとって敷居が高く，産業界への浸透には時間を要する。播磨にある大型研究施設SPring-8では，専用施設では，産業利用推進協議会による活動の一環として15社が協同で建設運営する専用施設「サンビーム」の活動の他に，共用施設では，平成15年のトライアルユース，平成17〜18年の戦略活用プログラムなど産業利用を振興するための様々な施策を行ってきた。その結果，共用施設の全課題数における産業利用の割合が20％を超え，毎年180社，のべ2,600人もの技術者が利用するなど，世界でもまれに見る高い産業利用比率を誇っている。この施策はその他の放射光施設や，J-PARCの産業利用へも応用され，ある程度の成功を収めつつある。さらに，SPring-8では，企業の中心課題に取り組むための放射光活用を支援するための産学連携スキームが開発・実施され，ソフトマター，燃料電池，Liイオン電池の開発に役立っている。

　本稿では，結像技術にとどまらず顕微分析性能の向上が著しい電子線の現状と今後の可能性については寺内が，そして，放射光・中性子の多様な産業利用の現状と今後の課題については高田が，それぞれ詳解する。

2　電子線を用いた解析技術の現状とこれから

　電子線を用いた解析技術の裾野は広く，産業分野に浸透して久しいと思われる。特に，半導体デバイスに代表される，サブミクロンもしくはそれ以下の3次元構造体が産業界で製造されるようになってからは，作ったものを見て確認するための必須アイテムとして，電子顕微鏡はその代

[*1]　Masaki Takata　東北大学　多元物質科学研究所　附属先端計測開発センター
　　　放射光ナノ構造可視化研究分野　教授
[*2]　Masami Terauchi　東北大学　多元物質科学研究所　附属先端計測開発センター
　　　電子回析・分光計測研究分野　教授

第8章 量子ビーム研究基盤の産業活用

表格と言えるだろう。「百聞は一見にしかず」という言葉があるように，人の視覚に直接訴えかける実験結果は，人を納得させる力がある。最近では，電子顕微鏡の観察精度（空間分解能）が向上しているだけでなく，観察している場所の組成分析，化学状態分析が同時に行える技術が汎用化し，観察しながら特定の場所を分析するという顕微分析技術が充実してきた。この本においても，透過型電子顕微鏡（Transmission electron microscope；TEM），走査型電子顕微鏡（Scanning electron microscope；SEM）にそれぞれ章が割り当てられており，最新の技術開発・応用が解説されている。ここでは，電子顕微鏡での分析技術の最近の動向の概説とともに，前の章では触れられていない新たな分析技術と，それによる新たな顕微分析の方向性に関する私見を述べたい。産業界でこれからどのような分析が可能になるかを知る一助になれば幸いである。

2.1 電子顕微鏡技術応用の動向

電子顕微鏡の最大の特徴は，光学顕微鏡観察よりも高い空間分解能で観察できることである。結晶の原子配列の直接観察を最初に実現した技術でもある。それと同時に重要なのが，数十倍の低倍率から数十万倍という高倍率までの"ズーム機能"であり，任意の場所を選んで高分解能観察ができる。このズーム機能は，実用材料への応用に際し，どこを見ているか，どこを分析するかという極めて重要な場所選択の可能性を与える。

最近の汎用TEMの技術レベルは極めて高く，まさしく，ナノスケールでの構造観察，元素分析，状態分析を実現している。構造と電子状態は表裏一体であり，物質機能の理解には共に必要である。これらの技術を可能にしたのは，TEMの開発・製造技術の長年の積み重ねが大きいが，近年のブレークスルーとしては，「収差補正技術の開発（Csコレクター）」と「高速蛍光X線分析技術の開発（Silicon drift detector；SDD）」であろう。さらには，これらの技術の産業応用を可能とした技術として「収束イオンビーム装置」による試料作製が挙げられる。

「収差補正技術の開発」は，ドイツでの数十年に及ぶ電子光学の基礎研究が結実したものである。TEMの空間分解能を制限する最大の要因であった球面収差（Csと書かれる）の補正技術である。ドイツでの開発に続き，アメリカ／イギリスでは独自な電子光学系による収差補正技術を，日本ではドイツ流の技術をさらに高度化した収差補正技術を開発した。これらの技術が商品化されたことで，現在の汎用TEMの空間分解能が0.1nm程度となった。さらには，サブナノの電子プローブが容易に作れるようになり，走査型TEM（Scanning-TEM：STEM）での原子分解能観察が汎用化した。これらの技術的進展に伴い，TEM性能への外乱要因の除去が極めて重要となり，除震台，電磁ノイズキャンセラー，音響反射防止設備，室温制御と気流制御などが必要となってきた。

「高速蛍光X線分析技術の開発（Silicon drift detector；SDD）」は，アメリカで高エネルギー粒子線の検出器として研究がスタートし，ドイツでの産学連携による研究開発で電子顕微鏡用SDDが商品化された。SDDの最大の特徴は，X線検出効率を従来のEDS（Energy dispersive spectroscopy）検出器の100倍程度以上まで向上させたことである。これにより，高速な電子線走査と蛍光X線分

析スペクトルを同期させた元素マッピング像をS/N良く高速に取得できるようになった。SDDの普及に拍車をかけたのが，それまでのEDS検出器に必要であった液体窒素冷却が不要なことである。SDDは電子冷却で使用することができる。なお，従来のEDSとSDDにおけるX線エネルギー計測の原理は同じであるため，エネルギー分解能は同じである。

「収束イオンビーム装置（Focused ion beam；FIB）」は，Gaイオンを加速・収束して照射することで特定の場所を削り，デバイス中の任意の場所からTEM用試料（厚さ数十nm）を作製できる装置としてその地位が確立している。それまでのトライアンドエラーに近い機械研磨と化学研磨による試料作製を一変させた。学術研究においては現象を明瞭に測定する目的で均質試料を用いることが多い。一方，実用材料は本質的に不均質な場合が多く，特定の場所を分析することは必須である。この装置なくしては，電子顕微鏡の産業応用がこれほど広まりはしなかったであろう。

これらの技術に劣らず重要なのが，TEMでの電子線エネルギー損失分光（Electron energy-loss spectroscopy；EELS）を用いた顕微ナノスケール分光技術である。内殻吸収端分光による局所構造情報のほかに誘電的情報も得られる。近年，モノクロメータ技術の実用化により，従来に比べ1桁近くエネルギー分解能が向上した。今後，産業界での応用展開が楽しみである。

2.2 新たな分析技術の汎用化と応用の可能性

この本の第2章では，TEMでの3次元観察技術，その場観察技術が挙げられている。究極的には，材料の使用される環境下で，原子分解能での3次元的な構造観察と電子状態解析を行えるようになること（電子状態の3次元カラーマップ化）が目標であろう。マクロな材料特性のミクロな起源が特定できている場合は，TEMでの"ズーム機能"に基づく高空間分解能な分析技術が極めて有効に機能する。一方，材料が本質的に不均一な場合は，マクロな物性・機能とアトミックスケールでの分析結果が直接的に関係づけられるとは限らない。そのような場合，ナノとマクロの中間のミクロスケール領域での構造・状態解析が重要となり，それを担うのがSEMと考えられる。最新のSEMは，ナノスケールの空間分解能を有するに至っており，ナノからミクロまでのズーム機能があると言う方が適切かもしれない。

SEMに関しては第3章で取り上げられており，FIBとSEMを組み合わせたソフトマテリアルの3次元構造観察，大気圧SEMでの構造観察など，新たな構造観察手法が紹介されている。また，最新のSEM技術に関する特集記事[1]などを見ると，SEMの高機能化が見て取れる。色々な新たな観察手法が考案されているが，観察だけではナノとマクロをつなぐには不十分と考えている。TEMでは，"ズーム機能"を利用して特定した領域から，構造解析（TEM像，電子回折図形），組成解析（EDS/SDD），状態解析（EELS）のデータセットを得ることができる。これと同等の情報をSEMで"ズーム機能"を利用して特定した領域から得られるようにすることが，マクロとナノをつなぐためには必要である。

SEMで構造情報を得るには，SEM像に加え，最近普及してきた電子線後方散乱回折（Electron

第8章 量子ビーム研究基盤の産業活用

backscattering diffraction；EBSD) 図形が大いに役立つであろうと思う。EBSDにより、SEMで結晶方位、結晶系、組織、歪などの結晶学的構造情報が得られる。組成情報は、普及しているEDS/SDDで得ることができる。一方、SEMでの状態分析技術はこれまでなかったが、その可能性のある分析技術が最近汎用化された[2]。EDSやSDDで分析している蛍光X線のうち、低エネルギーX線（主に1keV以下の軟X線）のエネルギーを収差補正回折格子とCCDを組合わせた分光器で高分解能測定することにより、価電子状態（結合電子のエネルギー）の情報を得られるようにしている[3]。一般的には、軟X線発光分光（Soft-X-ray emission spectroscopy；SXES）と呼ばれる。例えば、ボロンのK発光（183 eV）において、エネルギー分解能0.3～0.4 eVが得られる。この装置は、TEM用EDS/SDDより2桁、電子線マイクロアナライザー（Electron probe microanalyzer；EPMA）より1桁高いエネルギー分解能が得られる。検出効率はEDS/SDDよりかなり低いため、TEMでの利用には制限があるが、大きな電流量の使えるSEM/EPMAでは実用的なレベルまで来ている。

このSXES装置は、最初はTEMで特定した材料の局所領域の価電子状態分析を目的として開発されたものである。図1(a)に、六方晶窒化ホウ素（h-BN）のTEM-EDSの分析結果を示す。明瞭にBとNのピークが観測できているがそれ以上の情報はない。図1(b)には、最初のTEM-SXES装置[4]によるBの蛍光X線（K発光）のスペクトルを示す。EDSでは1つのピークであったが、SXESで高分解能測定を行うと大きく2つのピークに分かれ、かつそれぞれに肩状の構造があることが分かる。図1(c)に示した放射光（SOR）-SXESの測定結果と理論計算との比較図を参考にすると、h-BN中のB

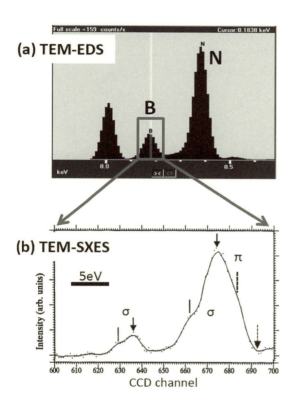

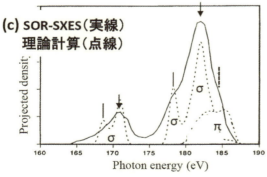

図1　六方晶窒化ホウ素（h-BN）から得たボロンの発光スペクトルの比較
(a)EDS、(b)SXES、(c)放射光（SOR）施設。エネルギー分解能が向上すると、結合状態に関する情報が得られる。

289

の結合状態は，複数のエネルギーレベルからなる σ 結合状態と π 結合状態から構成されていることが分かる。すなわち，結合電子のエネルギー状態を，電子顕微鏡で特定した領域から測定可能であることを示している。この装置が，EPMA や SEM に装着できるアタッチメントとして開発され汎用化された。ちなみに，図 1(b)に示したデータを取得した最初の装置では 1 時間程度の測定時間が必要であったが，電流量の多い SEM/EPMA では検出装置の感度向上もあり 1 分程度で取得できる。また，エネルギー分解能も 2 倍程度向上している。

これで，SEM でも構造・組成・状態の 3 つの解析技術が揃うことになり，ナノとマクロをつなぐ分析が可能となると期待できる。とりわけ，SEM に装着可能なので，材料開発の現場において，材料をそのまま SEM に入れての状態分析が可能となり，開発⇔分析のサイクルを短くできる可能性がある。

以上のように，マクロな材料物性評価と，ナノスケールでの TEM による構造・状態分析の間をつなぐ解析手法として，"ズーム機能"を生かした SEM/EPMA での構造・組成・状態データセット取得が重要になると考えている。SEM での解析では，材料開発の現場において，バルクのままでの構造・組成・状態データセット取得が可能となることから，開発⇔分析のサイクルを短くすることが期待できる。TEM で高精度分析をする前に，ピンセットでつまんで SEM に入れて，バルクのままデータセットの取得を行い，必要なものに関しては TEM での分析を行うという 2 段構えでの解析が効率的かつ有用であろう。

最後に，電子線の解析技術は，顕微機能があるうえに感度が高い点は極めて有用な技術である反面，各種の実験条件（試料厚さ，加速電圧，ダメージの受けやすさ，…）に影響されやすいという難点もある。そのため，定量解析は一般的に難しい。一方，X 線を利用した構造・組成・状態のデータセット取得技術は，"ズーム機能"はないものの定量性で電子線より勝っている。今後は，産業利用されている先端放射光施設での解析と電子線を用いた解析の併用という，マルチ量子ビームかつマルチ空間スケールでの構造・状態解析のシステム化が重要になるであろうと考えている。

3 放射光，中性子の産業利用の現状とこれから

放射光，中性子は，それぞれ電子，原子核のプローブであり，相補的な利用が可能であると一般的には解説される。しかし，電子線の汎用性と比較し，ラボではなく共同利用の大型施設を利用することは，まだまだ敷居が高い。また私見として，基礎学理の研究を行う学術利用とは異なり，応用技術の展開までを目標とする産業利用では，プローブの空間分解能 1 つをとっても光源性能が大きく異なり，X 線と中性子の相補性を単純に産業利用として水平展開できるまでには至っていない。しかし，それぞれの特長を活かした連携利用はすでに始まっている。SPring-8 の供用開始（1997 年）から産業利用が謳われてきたこともあり，利用システム整備の点，産業界への認知度の点では放射光が一歩先んじており，「はじめに」でも触れたように，産学連携の展開が産

第8章　量子ビーム研究基盤の産業活用

業界のコア・アプリケーションに根付き始めた。これまで，SPring-8での経験を基に，産業界にできるだけ近い視点から，放射光，中性子の産業利用について俯瞰する。

3.1　放射光の産業利用

放射光の産業利用分野は多様性に富んでおり，その事例は，SPring-8の産業利用成果が最も多く紹介されている（図2）。紙面に限りがあるので，詳細はWebを検索されることをお勧めする（http://www.spring8.or.jp/ja/science/industrial/）。これらの成果は，（公財）高輝度光科学研究センターの産業利用推進室を中心に，共用ビームラインにおいて利用支援と促進により得られたものである。また，兵庫県もSPring-8に2本の専用ビームラインと電界放出型走査電子顕微鏡，走査プローブ顕微鏡などの物理分析機器を整備した放射光ナノテクセンターを建設し，放射光による材料評価や材料構造の精密把握を通じて，民間企業との共同研究を積極的に進めている（http://www.hyogo-bl.jp/n1_nanotech.html）。一方，産業利用の専用施設としては，サンビーム（SUNBEAM, https://sunbeam.spring8.or.jp/）がSPring-8建設初期より活動している。これは，電機，鉄鋼，金属，輸送，電力といった基幹産業の企業グループ13社がコンソーシアムを結成し，2本の専用施設ビームライン（BL16XU，BL16B2）を建設し，

(1)　XAFS（X線吸収微細構造解析）による局所構造解析
(2)　X線トポグラフィによる単結晶材料の評価（反射率測定による薄膜評価を含む）
(3)　X線回折による結晶構造解析
(4)　蛍光X線分析による元素分析

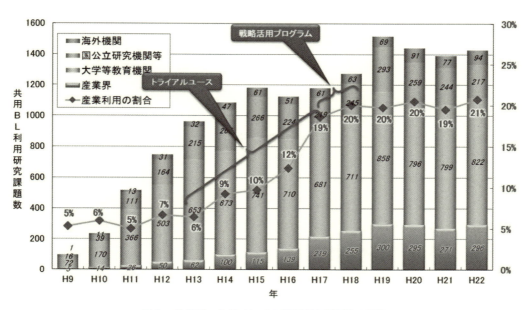

図2　共用ビームラインでの利用研究課題数の推移
戦略活用プログラム以降は産業利用の比率が20％に到達。

(5) マイクロビームの形成とその利用

について，高度な材料物性評価を行っている。

　1997年の供用開始以来，SPring-8での産業利用の展開を纏めると，その目的は下記のような2極化が進んだといえる。

① 個別の課題解決：高度分析，クレーム処理
　1．計測技術：オートメーション，ルーチン化
　2．ネットワーク化：他の大型・小型放射光施設との役割分担，オープンラボと大学・公的機関との連携
　3．利用システム：リモート利用支援ロボット，メールインサービス，測定代行支援
② イノベーションの先導：産学・産産連携，新学術創成のCOI
　1．新産業開拓：科学（基礎学理）と技術（応用技術）の先端を融合，連携
　2．大学の研究プロジェクトとの連携強化
　3．専用ビームラインと共用ビームラインの協奏的活用

　①については，基本的な利用システムは，SPring-8において，高輝度光科学研究センターの産業利用推進室によりほぼ完成したといえる。そして，それらは，フォトンファクトリー（KEK），九州シンクロトロン光研究センターなど，他の放射光施設にも応用されている。しかし，②については，光源の先端性をフルに活かした利用が産業界から求められる。そのためには，学術の専門家との実効的な連携活用が有効である。その嚆矢となったのが，次項に紹介する産学連合体である。

3.2 フロンティアソフトマター開発専用ビームライン産学連合体

　2010年，フロンティアソフトマター開発産学連合ビームライン（Frontier Softmaterial Beamline：FSBL／BL03XU）の運営が，日本の代表的な化学，繊維企業と大学などの学術研究者とで構成される19研究グループで結成したフロンティアソフトマター開発専用ビームライン産学連合体により開始された（http://fsbl.spring8.or.jp/）[5]。これは，日本で初めてのソフトマター研究開発専用のビームラインであり，本格的な放射光の産学連携スキームである。この産学連携スキームの大きな特長は，19の企業が，それぞれ学術の研究者と一対一の関係で課題を共有するグループとなり，産学連合体の基本構成単位を形成していることにある。このスキームでは，専用ビームライン施設の建設費，運営費は，企業が等分負担し，パートナーとして登録された学術研究者は，企業の課題解決に放射光先端活用で協力する。その結果，企業は学術パートナーと説明責任が明確な共働関係を構築し，一緒に課題に取り組むイノベーションサイクルを形成することができる。加えて，企業が，大型研究施設への明確な投資価値・効果を評価することを可能にする（図3）。

　この産学連合体の最も代表的な成果は，省エネタイヤの開発である。これは，産学連合体に所

第8章　量子ビーム研究基盤の産業活用

図3　産学連合体のスキームが拓く産学放射光イノベーションサイクル

属する住友ゴム工業㈱が，このビームラインでの小角散乱実験により得た構造情報をもとに地球シミュレーターのスパコンによるマルチスケールな計算科学シミュレーションにより，タイヤの燃費向上を促進する分子とフィラーの結合構造をデザインすることに成功した成果である。実際に，6％の燃費向上を達成した製品が2012年の東京モーターショーでプレス発表され，エコタイヤの主力商品として販売されている。プレス発表の際には，SPring-8の活用が大きく寄与したことも宣伝された。その後，住友ゴム工業㈱に続き間を置かずして，同じ産学連合体の企業メンバーである横浜ゴム㈱，㈱ブリヂストンも同様の省エネタイヤを開発した。

「何の役に立つのか？」，これは，常に，SPring-8が社会から問われてきた命題である。これまでSPring-8の成果として，トップジャーナルへのハイ・インパクトな研究論文発表，共用ビームラインで20％を維持し続ける産業利用の研究開発成果を，その回答として提示してきた。それにもかかわらず，この命題が繰り返し問われるのは，求められている回答が個別の成果ではなく，真のOutcomeだからである。上記の3社でタイヤの国際的なシェアを40％近く占める。この3社が開発したのは，それぞれ個別ブランドの省エネタイヤであるが，SPring-8の成果は，産学連合体による「省エネタイヤ」というグローバルマスターブランドの創成であるといえる。さらに6％の燃費節約の経済効果を，平成25年度「自動車燃料消費量年報」（国土交通省刊）の年間の燃料消費量より試算したところ，約7,000億円，またタイヤのライフサイクルにおける温室効果ガスの排出量の10％近い削減につながることになる。現在では，産学連合体内での別の3社の競争により，無欠陥のカーボンファイバーのプロセス技術の開発が行われている。次に示す図は，産学連合体のビームラインの模式図である（図4）。実験ハッチは薄膜試料実験用の第1ハッチと，固体・ファイバー試料実験用の第2ハッチの2つのハッチから成る。第2ハッチの試料周りは，3×3mで4mの高さの空間があり，工場の製造装置を持ち込んで製造プロセス技術の研究も行え

産業応用を目指した無機・有機新材料創製のための構造解析技術

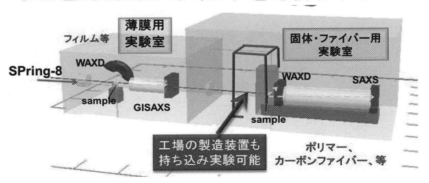

図4　産学連合体のビームラインの模式図

るような設計になっている。ここに，3社がそれぞれ独自の装置を持ち込んで，カーボンファイバーのプロセス技術の開発を競っている。このように，放射光の先端計測基盤を共有することで計測技術の基礎基盤において協奏し，試料周りには独自の製造プロセス装置を持ち込み，異なる学術研究者とパートナーを組むことで競争する，といった産学の協奏と競争に基づくコウリション（coalition）の考え方が，うまく機能し始めている。

　これと時期を同じくして，先端触媒構造反応リアルタイム計測ビームライン，革新型蓄電池先端基礎科学ビームライン，元素戦略プロジェクトといった，SPring-8の光源特性を活かした100ナノビーム・アプリケーションを通じて，物質科学と材料科学の融合を計算機科学と連携し創成しつつある。また，トヨタ自動車㈱1社が単独でビームラインを建設したり，2014年に内閣府より発表された革新的研究開発プログラムであるImPACT（Impulsing Paradigm Change through Disruptive Technologies）では，12のプログラムのうち複数のプログラムにSPring-8がプロジェクトの重要な拠点として組み込まれるなど，戦略的なCOIとしての様相も呈してきた。

3.3　中性子施設 J-PARC

　現在，茨城県東海村に設置されている中性子施設J-PARCでは，6本のビームラインが稼働している。これについて簡単に紹介する。詳しくはhttp://www.j-neutron.com/を参照されたい。

　X線と中性子を比較すると，分析手法は，「中性子粉末構造解析」，「中性子小角散乱による材料内部の微細構造解析」，「中性子小角散乱による高分子材料の構造解析」，「構造物内部の残留応力測定」，「中性子反射率測定」，「ガラス・非晶質材料の構造解析」，「非弾性散乱による材料の機能」など似ているものが多いが，X線と異なり，軽元素，磁気，原子運動の検知能力，および物質透過能力において優れている。その利点を活用して，パルス中性子源J-PARC/MLFで発生させた中性子は，学術研究だけでなく産業利用にも広く利用されている。さらには，中性子の特徴を活

かした「中性子ラジオグラフィ」や,「即発ガンマ線分析」といった分析法も利用されている。

J-PARCでは,茨城県が,中性子産業利用推進協議会を中心に,生命物質構造解析装置(iBIX),材料構造解析装置(iMATERIA)といった2本の専用ビームラインを使って,産業利用の促進の先導を切っている。現在,産業利用に参加している企業は48社,2研究機関にのぼる(平成26年6月24日現在)。

4 おわりに

以上のように,企業や学術の研究開発のコアを担うツールとしての役割を,SPring-8および放射光は強く期待されている。また,電子線,中性子も相補的な構造可視化のプローブとして用いられることで,産業界の研究開発を促進することは言うまでもない。今後は,我が国にある多様な放射光施設,新しい施設計画,J-PARC/MLF中性子施設,そして大学における電子顕微鏡群を,それぞれの光源特性,能力に応じて戦略的に統合し,量子ビーム産業活用のグランドビジョンを策定することが求められるであろう。

文　献

1) 特集「走査電子顕微鏡による最新技術」,表面科学,**36**(4), 158 (2015)
2) H. Takahashi *et al., JEOL News*, **49**, 73 (2014)
3) 寺内正己,今園孝志,小池雅人,表面科学,**36**(4), 184 (2015)
4) M. Terauchi, H. Yamamoto, M. Tanaka, *J. Electron Microsc.*, **50**, 101 (2001)
5) A. Takahara *et al., Synchrotron Radiation News*, **27**, 19-23 (2014); H. Ogawa *et al., Polymer Journal*, **45**, 109-116 (2013); H. Masunaga *et al., Polymer Journal*, **43**, 471-477 (2011)

産業応用を目指した無機・有機新材料創製のための構造解析技術

2015年8月15日　第1刷発行

監　　修	米澤　徹，陣内浩司	（B1153）
発 行 者	辻　賢司	
発 行 所	株式会社シーエムシー出版	
	東京都千代田区神田錦町 1-17-1	
	電話 03 (3293) 2061	
	大阪市中央区内平野町 1-3-12	
	電話 06 (4794) 8234	
	http://www.cmcbooks.co.jp/	
編集担当	柳瀬ひな／為田直子	

〔印刷　株式会社遊文舎〕　　　Ⓒ T. Yonezawa, H. Jinnai, 2015

落丁・乱丁本はお取替えいたします。

本書の内容の一部あるいは全部を無断で複写（コピー）することは，法律で認められた場合を除き，著作者および出版社の権利の侵害になります。

ISBN978-4-7813-1070-1　C3043　¥8000E